본 교재는 산업체에 많이 보급되어 있는 5축 가공기(DMU 50eVolinear/HEIDENHAIN iTNC 530)와 PowerMILL을 이용하여 5축 가공기 조작, 매뉴얼 프로그램, 5축 가공 프로그램을 머시닝센터의 기본지식이 있으면 습득할 수 있도록 따라하기 식으로 구성하였다.

5축 가공기 활용서

5축 가공기 프로그램 및 가공

김동직 / 한국델켐(주) 공저

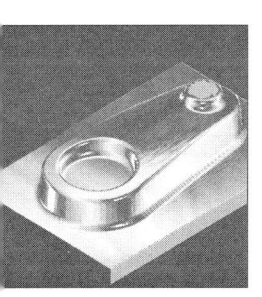 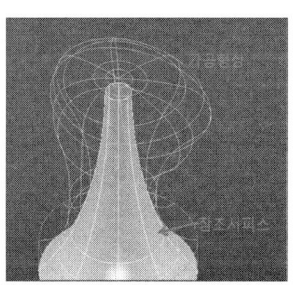  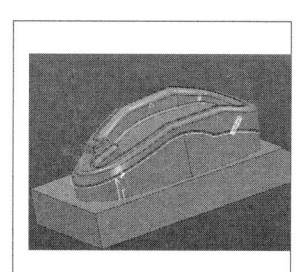 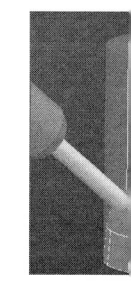

www.sejinbooks.kr

머리말

무한경쟁시대에서 최고가 되기 위하여 모든 기업은 CAD/CAM/CNC를 도입한지가 오래 되었고, 기계가공업체에서는 범용공작기계가 기본이 된 시대는 지나가고 이제는 CNC선반, 머시닝센터, 즉 3축 CNC공작기계가 기본 기술이 되었다.

산업체는 생존 경쟁에서 살아남기 위해 고 부가가치 제품생산을 추구하고 있는데 이에 발맞추어 기계가공업체에서는 치수정밀도 보다 위치정밀도를 요구하게 됨에 따라 기존의 CNC선반에서 Turn-MILL, 복합기 도입이 이루어지고 있고, 머시닝센터에서 5축 가공기가 활성화 되고 있는 추세이다.
이런 산업체 추세에 따라 5축 가공기, Turn-MILL, 복합기 기술자를 요구하고 있다.

이 책에서는 산업체에 많이 보급되어 있는 5축 가공기(DMU 50eVo linear/HEIDENHAIN iTNC 530)와 PowerMILL을 이용하여 5축 가공기 조작, 매뉴얼 프로그램, 5축 가공 프로그램을 머시닝센터의 기본지식이 있으면 습득할 수 있도록 따라하기 식으로 구성하였다.

끝으로 이 책이 나오게 되기까지 협력해 주신 관계자 여러분께 감사드리며, 출판에 협조하여 주신 "세진북스" 가족들에게 깊이 감사드립니다.

저자

DMG
HEIDENHAIN iTNC 530
PowerMILL

차례

Chapter 01 고속가공기 및 5축 가공기의 개요

- 01 고속가공기의 개요 — 9
- 02 고속가공기 기본 기술 — 10
  - 2.1 주축의 고속화 — 10
  - 2.2 고속 이송 시스템 — 10
  - 2.3 고속가공기용 제어부 — 11
  - 2.4 고속가공기용 구조물 — 11
  - 2.5 공구클램프 — 12
  - 2.6 고속가공용 CAM S/W — 13
  - 2.7 고속가공의 도입시 장점 — 14
- 03 5축 가공기의 개요 — 15

Chapter 02 5축 가공기 조작
(DMU 50eVo linear/HEIDENHAIN iTNC 530)

- 01 5축 가공기 구성 — 19
- 02 조작반(HEIDENHAIN iTNC 530) — 20
  - 2.1 기능별 조작반(HEIDENHAIN iTNC 530) 익히기 — 22
- 03 매뉴얼 프로그램 설치하기 — 26
  - 3.1 HEIDENHAIN iTNC 530 프로그램 다운 및 설치 — 26
- 04 전원공급 및 차단하기 — 39
  - 4.1 전원공급하기 — 39
  - 4.2 전원차단하기 — 39
- 05 좌표계(데이텀) 설정하기 — 41
  - 5.1 데이텀 "0" 설정 후 해당 데이텀으로 이동하기 — 41
  - 5.2 해당 데이텀에 직접 좌표계(데이텀) 설정하기 — 52
  - 5.3 측정브로브를 이용하여 좌표계(데이텀) 설정하기 — 55
- 06 공구선택 및 보정하기 — 60
  - 6.1 공구 선택하기 — 60
  - 6.2 공구길이 보정하기 — 61

Contents

07 프로그램 작성 및 편집하기 ——————————————— 67
   7.1 매뉴얼 프로그램 작성 및 편집하기 ……………………… 67
08 가공프로그램 그래픽 확인 및 운전하기 ————————— 74

Chapter 03   5축 가공기 가공 수동 프로그램 77
(DMU 50eVo linear/HEIDENHAIN iTNC 530)

01 2D 윤곽 프로그램 ——————————————————— 79
02 3+2축 매뉴얼 프로그램 ———————————————— 97
   2.1 예제 1 : 3개의 평면에 드릴 작업하기 ……………………… 97
   2.2 예제 2 : 2개의 평면에 윤곽형상 작업하기 ……………… 103

Chapter 04   CAM S/W(PowerMILL)를 이용한 프로그램 107

01 3D 형상 가공 프로그램 ———————————————— 109
02 3+2D 형상 프로그램 ————————————————— 125
03 5D 형상 프로그램 ——————————————————— 133
   3.1 수직 ………………………………………………………… 134
   3.2 리드/린(Lead/Lean) ……………………………………… 133
   3.3 포인트를 향하는/ 포인트로 부터 ………………………… 144
   3.4 라인을 향하는/ 라인으로부터 …………………………… 148
   3.5 커브를 향하는/ 커브으로부터 …………………………… 152
   3.6 서피스 프로젝션 가공 …………………………………… 158
   3.7 5축 패턴가공 ……………………………………………… 172
   3.8 5축 프로파일 가공 ………………………………………… 179
   3.9 5축 임베디드 패턴가공 …………………………………… 184
   3.10 면 스왑가공 ……………………………………………… 189
   3.11 와이어프레임 스왑가공 ………………………………… 197
   3.12 로터리 가공 ……………………………………………… 204
   3.13 공구축 편집 ……………………………………………… 214

DMG/HEIDENHAIN iTNC 530/PowerMILL

5축 가공기 프로그램 및 가공

Chapter 01

HEIDENHAIN ITNC

고속가공기 및 5축 가공기의 개요

01 고속가공기의 개요
02 고속가공기의 기본 기술
03 5축 가공기의 개요

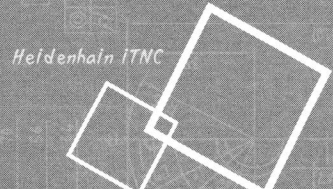

❶ 고속가공기의 개요

고속가공(Hish Speed Machining : HSM)은 소비자의 욕구가 다양해지면서 제품사이클이 짧아져 제품생산시간 단축과 생산원가 절감 아래 1924년 독일의 Carl J Salomon에 의해 착안되어 1931년에 독일에 특허를 받으면서 시작되었다.

고속가공은 절삭속도와 절삭온도의 관계에서 절삭속도가 어느 정도 이상에서는 절삭온도가 감소된다는 것에서 종래의 고깊이 저이송 방식에서 저깊이 고이송 절삭방법을 택하고 있는데 이는 주축을 고속(20000rpm 이상)으로 회전할 수 있는 기술 발전으로 가능하게 되었다.

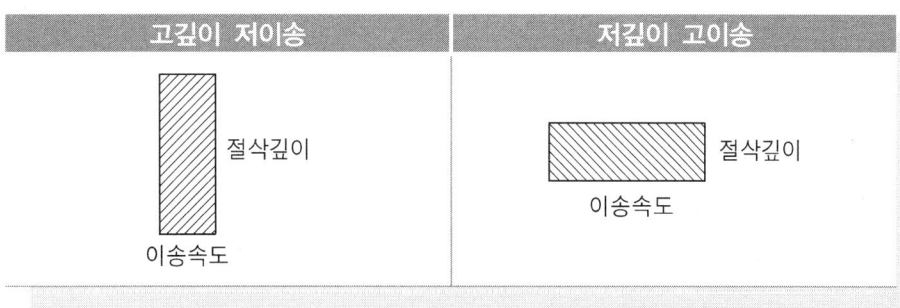

[그림 1-1 고깊이 저이송 및 저깊이 고이송 방법]

고속가공에 필요한 요소기술로는 모터를 내장한 고속주축계(Motorized spindle)와 볼 스크류 또는 리니어 모터를 이용한 고속 이송계, 고속이송을 제어할 수 있는 제어부 및 강성구조의 구조물, 2면구속의 공구클램프, 고속가공에 적합한 CAM S/W이다.

고속가공이라는 영역인 주축의 회전수 20000~40000[rpm], 급속이송이 80m/min 이상, 절삭이송이 20m/min 이상의 가공을 말한다.

2 고속가공기 기본 기술

2.1 주축의 고속화

종래에는 모터에서 발생되는 열발생 때문에 스핀들과 모터가 분리되었고, 이를 기어 및 벨트에 의해 회전력을 전달하는 주축 시스템을 적용시켜 왔다.

기어 · 벨트에 의한 진동 · 소음 문제로 고속회전(20000rpm)이 어려웠으나 모터와 주축을 직결시키고 여기에서 발생되는 열을 제거하는 방식의 설계로 변화를 가져왔다.

그래서 모터가 내장된 Motorized spindle 다른 말로 빌트인 스핀들(bellt in spindle) 구조로 되어 있기 때문에 주축의 고속회전에 가능하게 되었다. 이를 머시닝 센터용 주축 및 복합선반 용 주축 등으로 적용하여 고속회전을 필수로 하는 공작기계에 적용하게 되었다.

주축 회전수 및 각종 상태(회전수, 진동, 냉각수, 윤활유, 온도, 베어링하중)를 감시를 목적으로 다양한 형태의 측정시스템이 적용되고 있다.

주축계에 사용되는 베어링 구조는 구리스 윤활의 앵귤러 콘텍트 베어링이 사용되었으나 고속 스핀들에 적용되는 시래믹 볼 베어링(Ceramic Ball Bearing), 에어베어링(Air Bearing), 마그네틱베어링(Magnetic Bearing)을 사용하고 있으며, 윤활방법으로는 오일 미스트, 오일 에어 및 오일 분사방법을 적용하고 있고, 냉각방법으로는 물 및 오일에 의해 강제냉각 방식을 채택하고 있다.

2.2 고속 이송 시스템

고속가공을 위한 절삭속도의 증가는 주축 회전속도(n)의 증가를 의미한다. 주축의 회전수가 빨라지면 그에 상응하는 이송속도의 증가가 필수적이다. 그래서 고 이송시스템이 필요하게 되었다.

이송 시스템은 최대 이송 속도, 가속도가 나와야 하고 이송 시스템의 정밀도는 이송 축의 기하학적 정밀도와 동적 이송 정밀도에 의해 본질적으로 결정지어지나 특히 고속

이송에 의해 기계의 열적 안정성 및 구조적인 동특성을 악화시키지 말아야 한다.

현재 고속가공기에 적용되는 고속 이송 시스템은 하이 리드 볼 스크류(High Lead Ball Screw)를 이용한 서보모터 구동방식과 리니어 모터(Linear Motor)를 이용한 직접 구동방식이 사용되고 있다.

볼스크류의 기구학적인 Backlash 등의 오차 및 볼스크류의 회전에 의해 발생하는 진동으로 인해 고정밀을 필요로 하는 공작기계에는 문제시 되어 대안으로서 리니어 모터를 이용한 직접 구동 방식이 사용되어, 경량, 구조의 단순화, 고속 이송, 고정도를 실현할 수 있고 요즈음에는 소재의 개발로 고강성도를 실현시킬 수 있다.

2.3 고속가공기용 제어부

주축고속화 및 고이송 시스템에 맞게 제어기술도 변화를 가져와 폐쇄형에서 개방형 구조(Open Architecture)로 발전되고 있다. CNC공작기계에서도 윈도우기반에 퍼스널 컴퓨터를 이용하므로 써 다양한 작업과 데이터의 호환 및 다량의 데이터의 보관 및 고속이송에 필요한 고이송 및 가감속 서보 제어기술의 급속한 발전은 관련 소프트웨어의 발전과 연계하여 고속·가공기에 적용 있다. 고속가공기 용 일반적인 제어부 조건은 다음과 같다.

① 0.1msec/block 이상의 연산속도를 가져야 한다.
② 10000블록 이상의 선행제어가 되어야 한다.
③ 많은 데이터 처리 및 데이터 호환을 위해 17GB 이상의 저장용량이 필요하다.
④ 자유로운 스프라인 보간기능(Spline Interpolation) 있어야 한다.
⑤ 업그레이드가 용이하고 네트워크가 되어야 한다.
⑥ 고속가공기 data를 대용량으로 DNC 운전을 할 수 없으므로 대용량의 파일처리 능력을 갖추어야 한다.
⑦ 조작의 용이성 및 배우기가 쉬워야 한다.

2.4 고속가공기용 구조물

고속가공기용 구조는 고속으로 회전하면서 고 이송하는 기계로 강성, 기하학정도,

열안정성, 동적거동 등을 고려한, 확고한 문형구조, 내진동 구조 등으로 되어 있어야 한다.

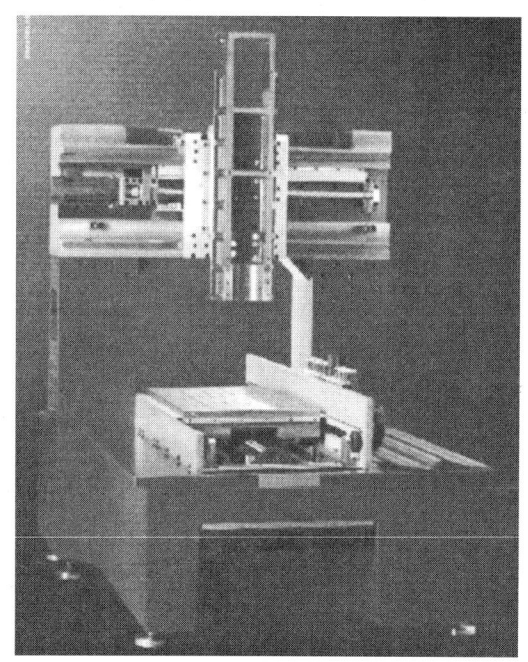

[그림 1-2 고속가공기 문형구조]

2.5 공구클램프

종래의 공구고정방식에는 스핀들, Tool Holder, Tool로 하였고 고속가공기에서는 주로 BT/NT방식과, HSK(Hollow Shank)방식이 있는데 BT/NT의 구조로는 고속회전에 적합하지 않으므로 HSK(Hollow Shank)방식이 적용되고 있다.

BT/NT 테이퍼와 HSK 비교 방식을 비교해보면 BT/NT방식은 원주속도 30~40m/s 이상에서는 원심력에 의해 테이퍼 부위가 증가되어 위치안정성 떨어지고, 단면접촉이 없어 고정력이 떨어지고, 생크길이가 길어 부적합하다.

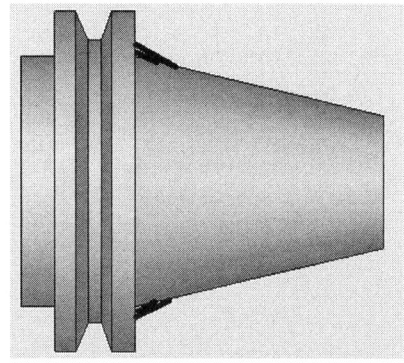 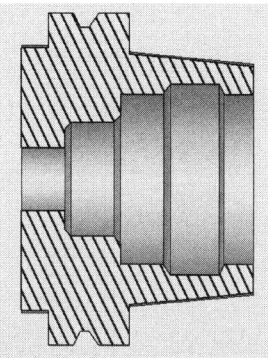

[그림 1-3 BT/NT방식과 HSK방식]

HSK방식은 축방향의 고강성과 진동발생억제하고, 이면구속형으로 안정성 높고, 반경방향의 변위가 적으므로 정밀도 및 고정력이 향상된다.

또한 Tool Holder에 공구를 고정하는 방식에는 콜렛방식, 유압, 열박음 등이 있는데 열박음 사용하므로 고속으로 인한 떨림 및 동심도가 좋게 되었다.

[그림 1-4 공구 열 박음 장치]

2.6 고속가공용 CAM S/W

고속가공용 CAM S/W에는 고속으로 이송되는 관계로 공구경로 산출시 이송장치의 관성 때문에 방향변경시 라운드 접근, 펜슬, 자동가공, Z축 가공 시 헬리컬 절삭기능 등이 있어야 하고 다음과 같은 사항을 고려해야 한다.

① 급격한 방향변경시 관성에 영향을 받지 않게 하기 위하여 라운드 접근 및 자동적

으로 이송이 가감속(AFC : Auto Feed Control)되어야 한다.
② 곡면에서 경로보간이 점에서 점으로 보간이 되면 data양도 많고 슬립현상이 나타나므로 NURBS보간이 되어야 한다.
③ 절삭이송시 트로코이달 절삭(Trochoidal Machining : 일정경계안을 절삭시 원의 형태로 절삭방법), 헬리컬 절삭이 가능해야 한다.

2.7 고속가공의 도입시 장점

고속가공기의 장점으로는 고속회전과 빠른 이송속도 절삭시 낮은 전단력이 발생하므로 높은 절삭능력을 발휘할 수 있는 가공으로 다음과 같은 장점을 가지고 있다.
① 공구직경을 작은 것을 사용할 수 있어 공정(방전가공)이 단축되어 가공능률을 높일 수 있다.
② 열발생 및 절삭저항이 적게 발생하여, 미소크랙이 발생하지 않고 공구수명이 길어진다.
③ 가공변질층이 적어 표면거칠기(Ra=0.2μm) 및 내구성을 향상시킬 수 있다.
④ Thin Wall 가공이 가능하다.
⑤ Burr 생성이 감소되고, Chip 처리가 용이하다
⑥ 난삭재 가공 및 경면 가공을 할 수 있다.
⑦ 열처리 소재(HRC 60)를 직접 가공할 수 있다.

③ 5축 가공기의 개요

산업사회에서 제품 형상이 복잡하여 언더컷 형상은 종래의 3축기계(머시닝센터)등에서 가공을 하려면, 공작물 장탈을 여러번 하여 공작물 세팅시간 즉 비절삭시간이 늘어남과 동시에 제품의 형상정밀도가 떨어져 경쟁력을 가질 수가 없었다.

이를 해소하기 위해서 한번 고정으로 바닥면을 제외한 형상을 모두 가공하기 위해 기존의 머시닝센터 3축(X,Y,Z)에 부가축(A,B,C)에서 용도에 따라 2축을 추가한 공작기계이다.

X,Y,Z축 중에서 어느 축이 회전하느냐에 따라 5축 가공기의 구조는 Table-Table이 회전하는 T-T형 주로 소형에 적용되고, Head-Head가 회전하는 H-H형이 있으며, 주로 대형이며, 그 중간 크기의 Head-Table이 회전하는 H-T형이 있다.

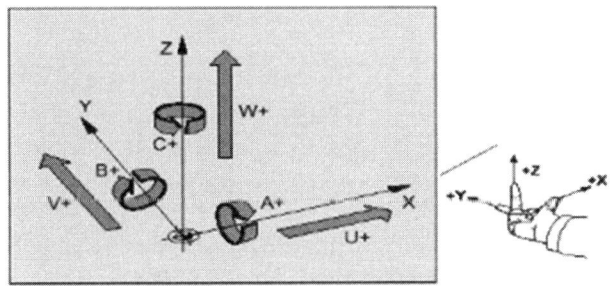

기본축	회전축	평행축
X	A	U
Y	B	V
Z	C	W

[그림 1-5 공작기계의 좌표축]

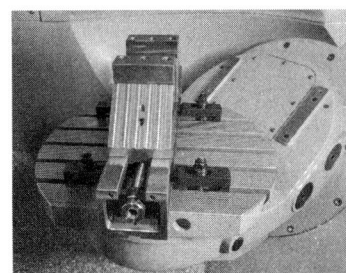  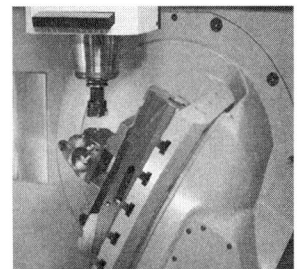

[그림 1-6 5축 가공기 방식]

산업현장에서는 제품의 형상에 따라 이 3가지 방식 중 가장 효율적인 5축 가공기, 5축가공이 지원되는 CAM S/W도 동시에 도입하여야 한다.

5축 가공기를 도입함에 있어서 다음과 같은 경쟁력을 가질 수 있다.

① 한 번의 세팅(Setting)으로 5면을 완성 가공(언더컷 공작물)을 할 수 있어 공작물 장탈 시간 및 형상정밀도를 향상시킬 수 있다.
② 경사면 가공시 공구를 틸팅(Tilting)하여 경사면을 평앤드밀로 가공하여 절삭시간 및 표면 조도를 향상시킬 수 있다.
③ 공구의 Speed Zero 현상 방지를 통한 가공효율 증대 및 표면조도를 향상시킬 수 있다.
④ 언더컷 등 깊이가 깊은 부분도 틸팅하여 가공하므로 써 별도의 특수공구가 필요하지 않고 절삭력도 향상 시킬 수 있다.
⑤ 3축가공기에서 가공하려고 하면 별도의 치공구가 필요하나 5축 가공기에서는 거의 필요하지 않다.

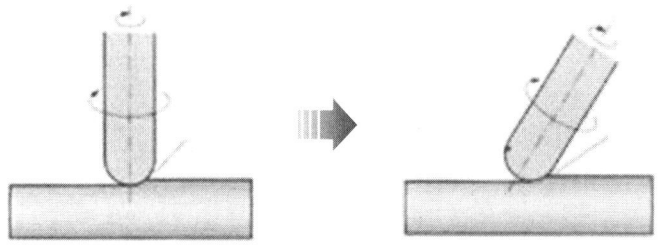

그림 1-7 Speed Zero 현상 방지

Chapter 02

HEIDENHAIN iTNC

5축 가공기 조작

(DMU 50eVo linear/HEIDENHAIN iTNC 530)

01　5축 가공기 구성
02　조작반
　　(HEIDENHAIN iTNC 530)
03　매뉴얼 프로그램 설치하기
04　전원공급 및 차단하기
05　좌표계(데이텀) 설정하기
06　공구선택 및 보정하기
07　프로그램 작성 및 편집하기
08　가공프로그램 그래픽 확인
　　및 운전하기

❶ 5축 가공기 구성

5축 가공기 구조는 CNC공작기계와 마찬가지로 제어부, 서보부, 작동(기계)부로 구성되어 있으며, 고속회전을 하므로 강제냉각장치(Chiller)가 있고, 전기의 안전을 위해 자동전압조정장치(AVR : Automatic Voltage Regulator), 기계에 공급되는 에어의 불순물을 제거하기 위해 에어클리너(Air cleaner)가 설치된 기계도 있다.

[그림 2-1 DMU 50eVo linear/HEIDENHAIN iTNC 530 구성]

[그림 2-2 주축 및 회전테이블]

② 조작반(HEIDENHAIN iTNC 530)

조작반은 CNC선반, 머시닝센터와 유사하나 HEIDENHAIN에서는 사용자의 편의를 위해 조작반의 기능 및 프로그램의 기능을 손쉽게 익히기 위해 자사의 홈페이지(http://www.heidenhain.co.kr)에서 다운을 받아 사용할 수 있게 하였으니 프로그램의 용량에는 제한을 두고 있다.

[그림 2-3 조작반(HEIDENHAIN iTNC 530)]

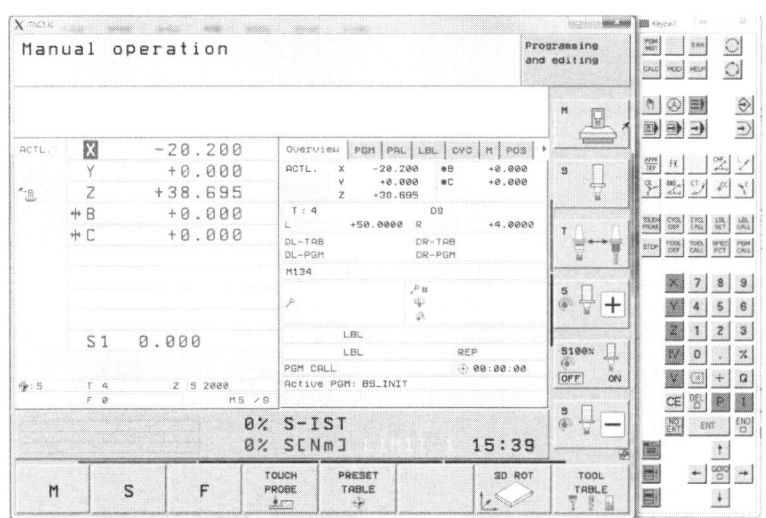

[그림 2-4 조작반(HEIDENHAIN iTNC 530)설치 화면]

Chapter 02 5축 가공기(DMU 50eVo linear/HEIDENHAIN iTNC 530) 조작

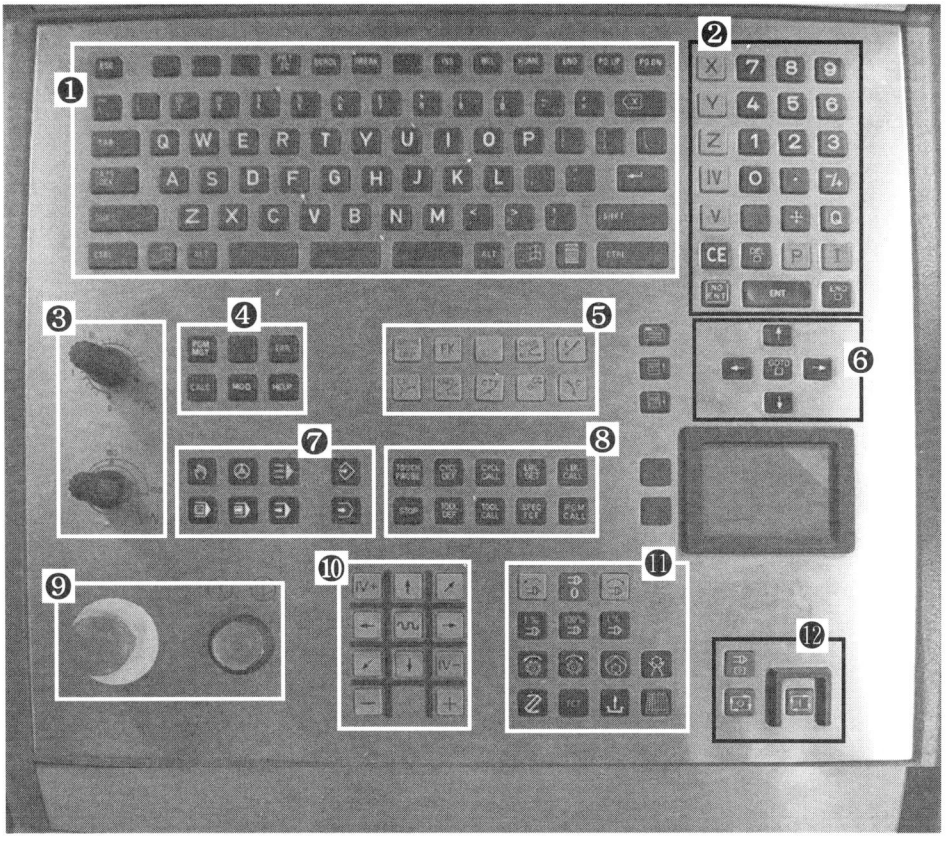

❶ 파일명 등을 입력할 때 사용하는 키보드
❷ 수치, 축 선택 등을 입력, 편집하거나 에러를 해세할 때 사용
❸ 절삭이송, 급송이송 오버라이드
❹ 파일관리, HELP 기능에 사용
❺ 프로그램 입력(윤곽절삭프로그램)시 사용
❻ 커서이동시 사용
❼ 작업 모드 선택시 사용
❽ 특수프로그램 작성시 사용
❾ 비상정지 및 전원공급시 사용
❿ 조그이송시 사용
⓫ 수동으로 기계운전시 사용
⓬ 사이클 스타트 및 정지시 사용

[그림 2-5 조작반(HEIDENHAIN iTNC 530)]

2.1 기능별 조작반(HEIDENHAIN iTNC 530) 익히기

❶ 파일명 등을 입력할 때 사용하는 키보드

	영문자등을 이용하여 파일 명 및 CNC 프로그램에서 어드레스를 입력 사용하는 키보드

❷ 수치, 축 선택 등을 입력, 편집하거나 에러를 해제

X Y Z	직교좌표축
IV V Q	회전축(B,C축), 회전지령 어드레스
P I	극좌표지령, 증분지령
CE	에러 해제, 입력값 삭제
DEL	커서가 있는 블록을 삭제
NO ENT	커서가 있는 워드를 삭제 또는 미 입력
ENT / GOTO →	ENT하면 다른 종류 워드입력상태가 되고 같은 종류는 GOTO 화살표 버튼사용
END	블록에서 마지막 워드를 입력 후 블록을 종료시 사용 FANUC EOB(;)와 같음

Z는 스핀들 축인데 그 다음 X좌표치를 입력하려면 ENT 를 사용하고 X 좌표치를 입력후 Y좌표치를 입력하려면 GOTO → 사용

```
1   BLK FORM 0.1 Z   X+0    Y+0    Z-20
2   BLK FORM 0.2     X+70   Y+70   Z+0
```

❸ 절삭이송, 급송이송 오버라이드

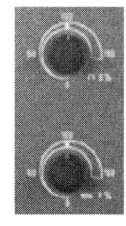
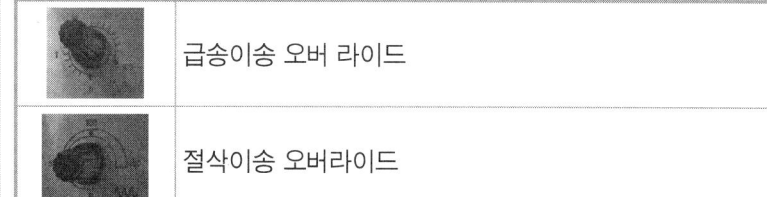

	급송이송 오버 라이드
	절삭이송 오버라이드

❹ 파일관리, HELP 기능

PGM MGT	프로그램 및 파일명 관리시 EDIT(⇕)를 먼저 누르고 사용
ERR	현재 에러 상태 표시
CALC	계산기
MOD	에러 발생시 리셋 시키려고 할 때 작업모드 키이와 같이 사용 (⇕ ⇒ MOD , ✋ ⇒ MOD)
HELP	NC 에러 메시지를 위한 도움말

❺ 프로그램 작성(윤곽절삭프로그램)

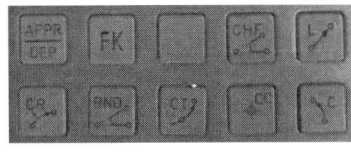

APPR DEP	형상접근 및 후퇴경로 : 여러 가지 방식이 있으며 선택된 기능에 다라 변경됨
FK	자유형상프로그램 : 주어진 형상정보에 따라 변경됨
CHF	모따기 : 모따기 길이와 속도
L	직선절삭 : 끝점의 좌표
CR	반경을 이용한 원호절삭 : 원호의 끝점, 반경, 회전방향
RND	코너 라운딩 절삭 : 라운딩 반경 및 속도
CT	접선 방향에서의 원호절삭 : 호의 끝점 좌표
CC / C	원호중심을 이용한 원호절삭 : 원호의 중심좌표, 호의 끝점 좌표와 방향

❻ 커서이동

프로그램 입력시 커셔를 이동한다. GOTO 이용하면 입력된 블록(라인)으로 직접 이동

❼ 작업 모드 선택

✋	수동운전 : 각 축의 수동운전, 각축의 좌표 표시, 가공데이텀 세팅
🎡	핸들 휠 운전 : 핸드휠로 각 축 운전 및 가공데이터 세팅(다른 작업을 하려면 해제시킬 것)
▣	Smart.NC 작업 모드
▣	MDI : 반자동모드로 간단한 프로그램 입력 및 수정, 각축 운전, 가공데이터 세팅
▣	Single 모드로 작성된 프로그램을 한 블록식 실행
→	자동운전으로 FANUC에서 Auto, Mem으로 작성된 프로그램을 전체 실행
⇨	프로그램 편집모드로 FANUC에서 Edit로 프로그램 입력 및 수정시 사용 [PGM MGT] 같이 사용하기도 함
→	작성된 프로그램을 그래픽 확인

❽ 특수프로그램 작성

TOUCH PROBE	터치프로브 사이클 프로그램 작성
TOOL DEF / TOOL CALL	공구번호를 정의 및 호출
CYCL DEF / CYCL CALL	일반 가공 사이클을 정의 및 호출
LBL SET / LBL CALL	서브(보조)프로그램 레이블 정의 및 호출
STOP	프로그램 내에 정지
SPEC FCT	특수 기능 보기
PGM CALL	프로그램 호출

❾ 비상정지 및 전원공급

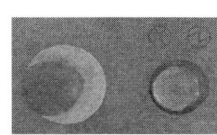

	비상정지
	기계전원 ON

24

⑩ 조그 이송

	조그 모드로 각 축을 이동

⑪ 수동으로 기계운전

	스핀들 정회전 정지 역회전
	스핀들 회전수 조절
	공구 매거진 회전
	절삭유 공급/정지
	공구 교환
	Without function
	작업문 Open
	Pallet release

⑫ 사이클 스타트 및 정지

	사이클 스타트
	스핀들과 이송동시 일시 정지
	이송일시 정지

③ 매뉴얼 프로그램 설치하기

3.1 HEIDENHAIN iTNC 530 프로그램 다운 및 설치

HEIDENHAIN에서 사용자의 편의를 위하여 가공프로그램 작성 S/W를 홈페이지에서 다운받아 사용하도록 되어 있다.

이는 무료로 제공되므로 100블록정도까지만 작성하도록 되었으나 HEIDENHAIN 콘트롤러를 이해하는 데는 아무 문제가 없을 것으로 생각되면 FANUC 콘트롤러를 사용했던 사용자는 비교해 가면서 가공프로그램을 작성하면 이해가 빠를 수 있고, 또한 5축을 도입하는 회사 및 학교는 CAM S/W를 구입하게 되므로 프로그램을 작성하는 데는 문제가 없을 것으로 생각된다.

가공프로그램 작성보다는 기계조작법에 더 많은 시간을 투자해야 해야 하고 또한 조작법도 FANUC과 거의 같으므로 문제가 없을 것이나 5축 가공기에서는 틸팅시 충돌에 유의해야 한다.

① 하이덴하인 코리아(http://www.heidenhain.co.kr) 에 접속하든지 보유하고 있는 설치파일을 이용하여 프로그램을 설치한다.

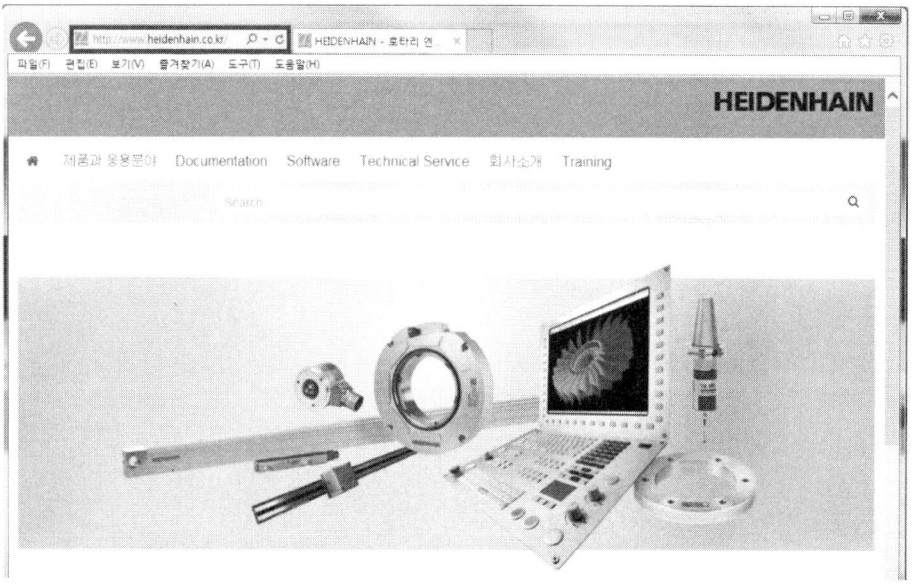

② Software를 선택한다.

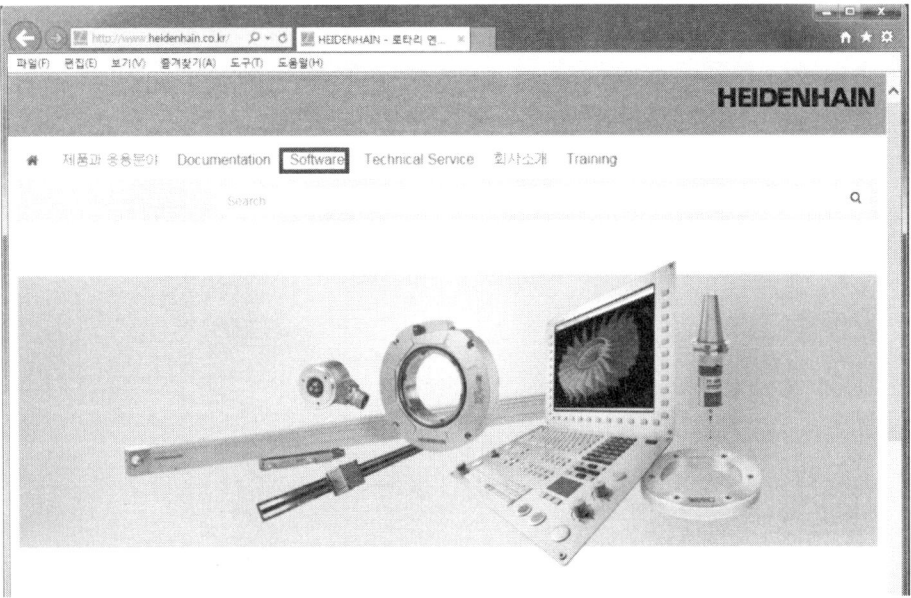

③ PC Software를 선택한다.

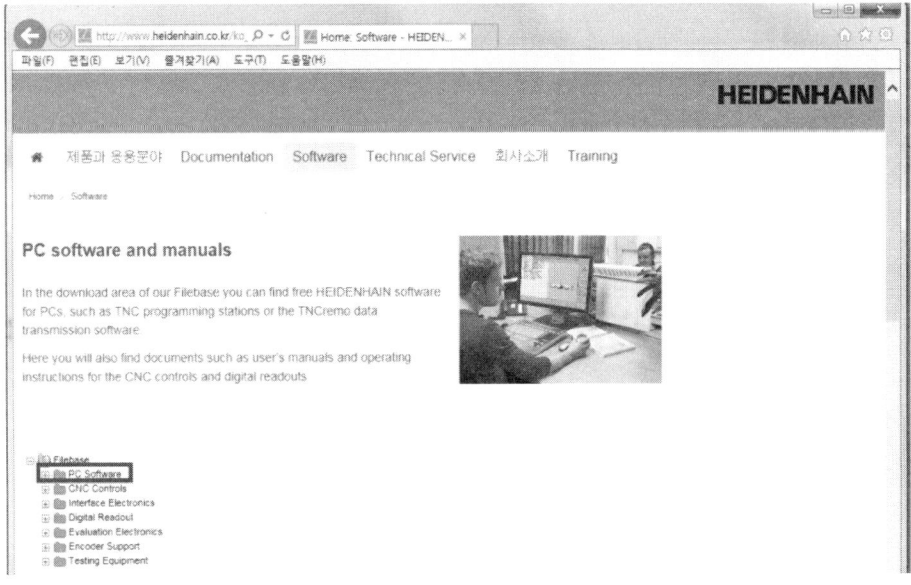

④ Programming Station를 선택한다.

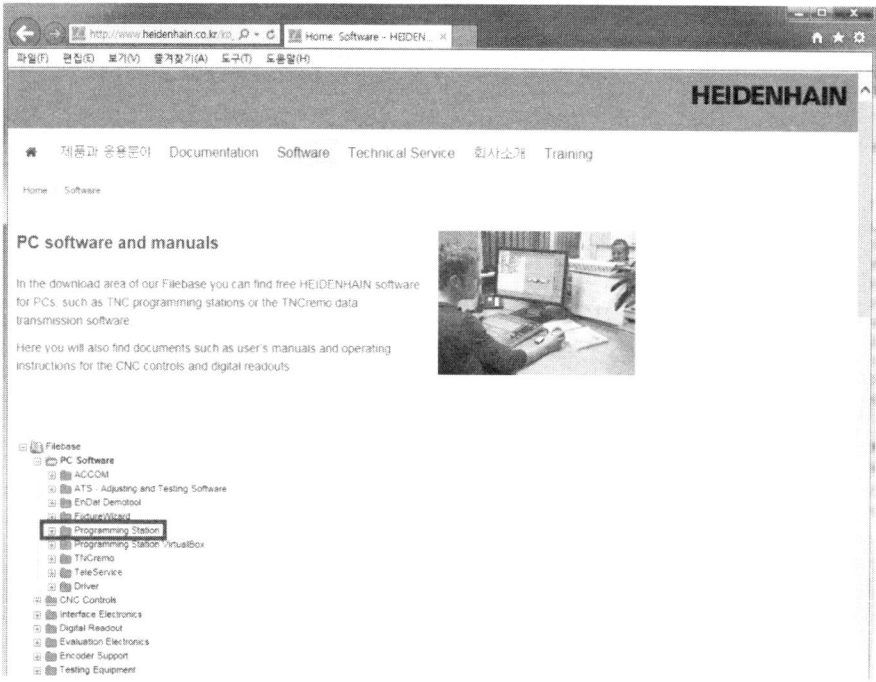

⑤ 보유하고 있는 기계에 해당되는 software(iTNC 530 Programming Station 340494 006 0 07)를 선택하여 다운로드한다.

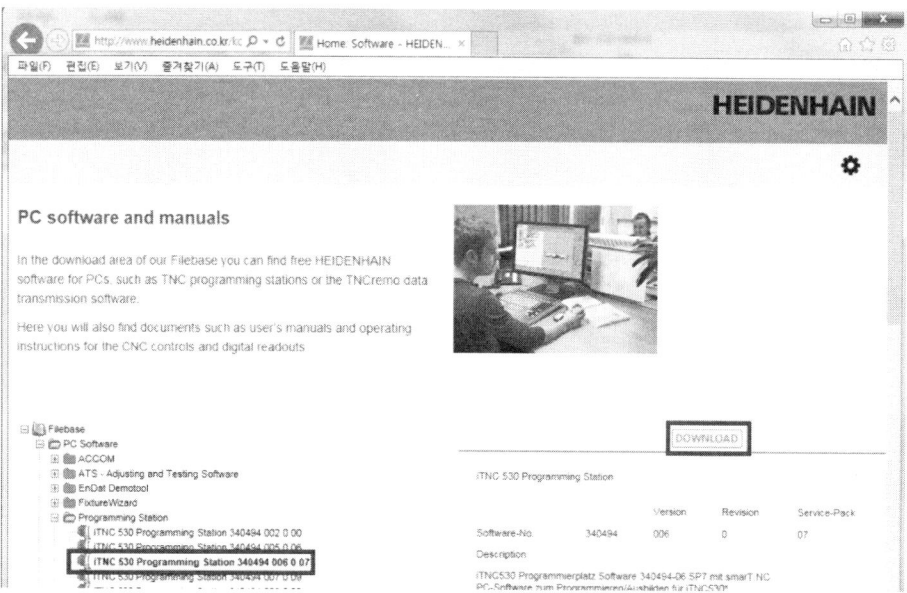

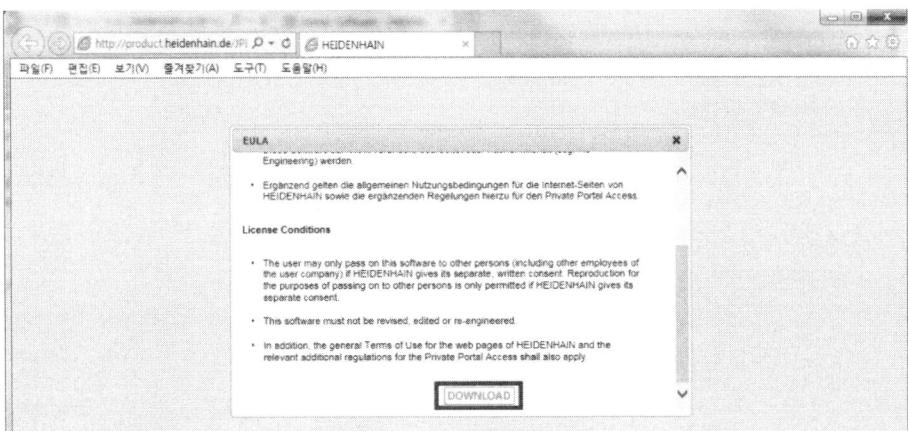

⑥ 다른 이름으로 저장하기로 사용자가 알아서 폴더에 다운로드 한다.

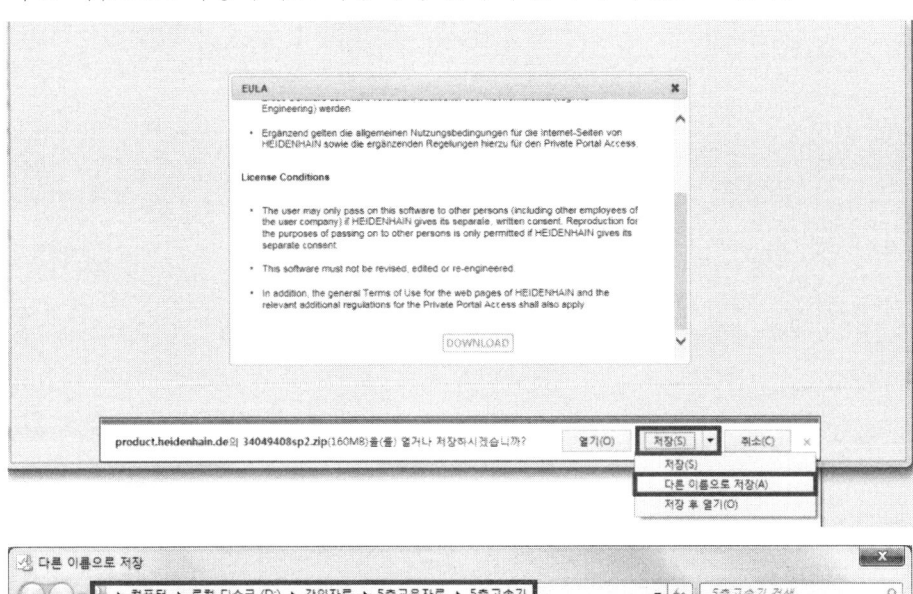

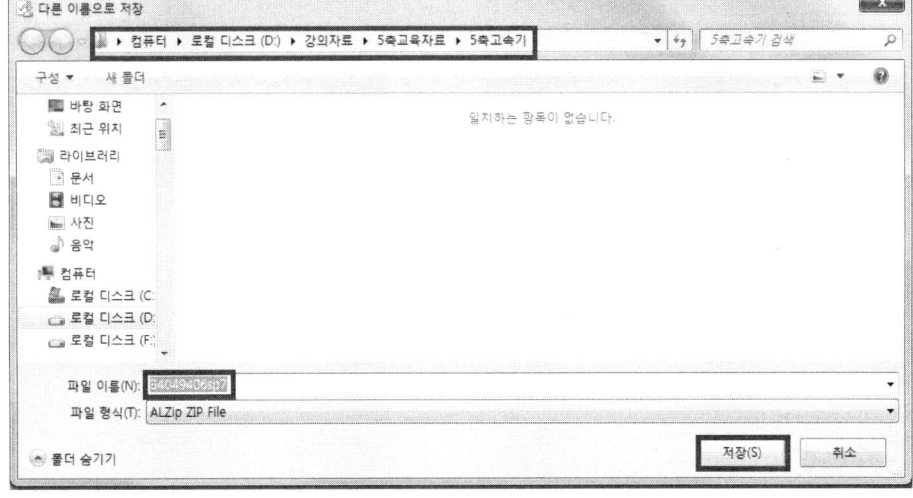

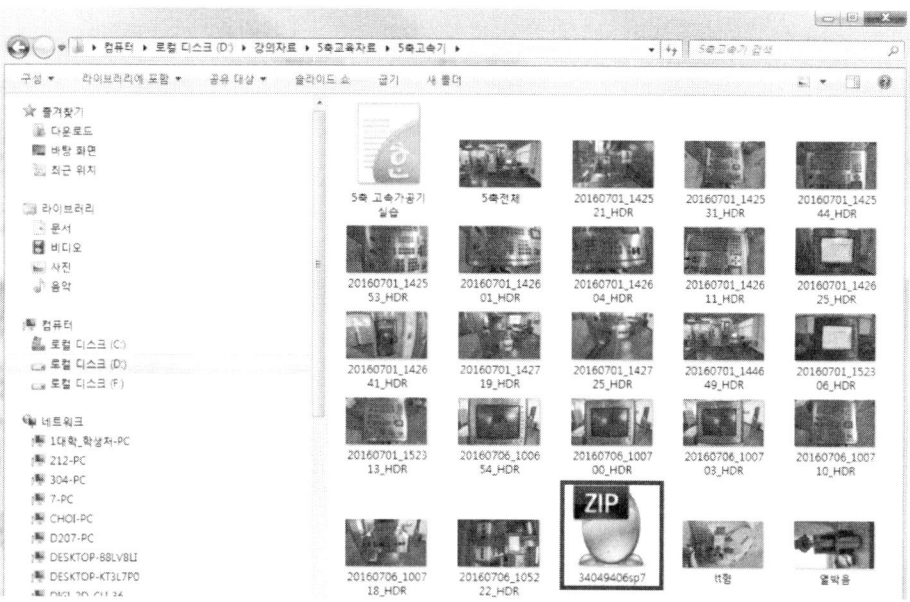

⑦ 다운 로드된 압축파일을 풀고 34049406 폴더를 선택한다.

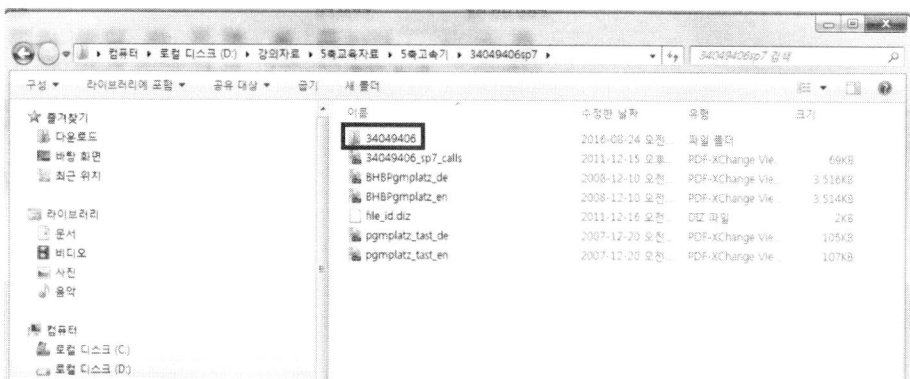

⑧ Setup를 더블 클릭하여 일반적인 프로그램처럼 설치한다.

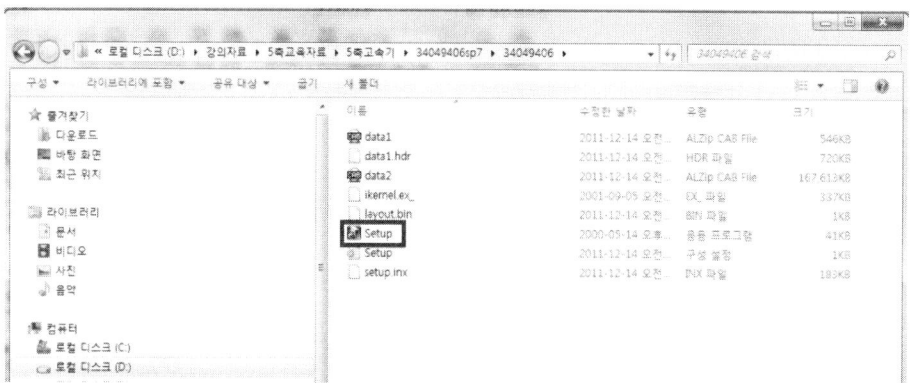

● ● ● Chapter 02 5축 가공기(DMU 50eVo linear/HEIDENHAIN iTNC 530) 조작

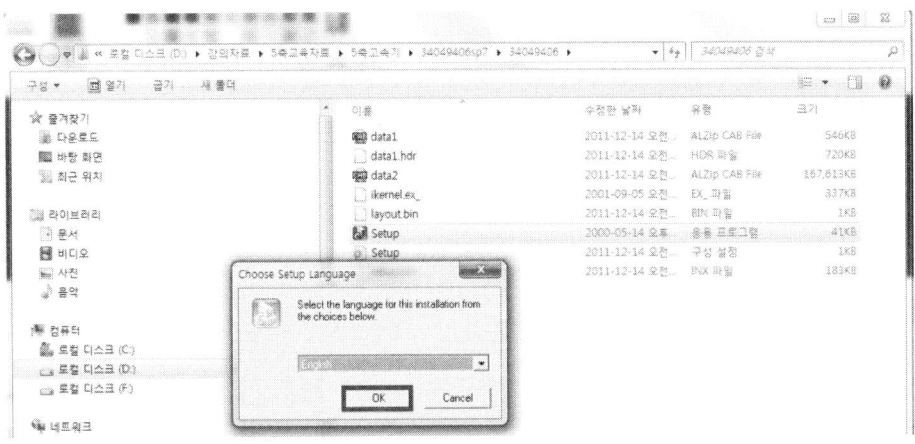

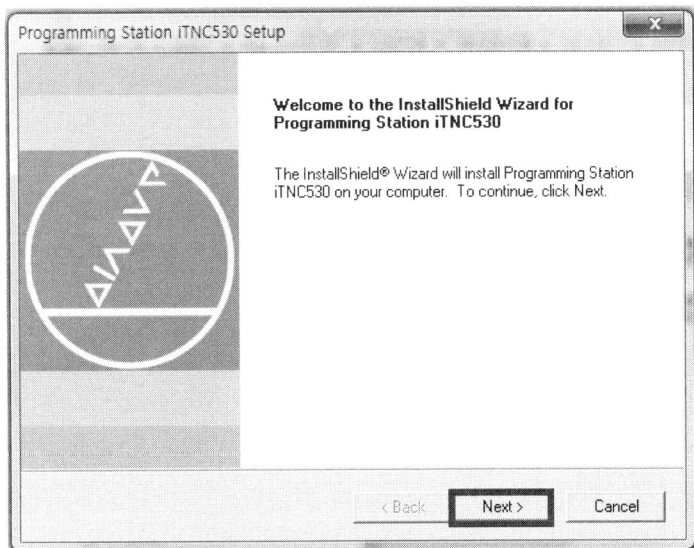

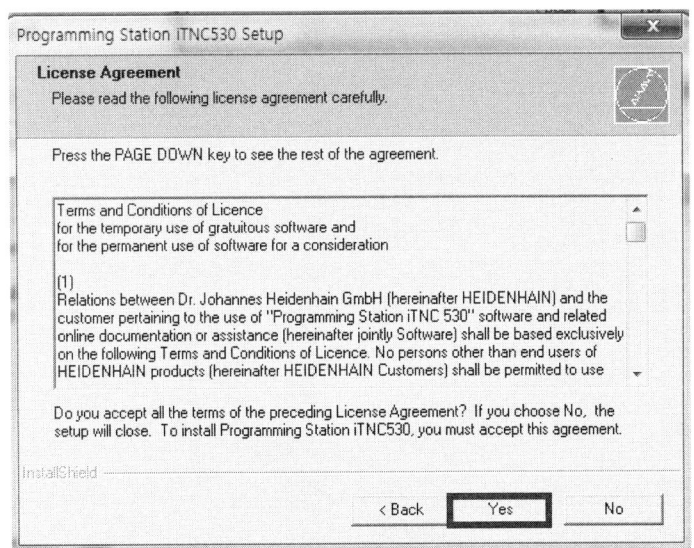

⑨ 설치한 폴더를 선택하고 Yes버튼을 누른다.

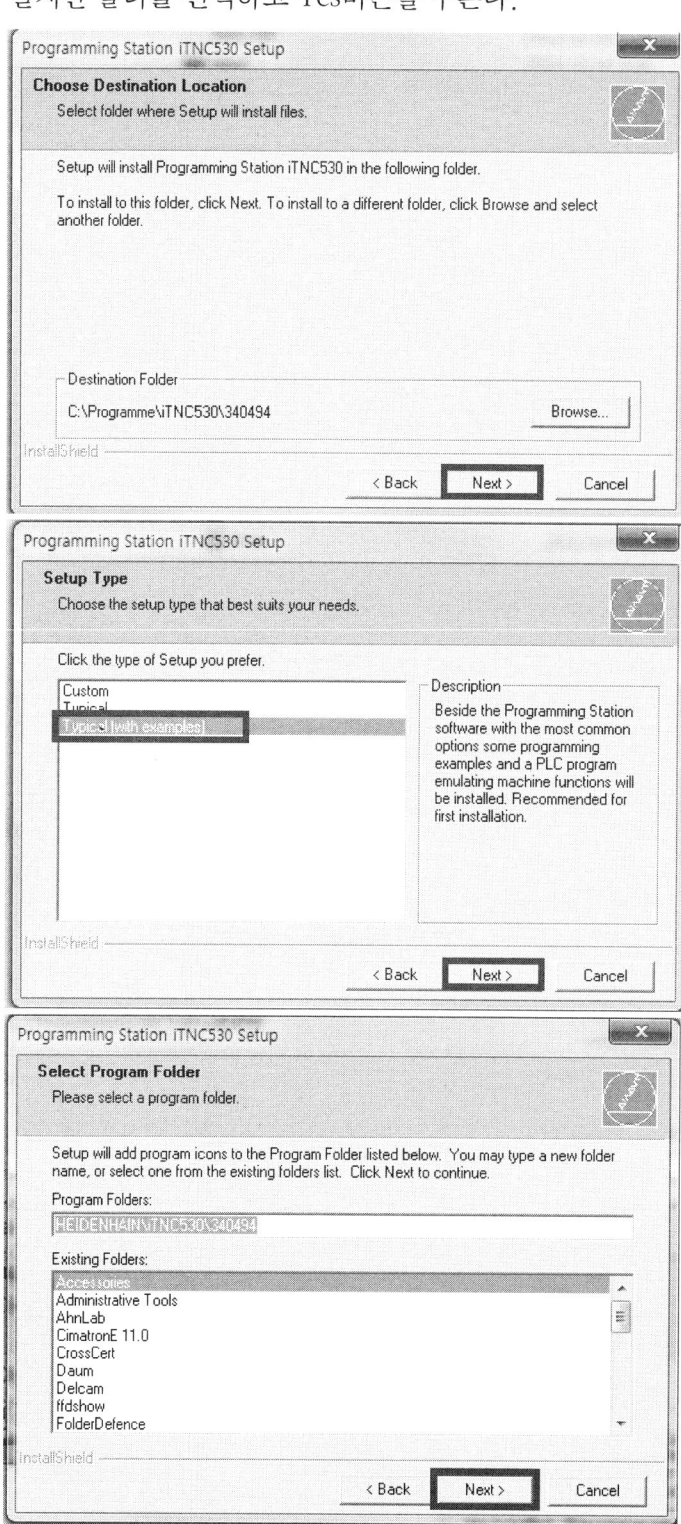

⑩ 설치되는 것을 확인할 수 있다.

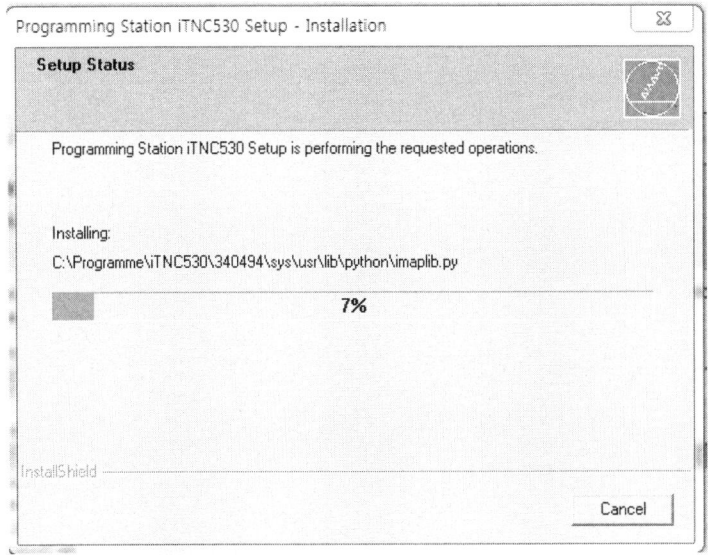

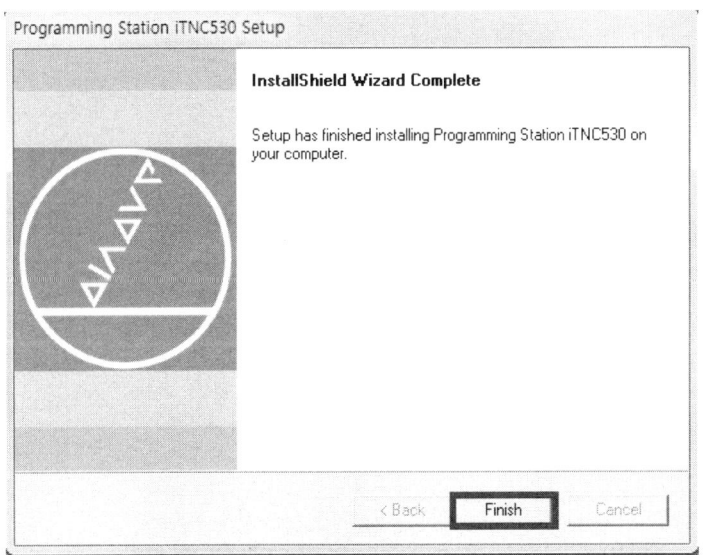

⑪ 설치가 완료되면 좌측하단 시작메뉴에서 다음버튼을 선택하여 프로그램을 실행한다.

⑫ 다음과 같이 조작반(키보드) 없이 실행된다.

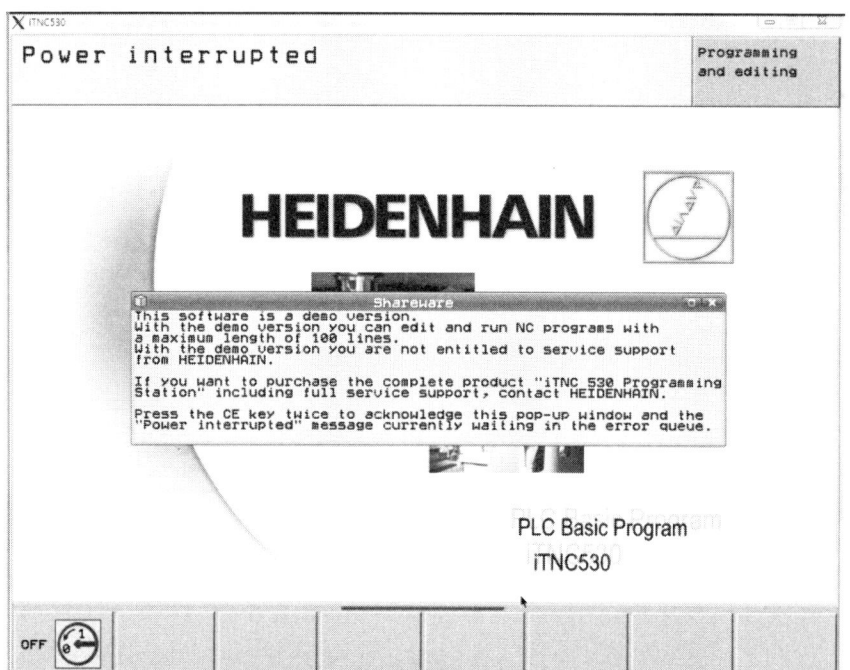

⑬ 위와 같이 실행되고 하단 작업표시줄 오른쪽에 있는 버튼을 더블크릭 하면 조작
반(키보드)를 활성화 시킬 수 있다.

⑭ 아래와 같이 활성화된 화면에서 More 버튼을 누르고 keypad 버튼을 선택한다.

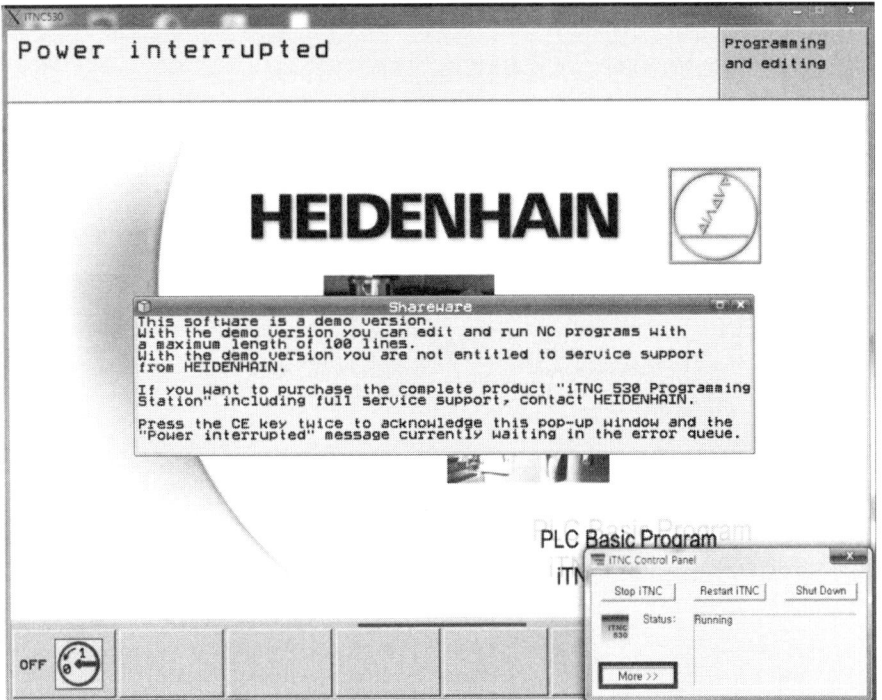

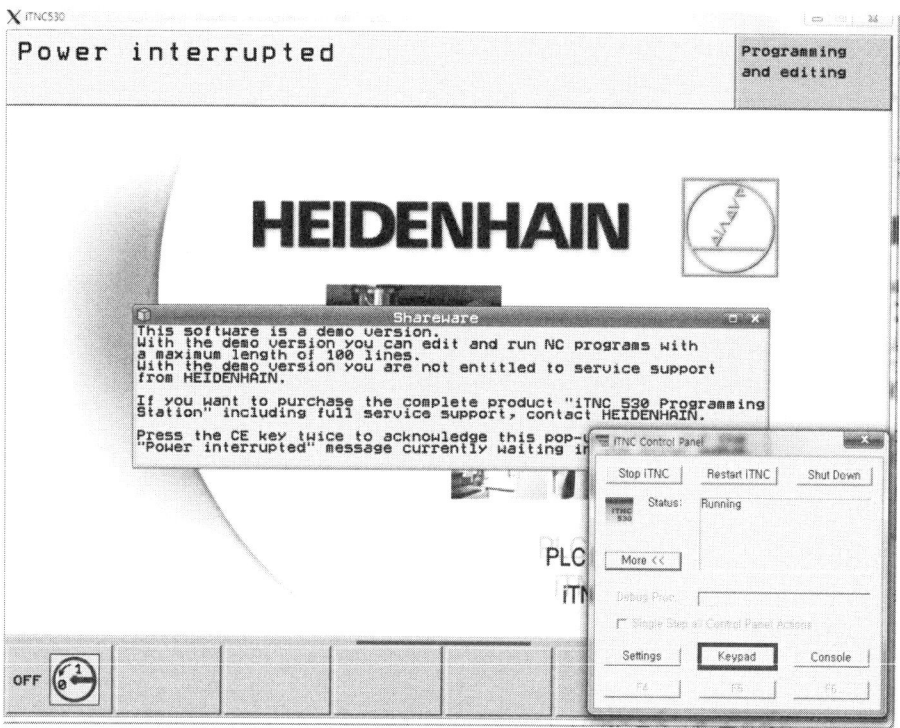

⑮ 이 화면에서는 프로그램을 시작과 종료를 할 수도 있고 Settings 버튼을 이용 Keypad의 수직 수평으로 설정할 수 한다.

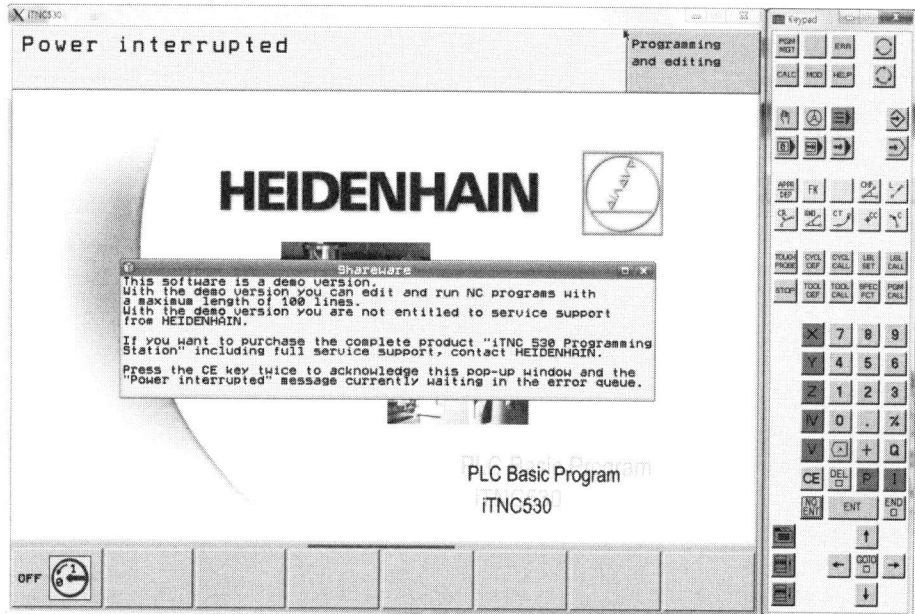

⑯ 프로그램의 실행이 완료되면 Keypad에 CE버튼을 두 번 누르게 되면 프로그램을 작성할 수 있게 되고 화면 상단에 적색에러가 발생되면 CE버튼을 사용하여 해제한다.

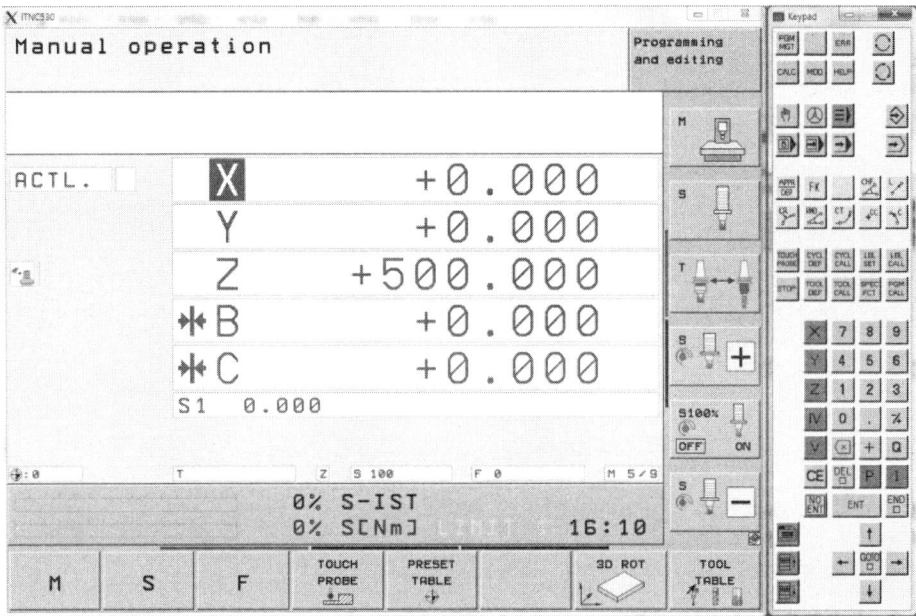

⑰ 가공 프로그램 등의 작성이 끝나고 종료방법은 작업표시줄에 표시된 TNC control Panel를 선택하여 shut Down 버튼을 이용하든 수동모드에서 화면하단 위 3개의 검정색 버튼에서 오른쪽을 선택하면 하단왼쪽에 OFF 버튼을 선택하면 종료된다.

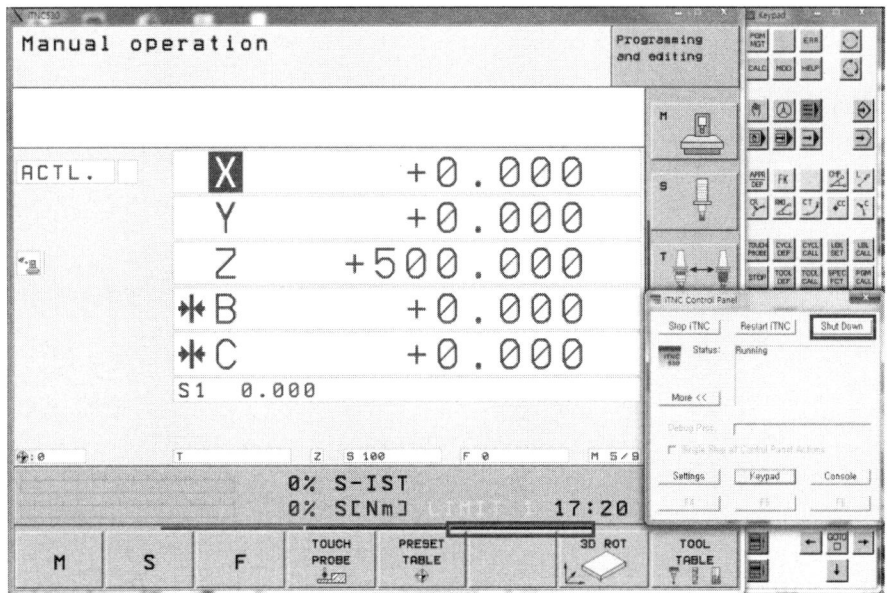

5장 가공기 프로그램 및 가공 DMG/HEIDENHAIN iTNC 530/PowerMILL

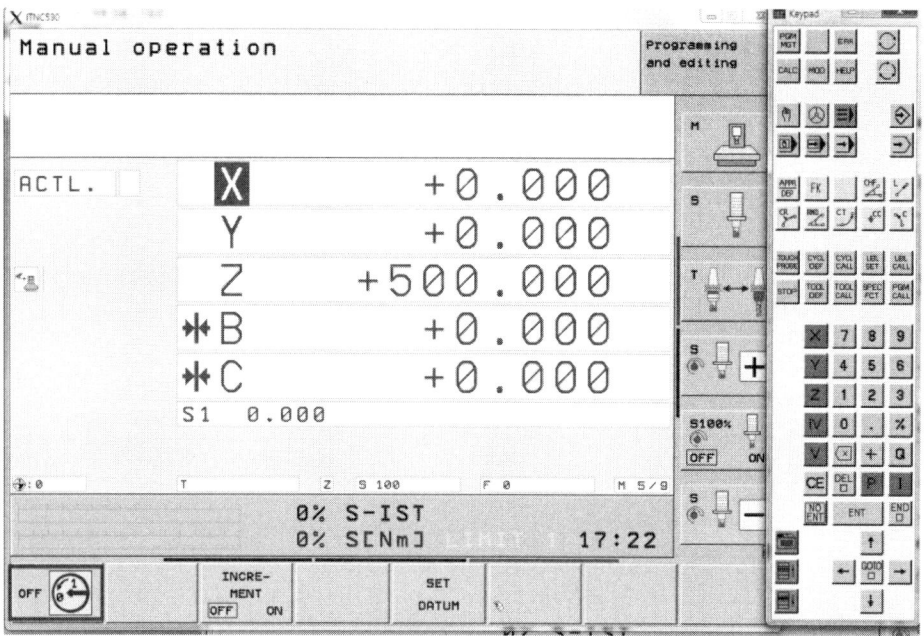

4 전원공급 및 차단하기

4.1 전원공급하기

① 자동전압조정기 하단에 스위치를 올리고 좌측 상단에 켜짐 버튼을 누른다.
② 공기밸브를 열고 공기클리너 스위치를 ON한다.
③ 스위치를 ON한다.
   (Air압 확인)
④ 기계조작반 화면이 부팅된다.
   (잠시 기다리면 Memory test 됨)
⑤ 잠시 기다리면 Memory test가 되면서 화면창에 Servicepack 창이 활성화 된다.

```
Servicepack
A service pack was additionally installed
on this control.
```

⑥ 조작반 CE 버튼을 2회 정도 누른다.
   (System로닝 석색 화면이 표시되면서 Translate PLC program이 실행됨)
⑦ 화면상단에 RELAY EXT. DC VOLTAGE MISSING 표시되면 비상정지(EMG :

)버튼을 오른쪽으로 돌려 해제한다.

⑧ 비상스위치( )를 해제한다.
⑨ 비상정지 버튼 옆에 있는 기계 Power S/W버튼( )을 누른다.

4.2 전원차단하기

① MDI모드( )에서 현재공구를 매거진에 둔다.
   (Tool Call 0 Z를 입력하고 사이클 스타트 버튼( )을 누르면 되는데 이 때 급송
   오버라이드( )가 0이면 움직이지 않으니 50% 정도로 할 것)

② 수동모드(　)에서 공구를 안전한 곳까지 이동한다.

③ EMG 버튼을 누른다.

④ 아래 좌측 삼각형 버튼(　)을 이용 OFF 0/1 버튼(　)을 찾아 누른다.

⑤ YES(　YES　)버튼을 선택한다.

(NO버튼을 누르면 다시 전원 차단 전으로 회복된다)

⑥ Restart END가 표시되면 기계전원스위치(기계뒤)NFB S/W OFF(Now you can switch off the TNC)한다.

(Air 압 확인)

```
Now you can switch off the TNC.
Press the END key if you want to reboot the control!!
```

※ 숫자 조작반 밑에 있는 END(　)버튼을 누르면 다시 PLC 프로그램이 로딩된다.

⑦ 전원 공급에 반대로 하여 전원을 OFF한다.

5 좌표계(데이텀) 설정하기

좌표계설정이란 사용자가 가공프로그램에 원점을 기계좌표치에 알려 주는 것이다. 즉 기계좌표치(X,Y,Z)의 얼마를 나는 가공원점으로 사용하겠다고 기계에 설정하는 것으로 여러 가지가 있다.

5.1 데이텀 "0" 설정 후 해당 데이텀으로 이동하기

① MDI모드에서 좌표계에 설정할 공구를 불러온다.
 - Tool call 2 Z S2000을 입력하고 사이클 스타트 한다.
 (급송오버라이드가 "0"으로 되어있으면 공구가 이동되지 않으니 "50%"정도로 할 것)

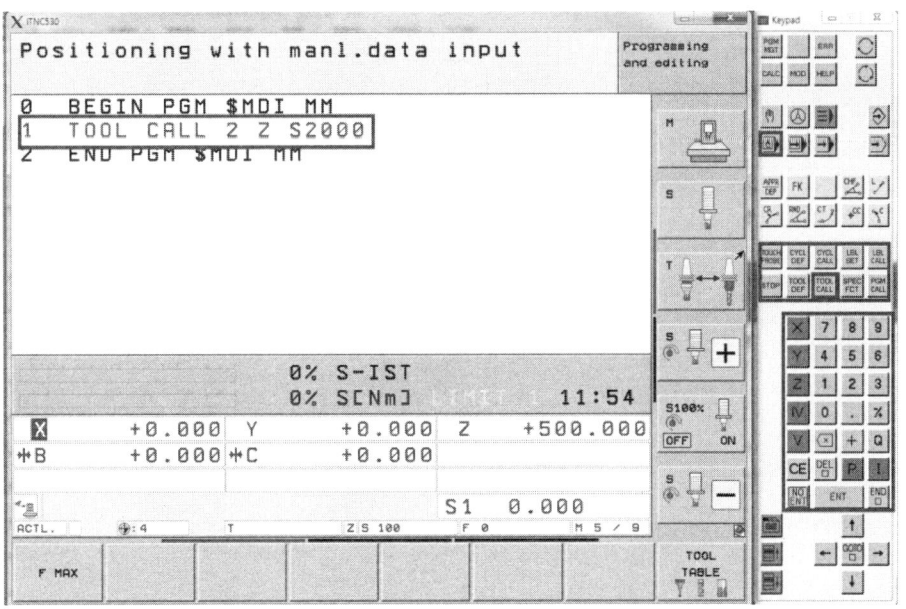

② 좌표계설정을 각 데이텀에다 직접 설정할 수도 있으나 여기서는 "0" 데이텀 설정 후 옮기는 방법을 선택할 것이다.

③ 화면 좌측하단에 데이텀(FANUC 좌표계설정)을 ⊕:0 "0"으로 활성화 시킨다.

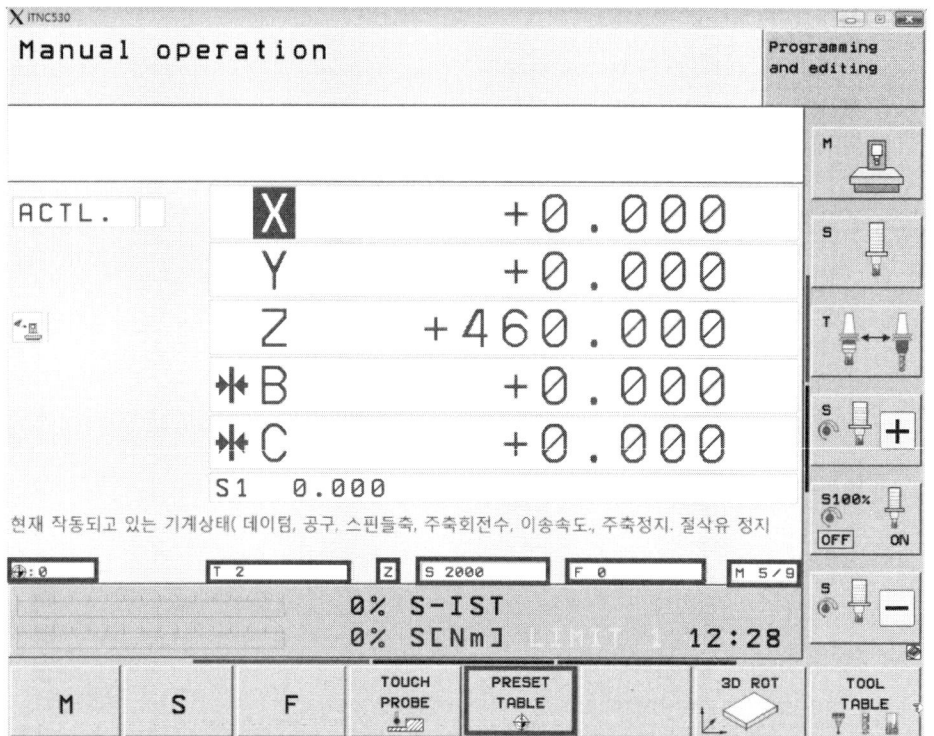

 **좌표계 설정 데이텀을 활성화시키는 방법**

- 화면하단에 PRESET TABLE 버튼을 선택한다.

- 커셔를 해당 데이텀("4")으로 옮긴 후 ACTIVATE PRESET 버튼을 선택하고 EXECUTE 버튼을 누르면 해당 데이텀이 활성화되면, END 버튼을 누른다.

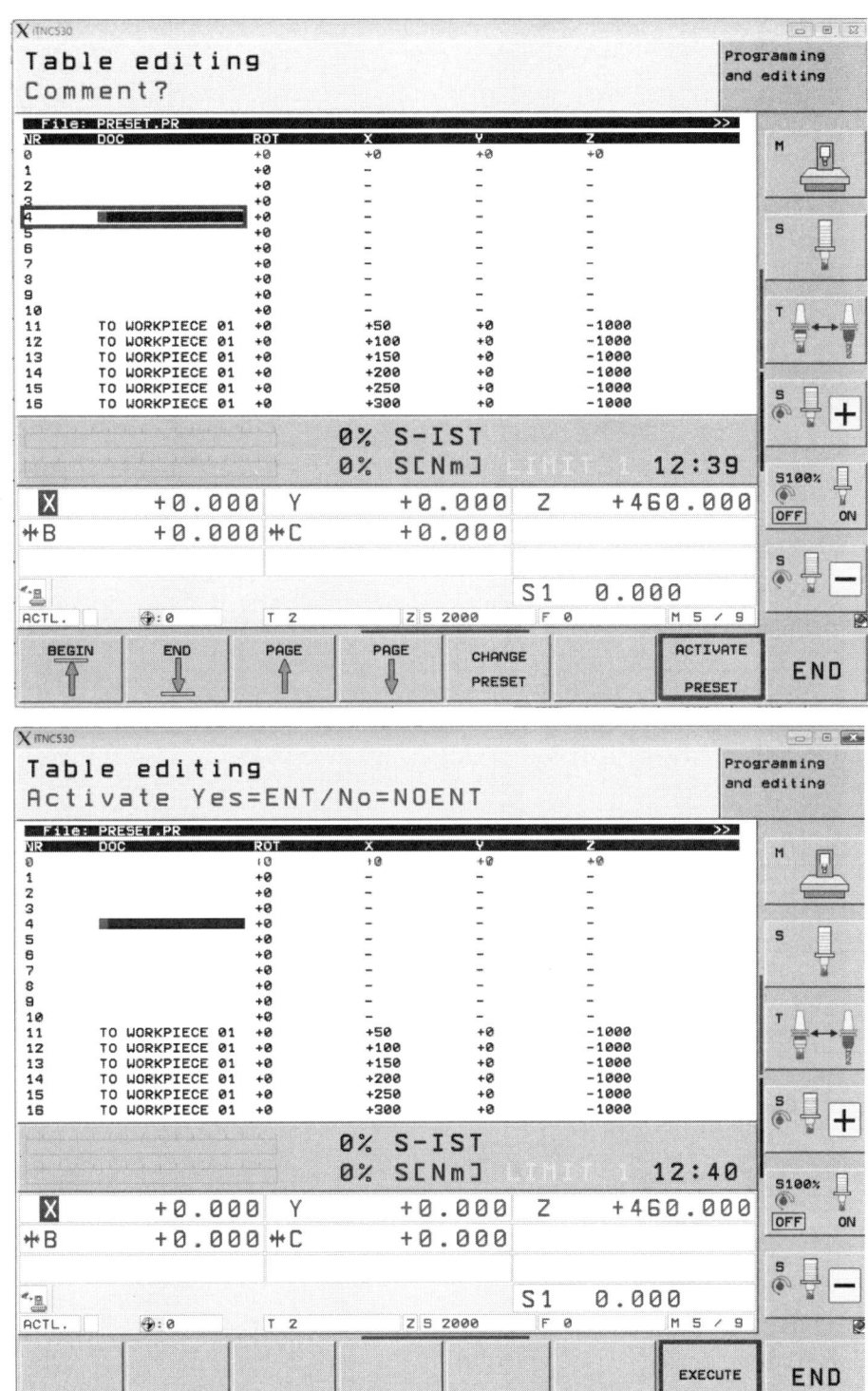

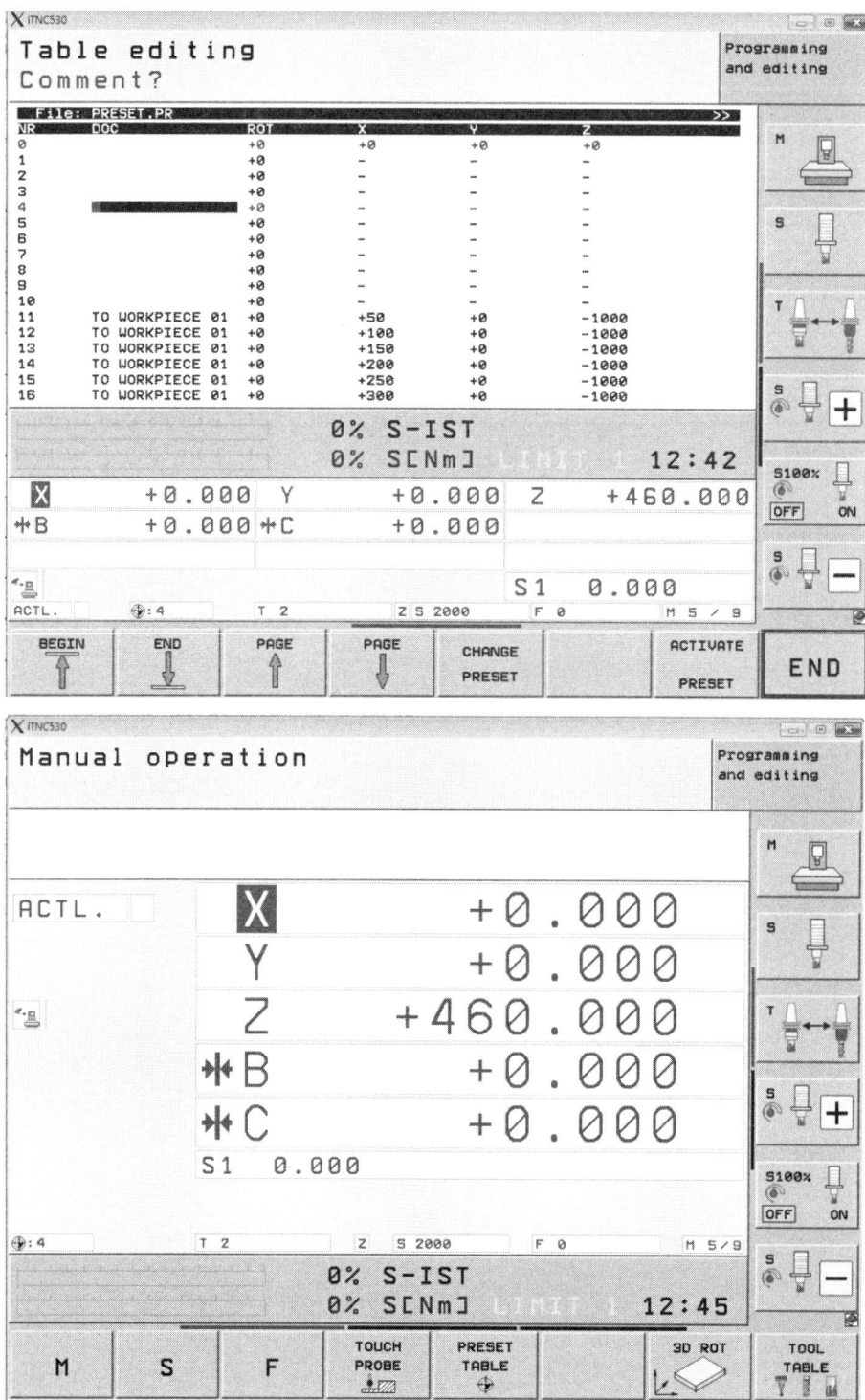

Chapter 02 5축 가공기(DMU 50eVo linear/HEIDENHAIN iTNC 530) 조작

④ 주축을 회전시킨다.

주축 회전 및 정지 방법

- 화면하단에 M 버튼을 선택하고 3를 입력하고 사이클 스타트 버튼을 누른다.
- 화면에 S값이 "0" 이든 적절한 값이 아니면 S 버튼을 이용하여 입력 후 사이클 스타트 버튼을 누른다.

45

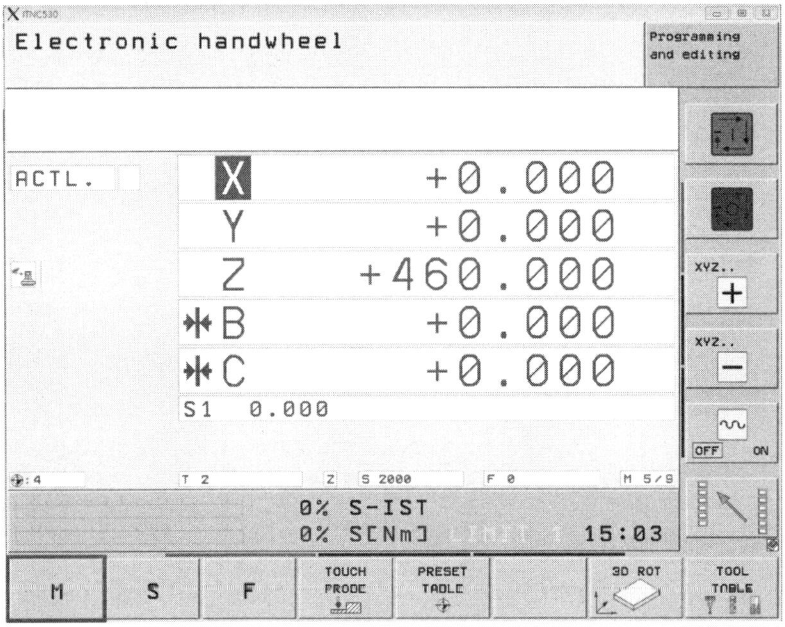

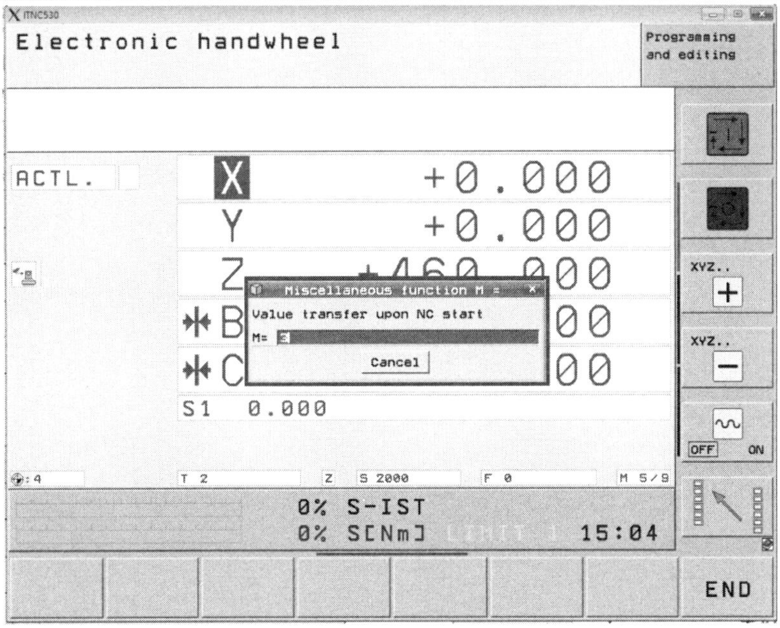

⑤ 전자핸드휠(MPG)를 적색으로 표시된 버튼을 누르고 X,Y,Z를 선택하여 공작물 단면에 터치하면 공구를 이동시킬 수 있도록 된다.

다른 모드에서 운전하려면 화면에 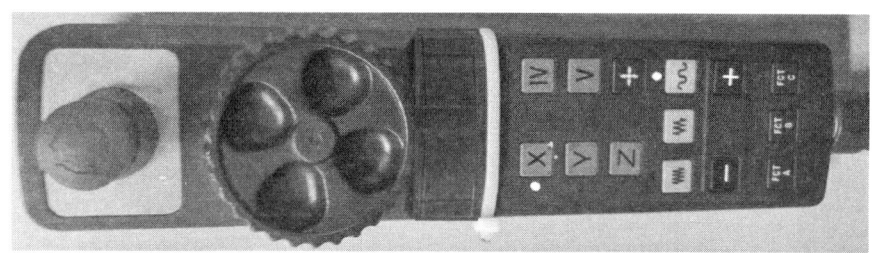 버튼을 선택하여 OFF로 해야 한다.

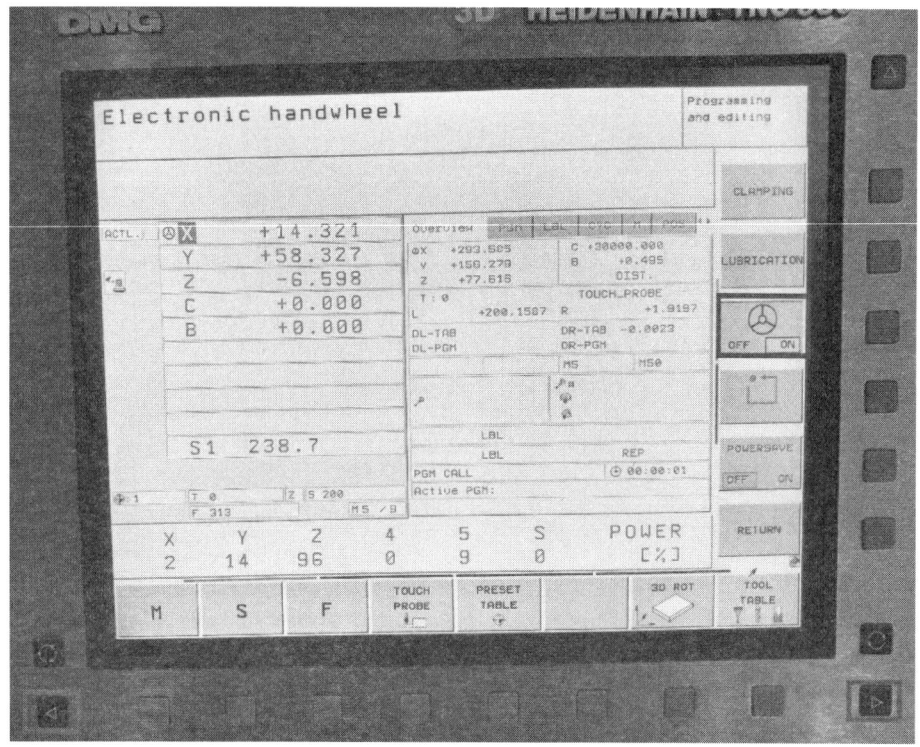

⑥ 먼저 X축 단면에 터치한 후 화면에 화면 좌우측에 삼각형 버튼을 이용하여 SET DATUM 나오게 한다.

※ PC 소프트웨어서는 검정색 버튼을 누르면 SET DATUM 를 표시할 수 있고 청색이 되면 다른 기능들이 활성화 된다.

⑦ 공구가 X축 단면에 터치되면 [SET DATUM] 버튼을 눌러 공구직경이 10이면 화면과 같이 X-5를 입력하고 숫자 조작반 밑에 있는 [ENT] 버튼을 선택하고 (1-5)와 같이 삼각형 버튼을 이용 [PRESET TABLE] 나오게 한다.

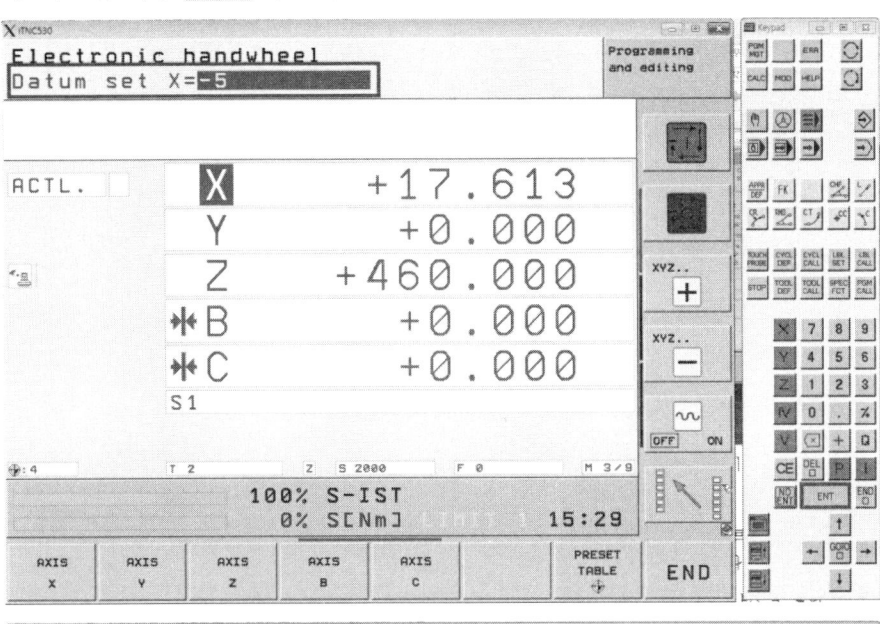

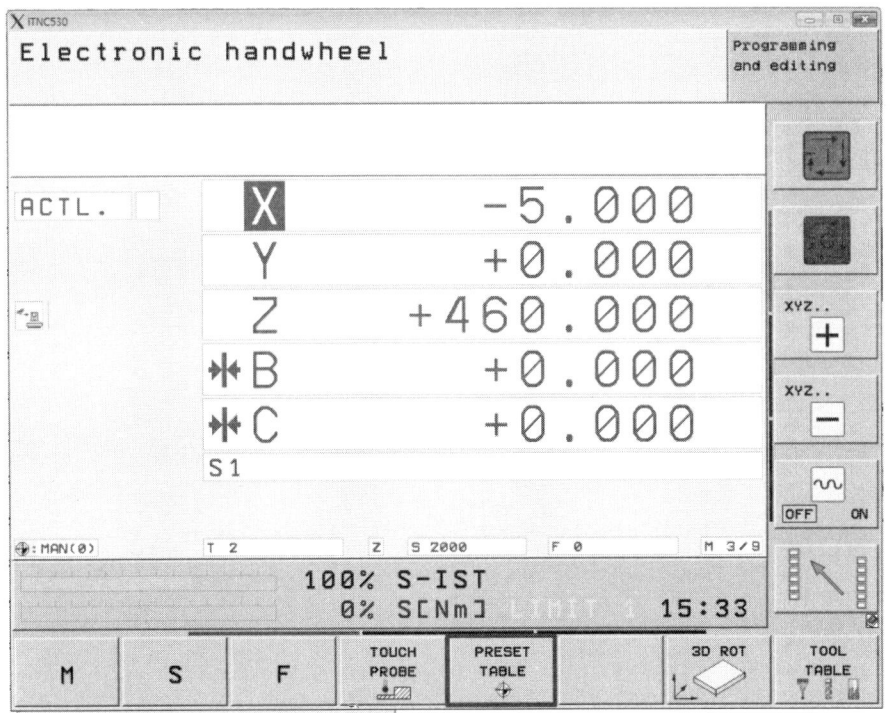

⑧ _{PRESET TABLE} 버튼을 선택하여 "0" 데이텀 X값이 변경됨을 확인한다.

※ X값의 의미는 사용자가 표시된 기계좌표치의 X값을 가공프로그램에서 X0으로 하겠다는 것이다.

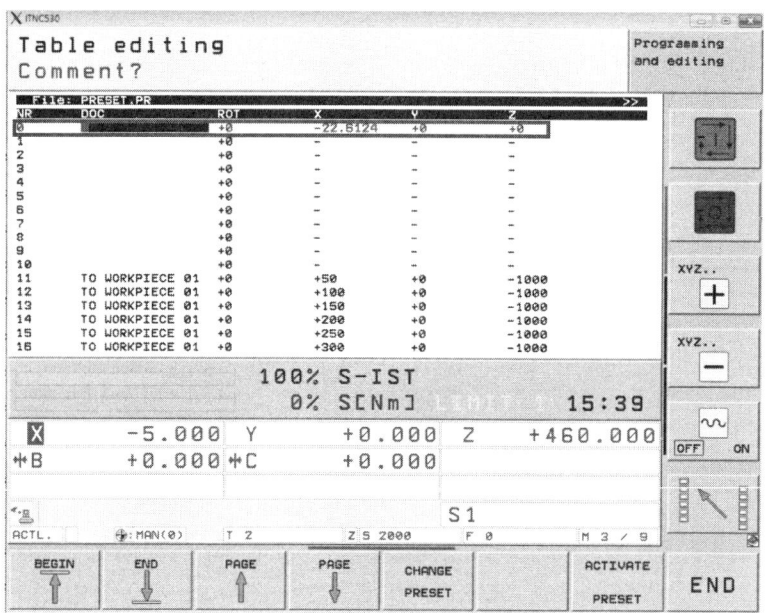

⑨ Y축, Z축 같은 방법으로 한다.

※ Y-5, Z0으로 한다, 이는 공작물 좌측 밑의 상단을 프로그램 원점 X0, Y0, Z0, 설정했다는 것이다.

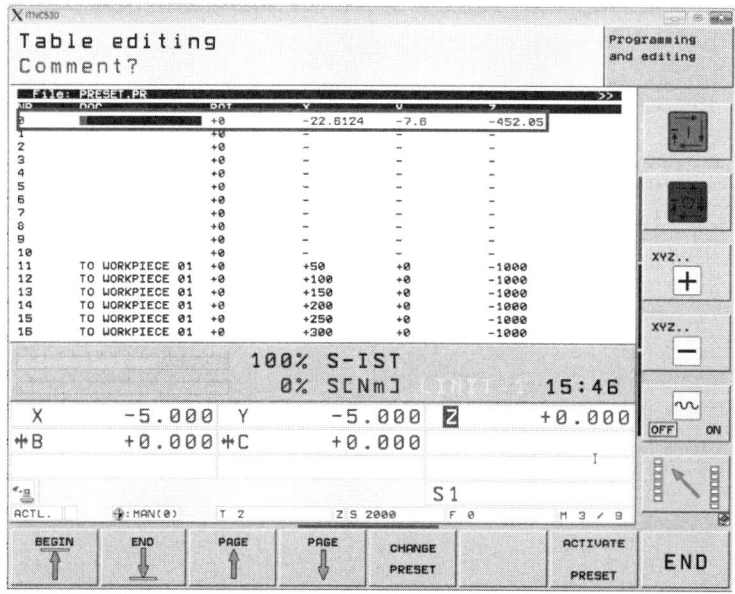

48

⑩ 주축을 회전시키는 방법과 같이 M5로 정지시킨다.

⑪ 사용자가 설정하고자 하는 데이텀 번호("4")로 커서를 이동후 CHANGE PRESET 버튼을 선택한다.

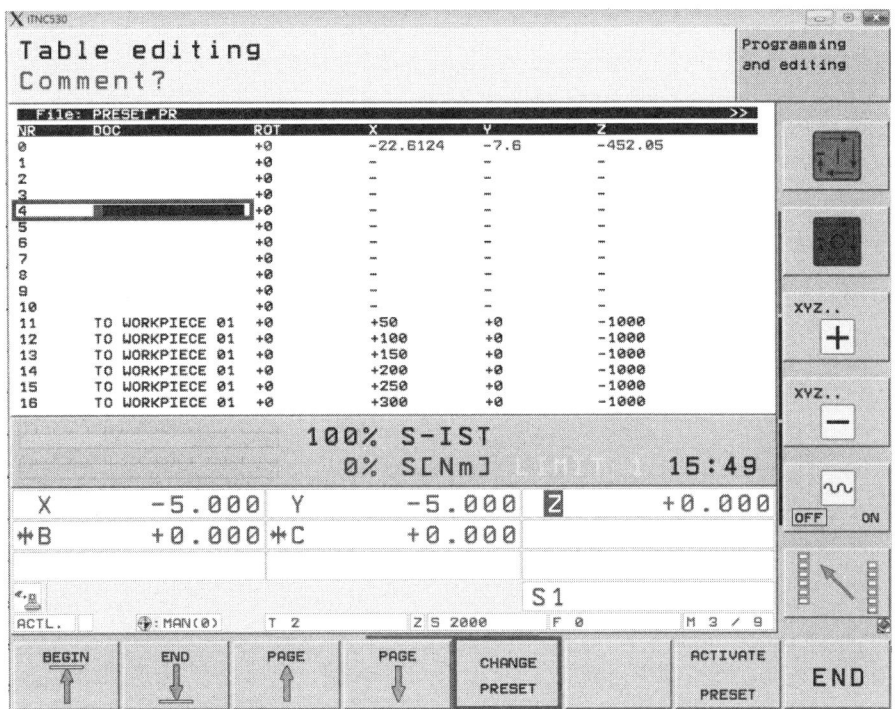

⑫ `SAVE PRESET` 버튼 선택후 `EXECUTE` 버튼을 누른다.

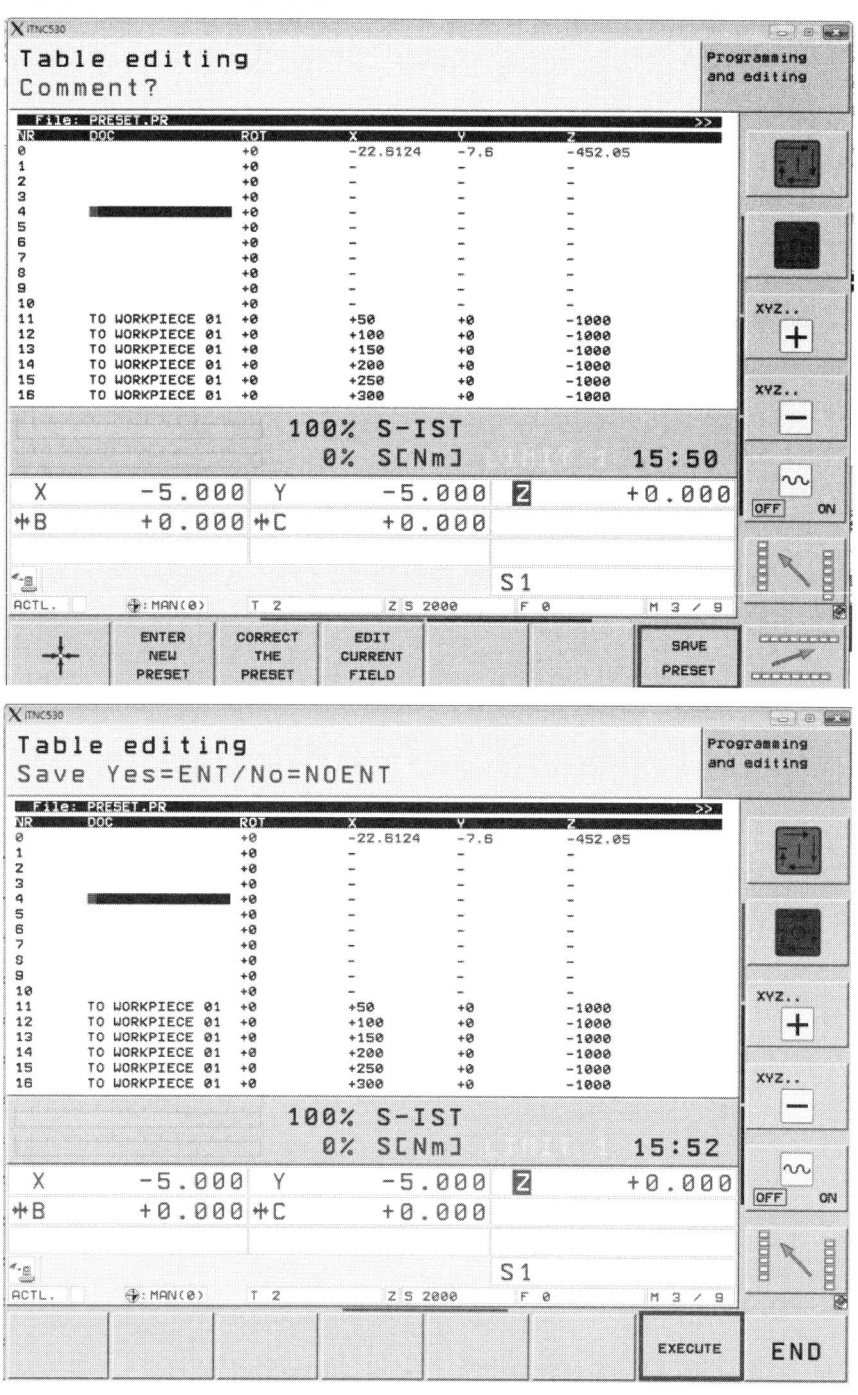

⑬ "0"데이텀이 "4"으로 복사됨을 알 수 있다. 그러면 프로그램 작성시 "4" 데이텀을 사용하면 된다. 그리고 END 버튼을 선택하여 빠져 나온다. 이제는 좌표계 설정, 즉 데이텀 설정이 끝난 것이다.

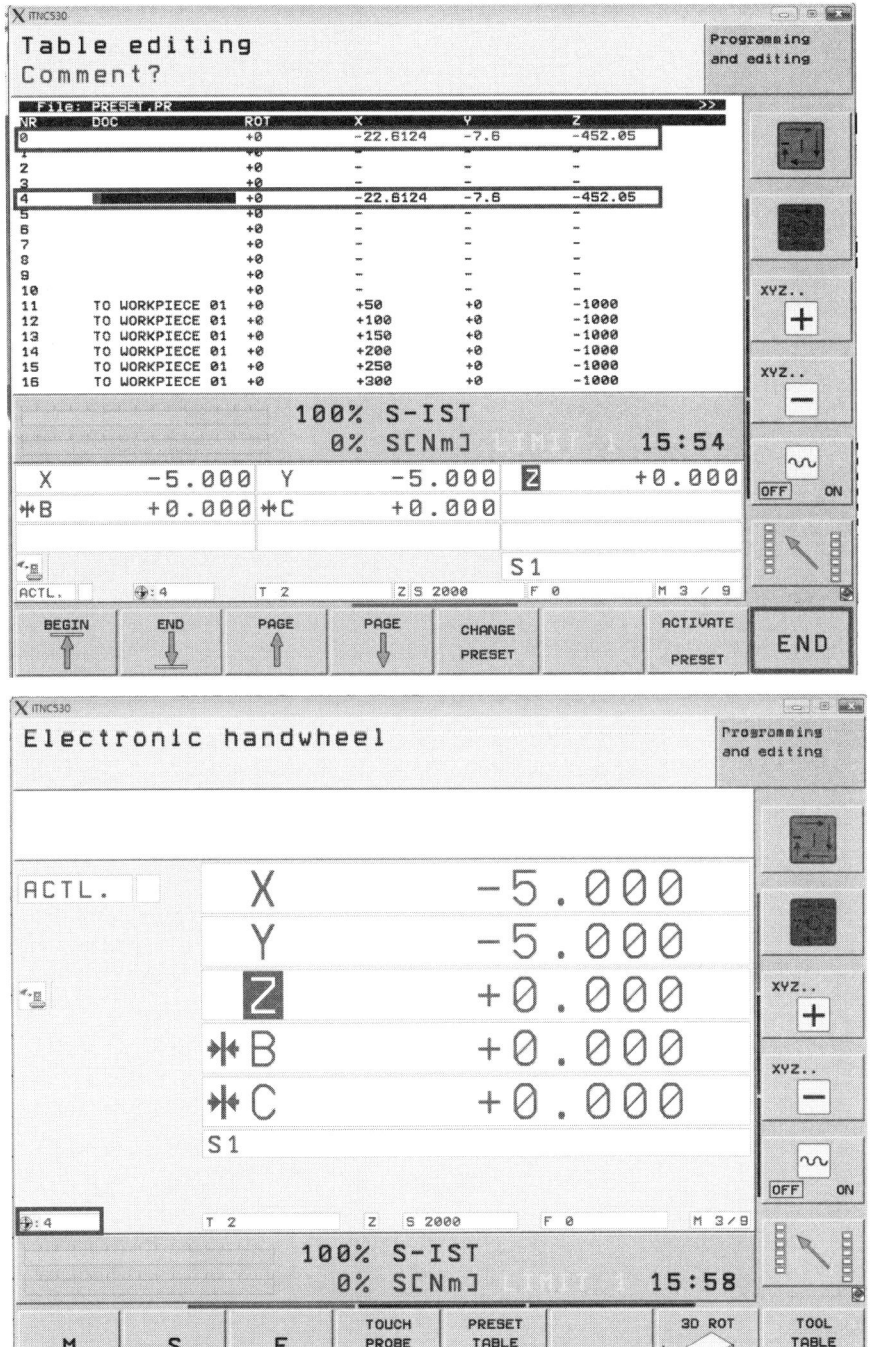

5.2 해당 데이텀에 직접 좌표계(데이텀) 설정하기

① 주축을 회전시키고 위의 방법과 같이 공작물 단면에 공구를 터치시킨다.

② 수동모드에서 하단에 PRESET TABLE 버튼을 선택하여 좌표계 설정할 번호를 위 방법(5.1의 ③)에서 하는 것과 같이 활성화 시킨다.

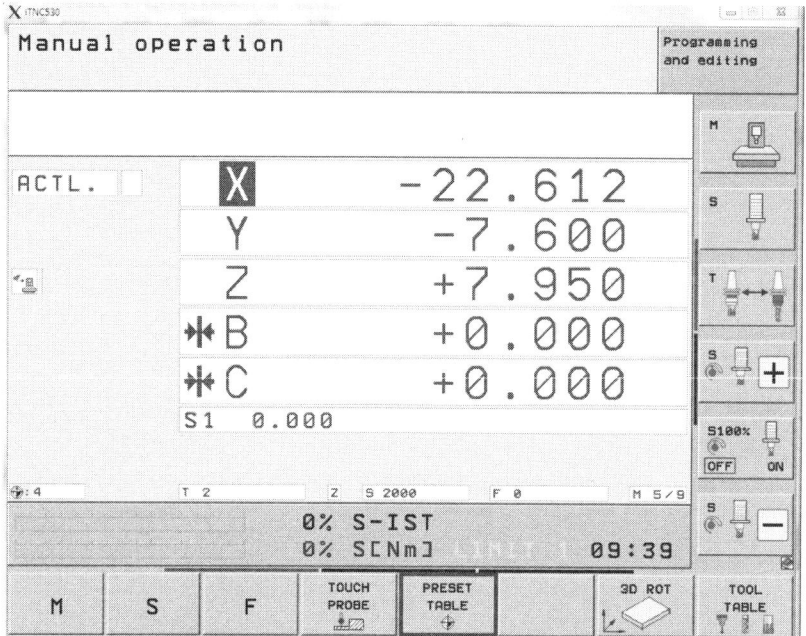

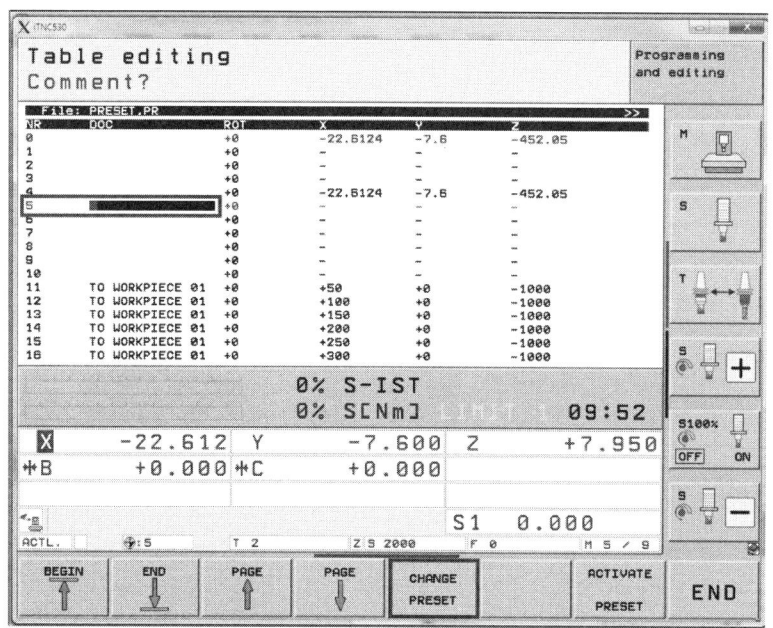

③ 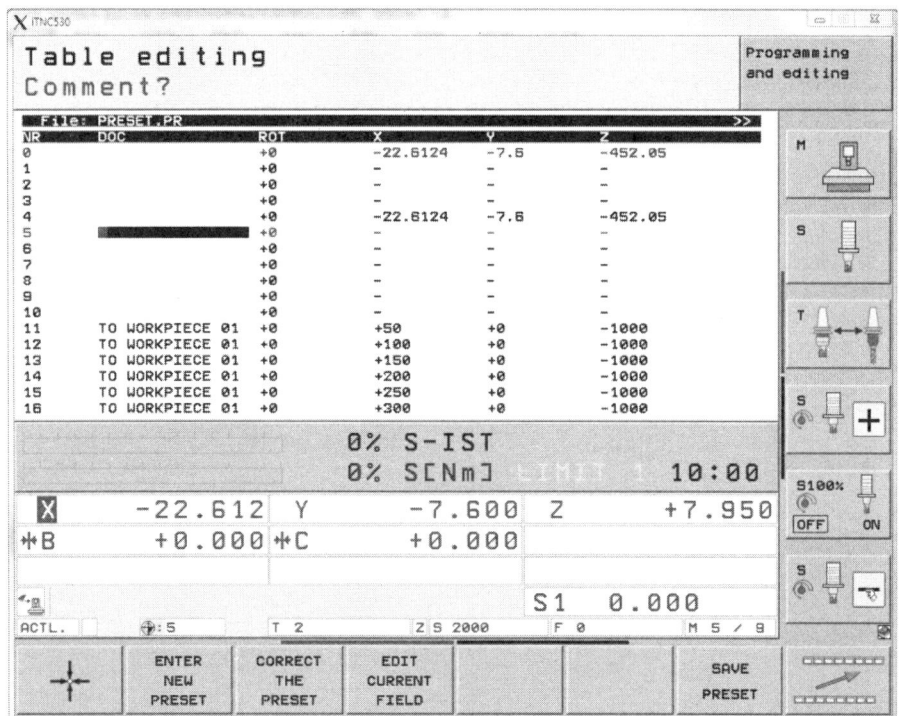 버튼을 선택하고 하단메뉴를 이용하여 해당위치를 입력하고 ENT버튼을 누른다.

- ┼ : 현재의 위치의 값을 프로그램에서 "0"으로 하겠다는 명령
- ENTER NEW PRESET : 현재의 위치를 임의로 하겠다는 명령으로 공구직경이 10이면 X,Y시는 "-5"로 Z는 "0"으로 입력

④ ENTER NEW PRESET 선택하고 X축으로 커서를 옮긴 후 "-5" 입력 후 GOTO에 있는 화살표로 커서를 OK로 이동 후 ENT 버튼을 선택한다.

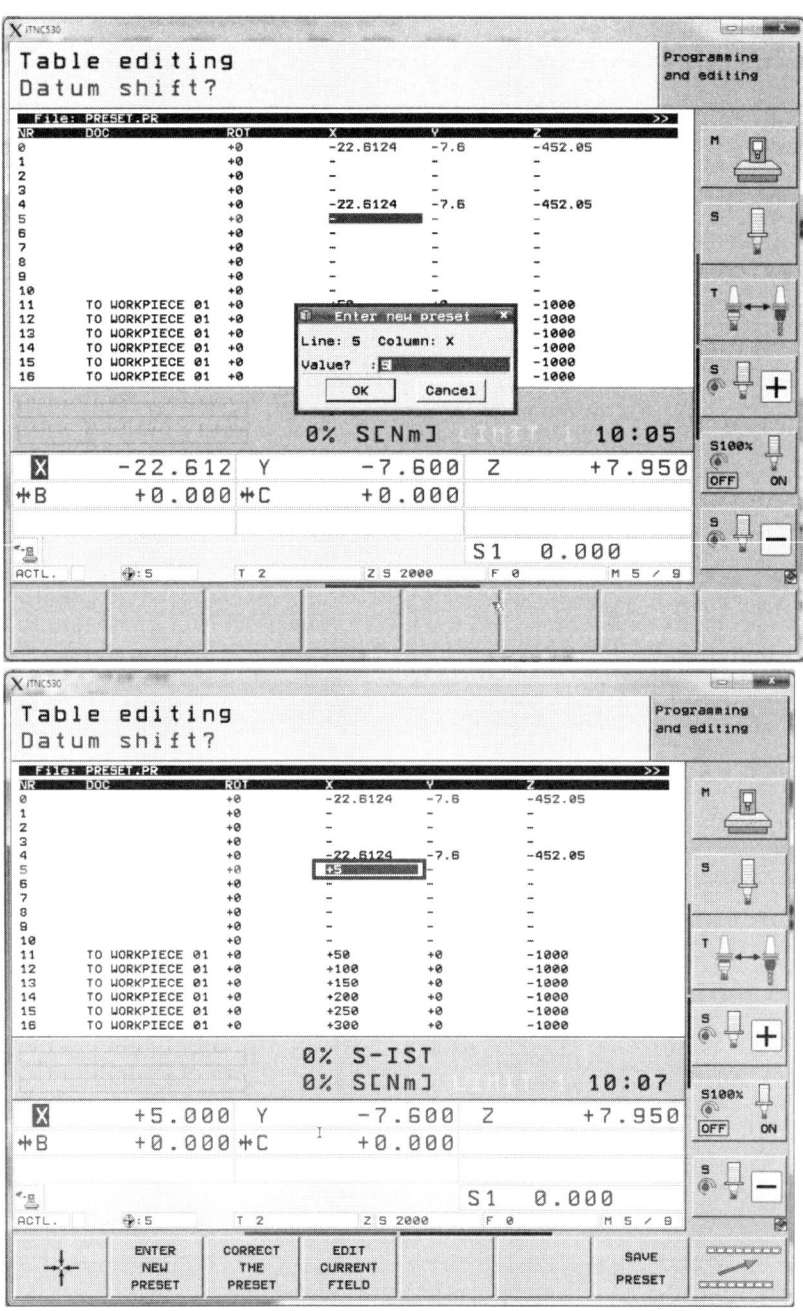

⑤ Y, Z축도 단면을 터치 후 ④과 같은 방법으로 한다.

⑥ 5번 데이텀에 좌표계가 설정됨을 확인할 수 있다.

5.3 측정브로브를 이용하여 좌표계(데이텀) 설정하기

① 측정프로브를 불러온다.

> MDI모드(🖳)에서 TOOL CALL 1 Z 입력하고 END 버튼을 하고 Cycle Start하고 G00(급송이송)over ride를 0에서 증가하면서 측정프로브(기준공구)을 불러온다.(프로브는 회전수를 입력하지 않는다.)

② 전자휠 모드 및 수동모드(✋)에서 원점잡고자하는 위치에 20~30mm정도로 근접시킨다.

③ Z축 상면으로 이동시킨다.

④ 수동모드 하단에 TOUCH PROBE 버튼을 선택한다.

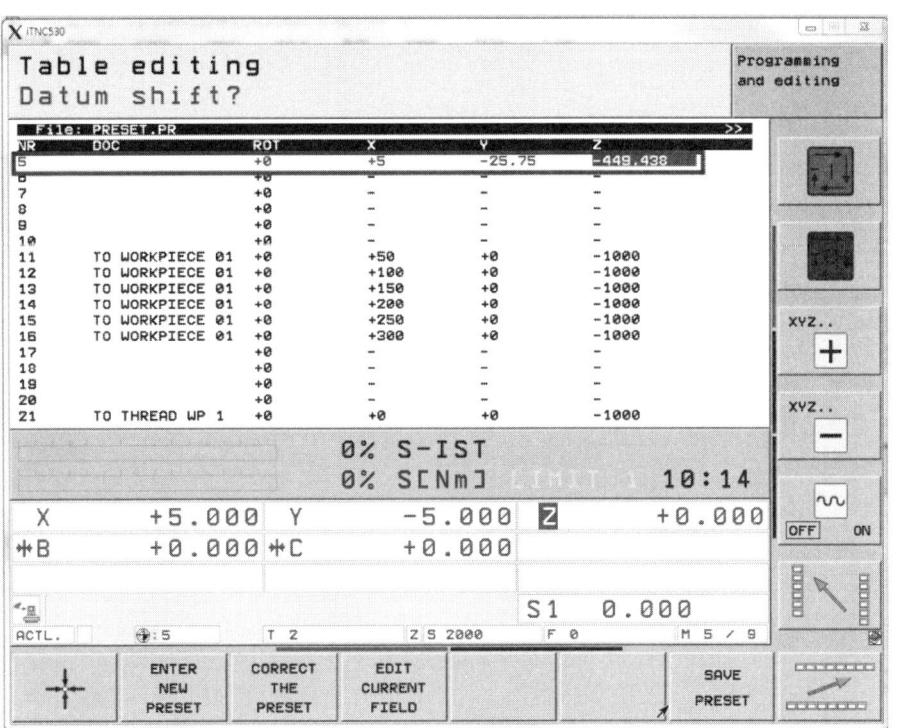

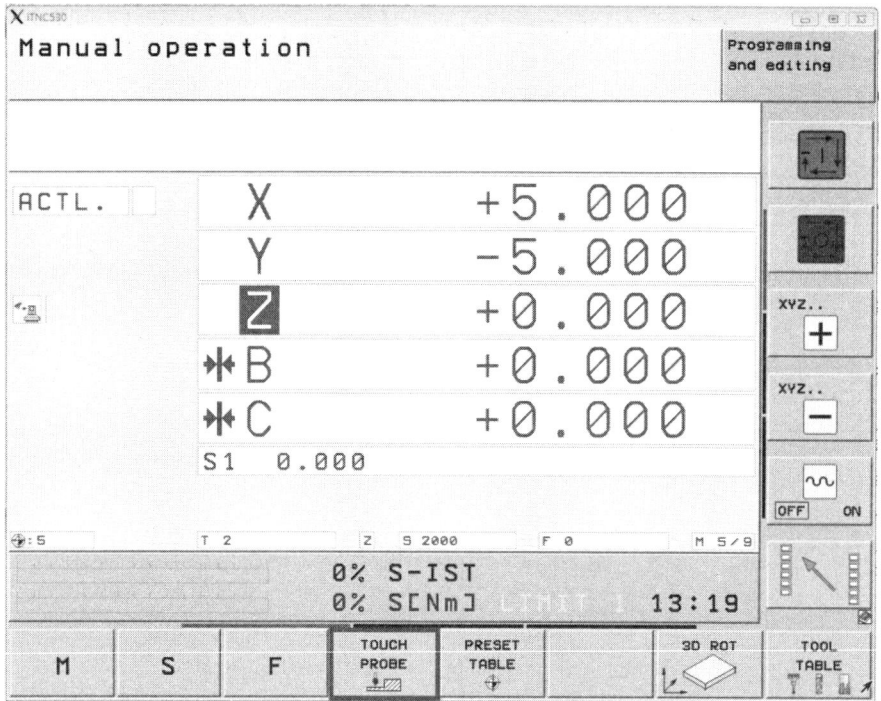

⑤ 수동모드 하단에 _{TOUCH PROBE} 버튼을 선택한다.

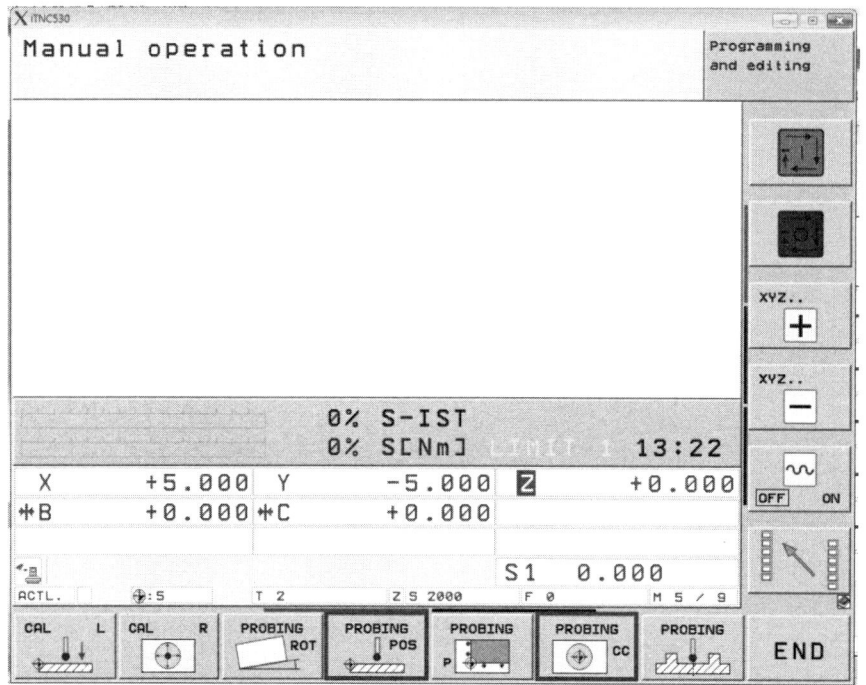

⑥ 좌표계설정 한 반향 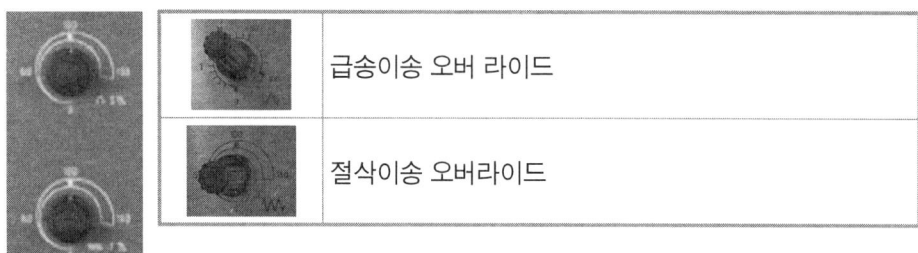 을 선택한다.

※ 는 4방향,원의 중심을 설정

⑦ 해당축(Z-)를 선택하고 절삭이송속도 오버라이드를 50%로 조절 후 사이클 스타트 버튼을 누른다.

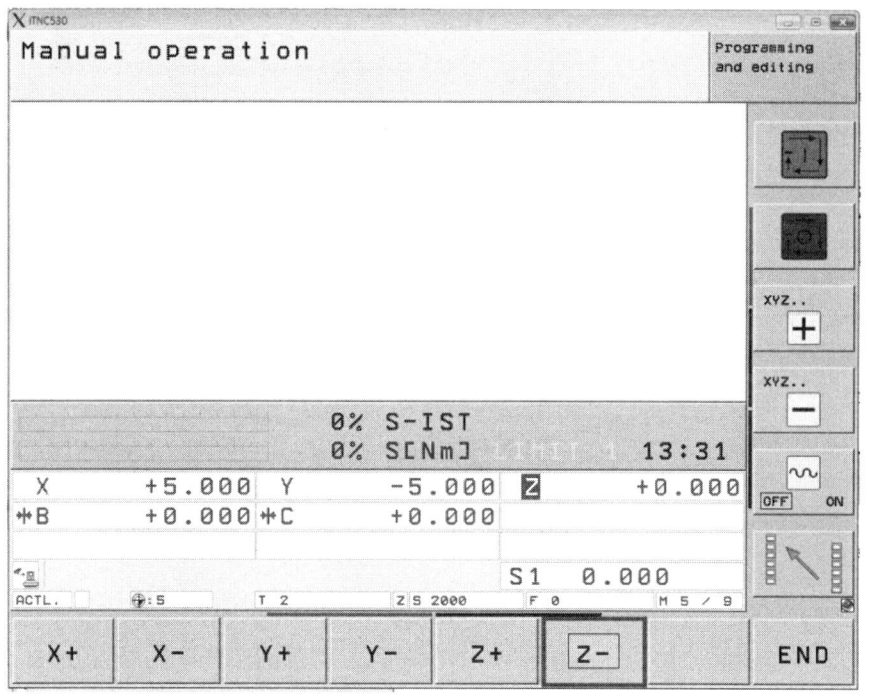

⑧ 측정프로브 단면을 터치하고 다시 되돌아와 정지하고 화면이 아래와 같이 표시된다.

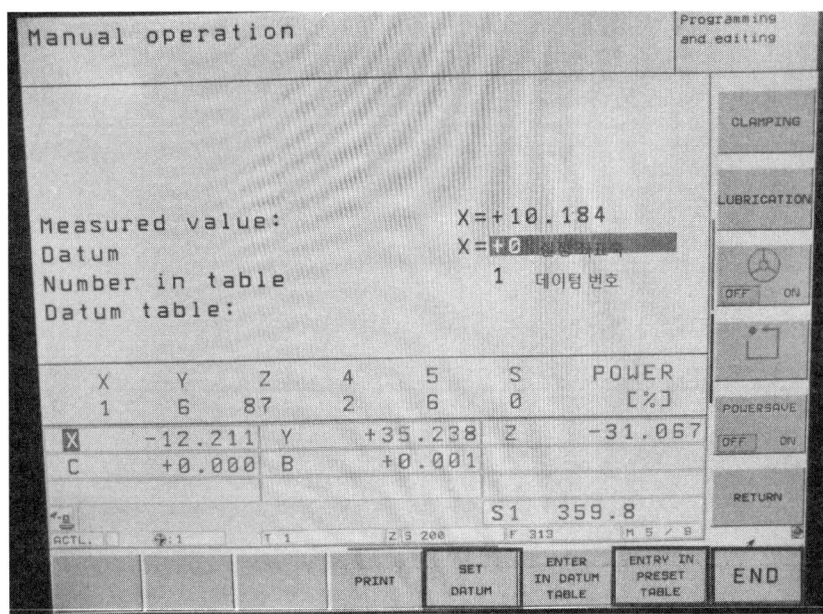

⑨ ![SET DATUM] 버튼을, ![ENTRY IN PRESET TABLE] 버튼, ![END] 버튼을 순서대로 선택하고 수동모드에서 다시 ![END] 버튼을 누른다.

⑩ 수동모드에서 ![PRESET TABLE] 버튼을 선택하면 데이텀 "0" "1" 번에 값이 같게 설정됨을 알 수 있다.

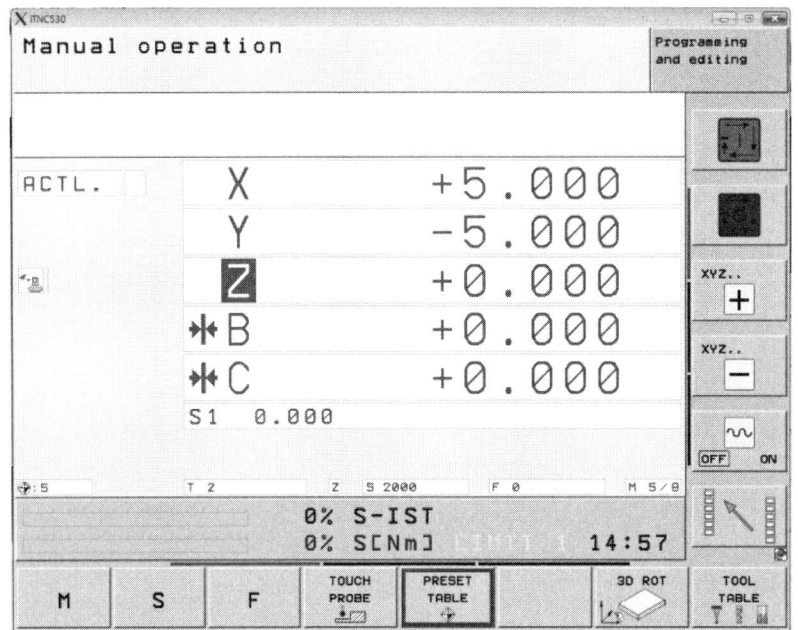

⑪ "0", "1"번 데이텀에 좌표계가 설정됨을 확인할 수 있다.

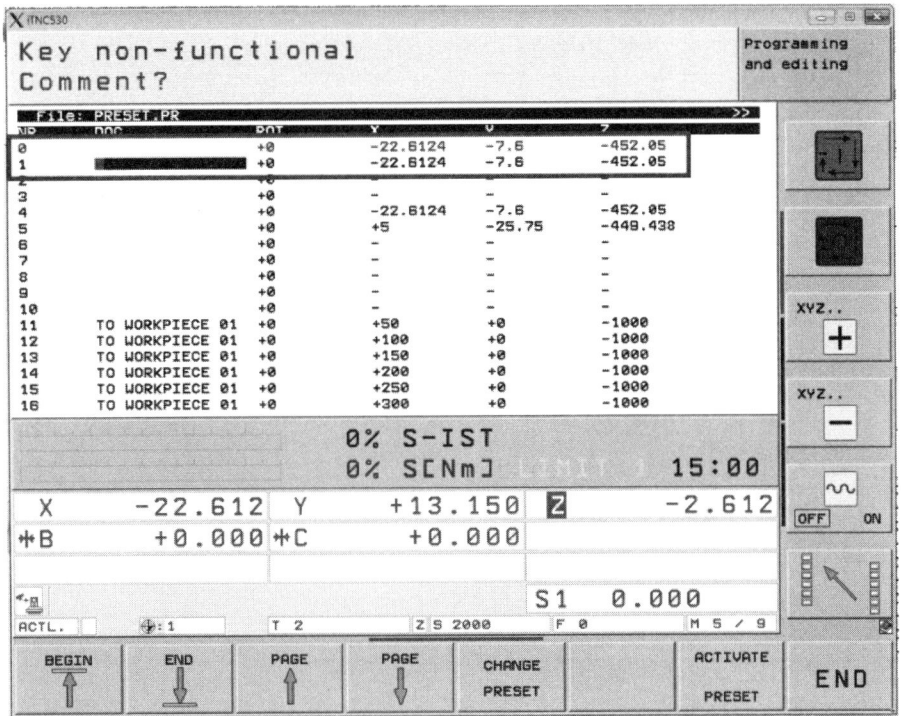

6 공구선택 및 보정하기

공구선택은 MDI 모드에서 공구호출 프로그램을 입력하고 사이클 스타트 버튼을 누르면, 이루어지는데 이때에 급송 오버라이드는 50%정도로 설정하는 것이 좋다. 여기서 "0%"으로 하면 주축대가 움직이지 않는데, 기계가 문제가 생긴 줄 알고 다른 버튼을 선택하게 되면 공구체인지에 에러 발생이 되므로 유의해야 한다.

6.1 공구 선택하기

① 매거진에 장착된 공구를 확인한다.
② MDI 모드(▣)를 선택한다.
③ 조작반에서 TOOL CALL(▣)버튼을 선택한다.
④ 숫자 조작반을 이용하여 다음과 같이 입력한다.

```
1    TOOL CALL 2 Z S2000
```
2 : 공구매거진 번호   Z : 스핀들 축   S : 회전수
※ 공구매거진에 공구 미 장착 시는 에러가 발생되고, 측정프로브 호출시 는 스핀들 회전수 입력하지 않는다.

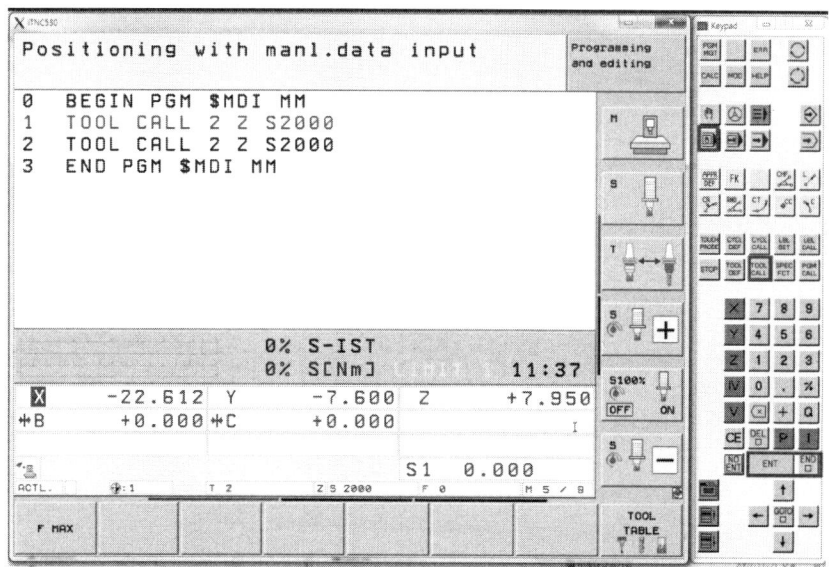

⑤ 사이클 스타트 버튼을 선택하면 된다.

여기서 급송 오버라이드는 50%로 설정한다.

6.2 공구길이 보정하기

① 공구는 아래와 같이 공구길이 값을 측정하여 수동모드에서 [TOOL TABLE] 버튼을 선택한 후 [EDIT OFF ON] 버튼을 눌러 ON 한 후 해당번호 길이(L)옵션에 공구길이 측정값을 입력하고 나머지 옵션도 입력한다.

> T : 공구번호
> NAME : 공구이름
> L : 공구길이
> R : 공구반경
> R2 : 팁공구 반경, 볼 엔드밀은 공구 R, 즉 10 볼 엔드밀은 5
> DL : 공구길이 차이값, 즉 전 작업자의 공구길이 차이값만을 입력
> DR : 반경차이값, 여기서 DR은 공구길이보정 사이클 481에서 1로 지령시 입력됨
> ※ DL, DR은 작업 후 치수를 맞히고자 할 때도 사용

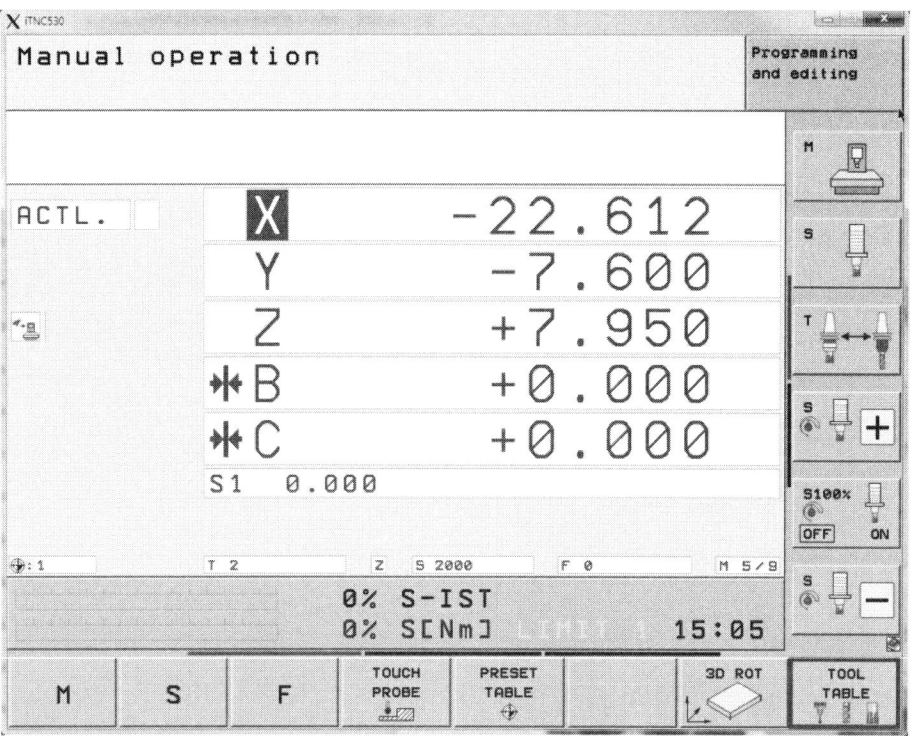

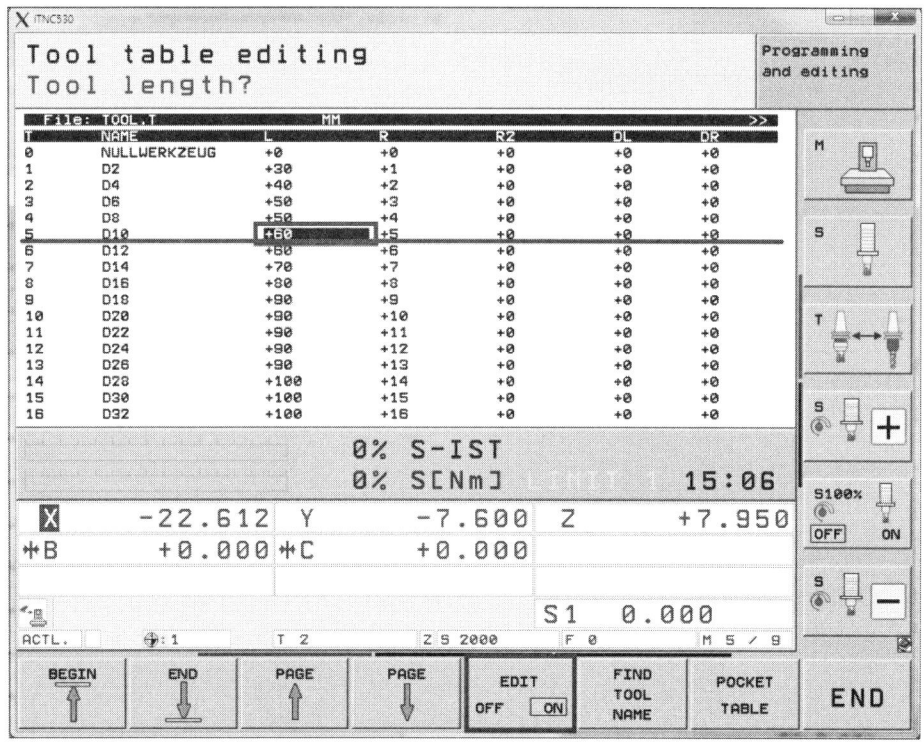

② MDI 모드에서 조작반에 [TOUCH PROBE] 버튼을 선택한다.

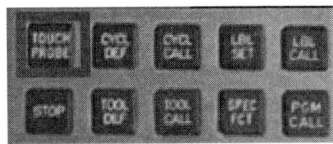

③ MDI 모드에서 조작반에 [TOUCH PROBE] 버튼을 선택하고 우측 하단에 버튼을 선택한다.

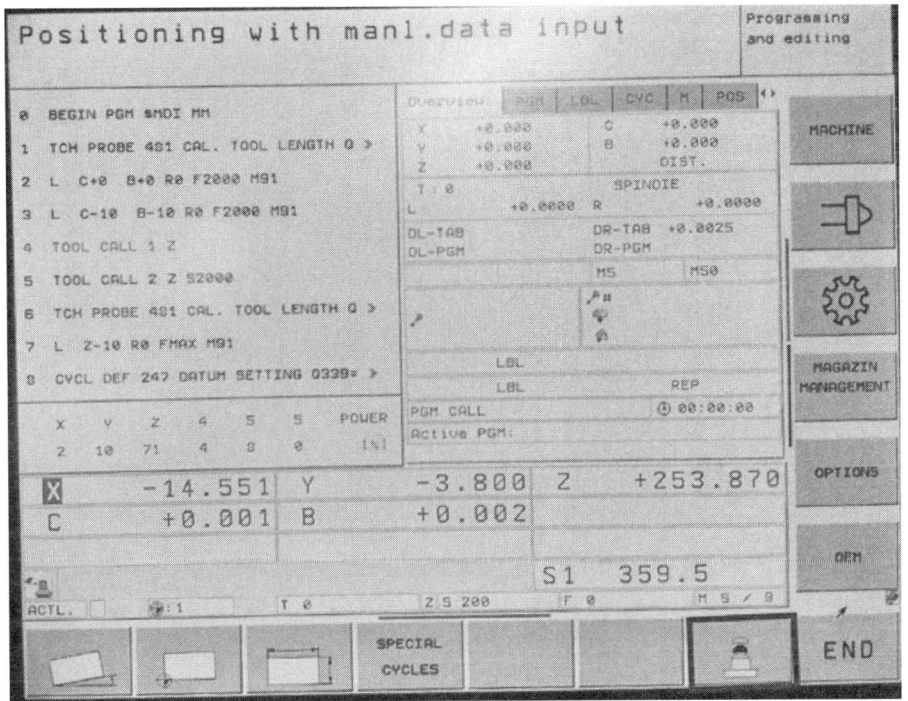

④ ![버튼] 버튼을 선택하여 481사이클을 활성화 시킨다.

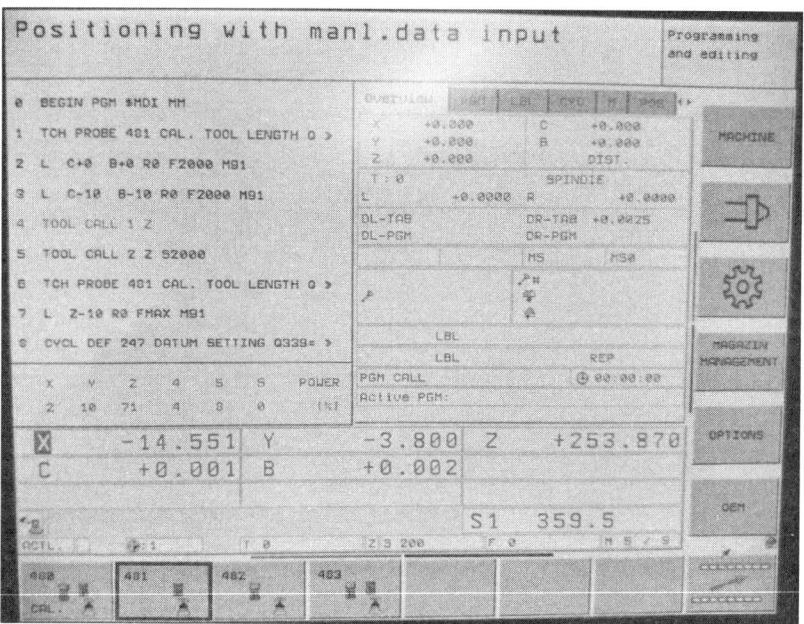

⑤ Q340=에 "0", "1"입력할 수 있다.

여기서 "0"을 입력하게 되면 TOOL TABLE값에 길이 "L"값에 공구길이보정 값이 입력되고 "1"을 입력하면 전 작업자가 한 공구길이보정 "L"값은 변함이 없고 그 차이만 "DL"값에 입력된다.

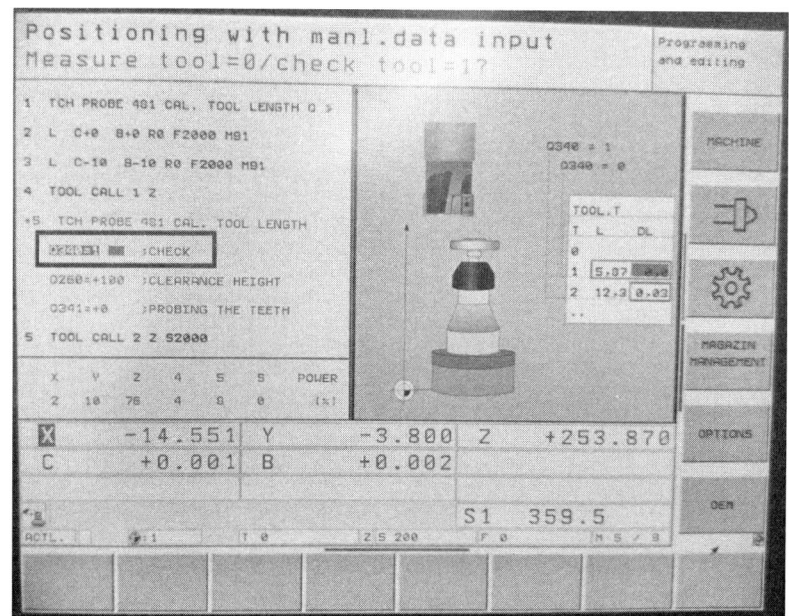

⑥ 프로그램이 입력을 마치고 다음블록에 안전한 곳으로 L Z-10 R0 FMAX M91 입력한다.
이 블록은 현 위치에서 기계좌표치(M91) Z-10까지 급송으로 이동하라는 명령임.

⑦ 커서를 481프로그램 위치에 놓고 절삭이송 오버라이드를 50%로 설정 후 사이클 스타트 버튼을 누르면 자동으로 공구 길이보정이 되고 공구길이 측정기 상단 10mm정도 공구가 멈춘다.

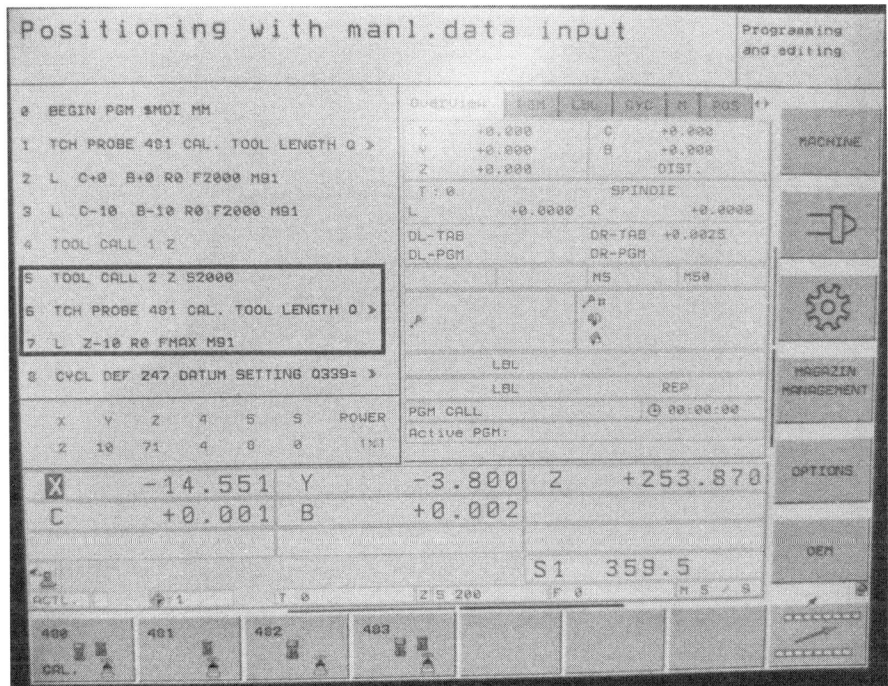

⑧ 커서가 L Z-10 R0 FMAX M91 블록으로 이동하고 사이클 스타트 버튼을 누르면 안전한 곳까지 공구가 이동한다.

⑨ 공구길이보정이 끝나면 수동모드 TOOL TABLE버튼을 선택하여 보정이 되었는지 확인한다.

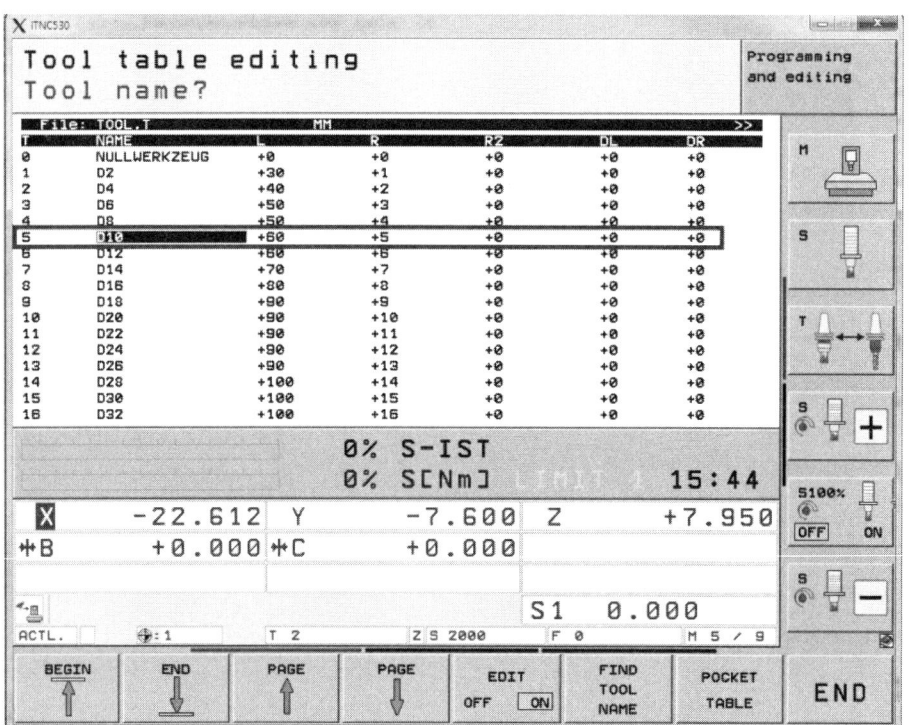

● ● ● Chapter 02 5축 가공기(DMU 50eVo linear/HEIDENHAIN iTNC 530) 조작

7 프로그램 작성 및 편집하기

 간단한 형상의 프로그램은 HEIDENHAIN에서 제공하는 매뉴얼 프로그램 작성 소프트웨어로 100블록정도 까지는 작성할 수 있으므로 HEIDENHAIN 콘트롤러를 이해하는 데는 무리가 없을 것으로 생각된다. 복잡한 3차원 형상이나 5축 가공프로그램은 CAM S/W를 이용하여 NC 프로그램을 생성해야 되므로 여기서는 프로그램 초기 작성 방법만 제시하고, 다음장 프로그램에서 2차원 형상은 제공되는 소프트웨어를 이용 FANUC 콘트롤러와 비교하면서 여러분의 이해를 돕고자 하겠다.

7.1 매뉴얼 프로그램 작성 및 편집하기

① 제공받아 설치한 소프트웨어를 실행시킨다.

 시작 메뉴를 이용하는 실행 아이콘을 더블클릭하고 시작 표시줄에서 [아이콘] 더블클릭으로 실행 후 Keypad를 선택하면 Keypad가 활성화 되고 여기서 CE버튼을 더블클릭하면 맨뉴얼 프로그램 작성 및 다른 작업을 할 수 있도록 된다.

※ 참조 : 프로그램 설치하기

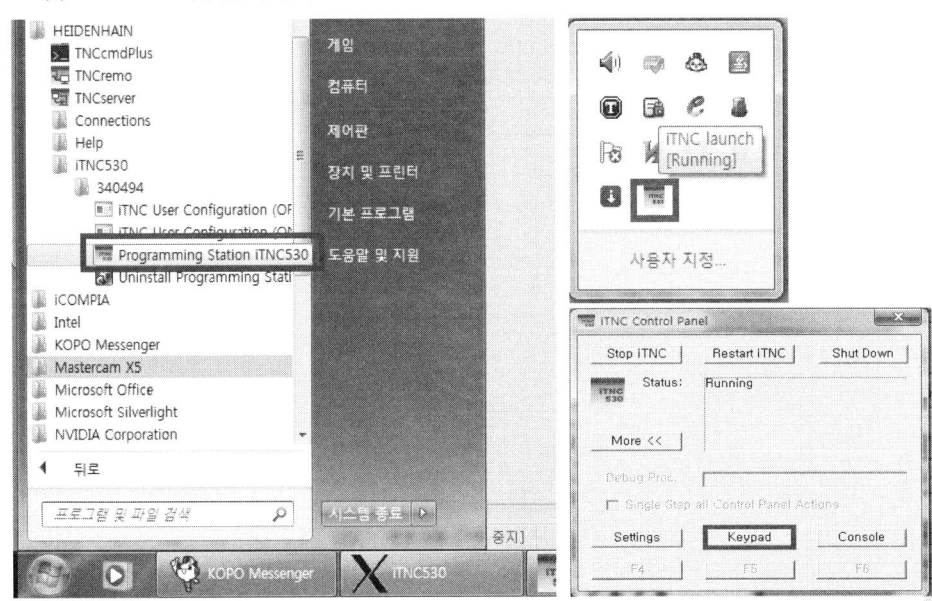

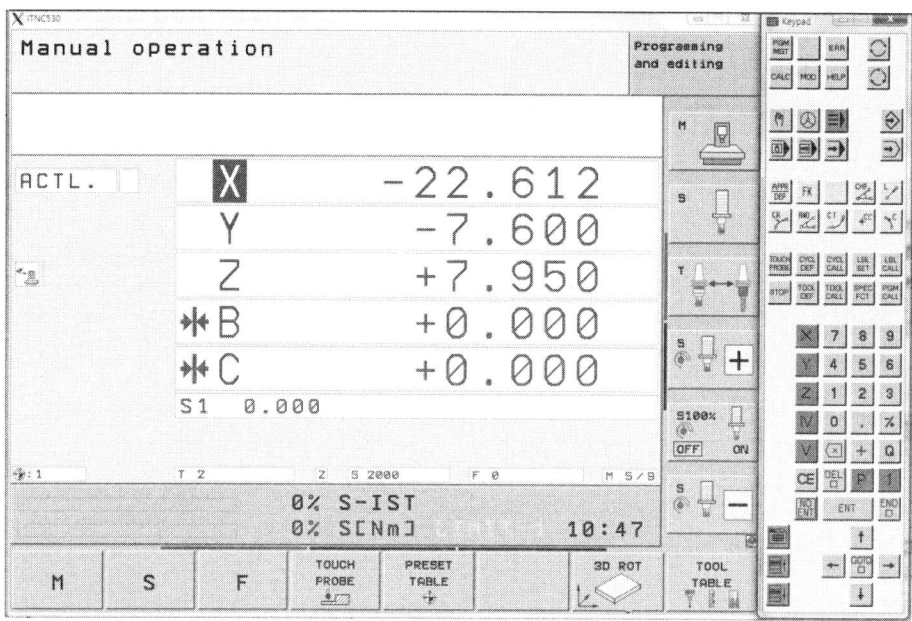

② 편집 모드(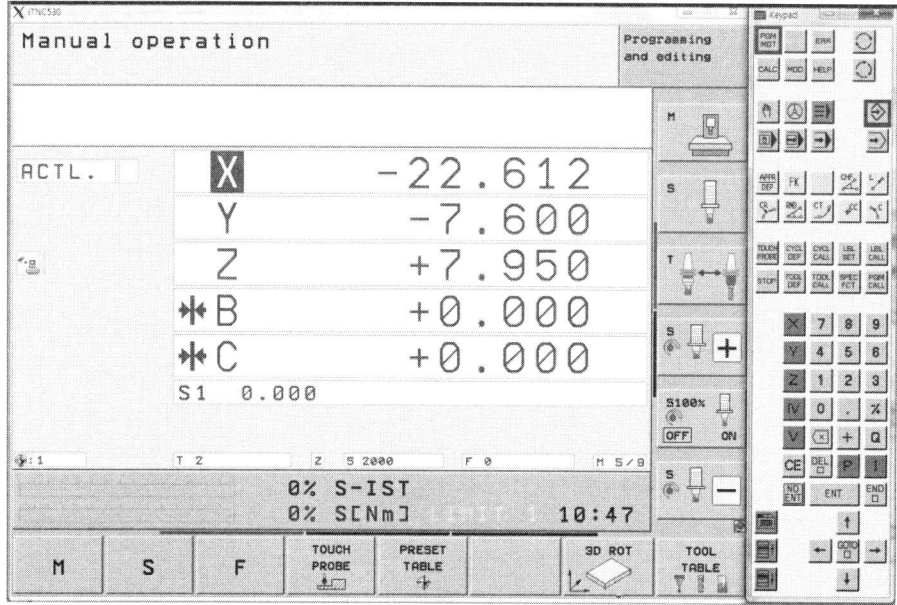)를 선택 후 PGM MGT 버튼을 누른다.

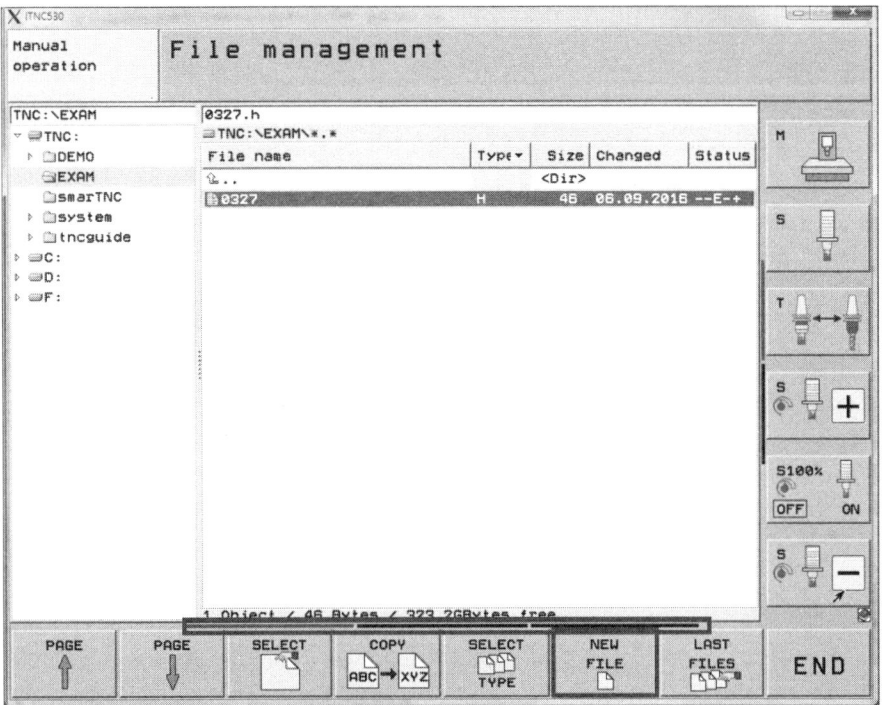

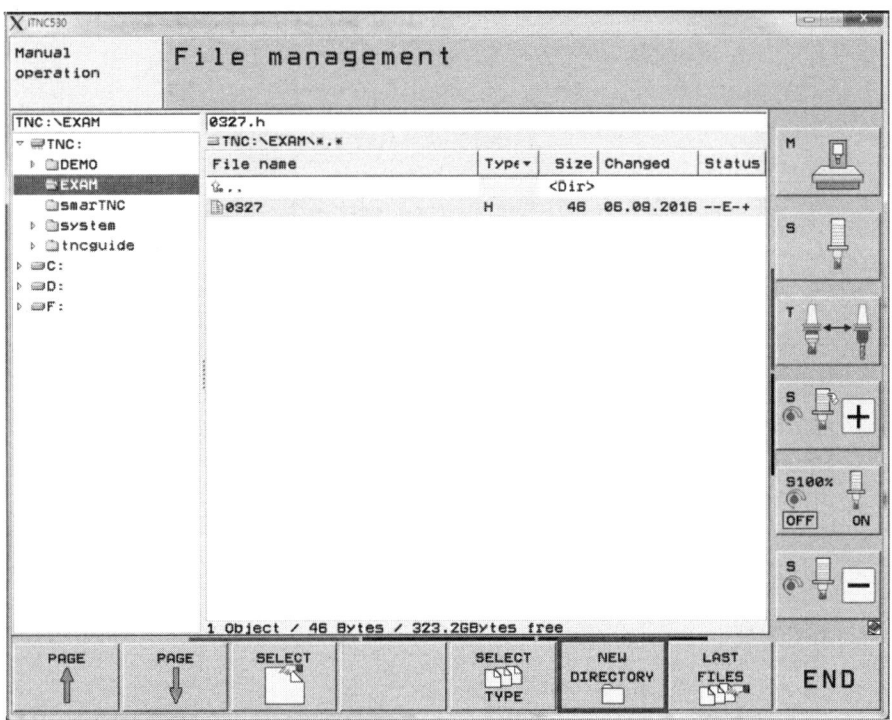

③ 이 화면에서 키보드와 같이 사용하여 폴더 생성 및 프로그램 작성 편집 등을 할 수 있다.

폴더 및 프로그램 파일을 생성하는 방법은 스스로 해주기를 바랍니다.

> 청색은 활성화 된 모드이고, 화면 하단 메뉴위의 작은 직사각형을 마우스로 선택하면 다른 작업 모드로 변경됨을 알 수 있으며, 기계에서는 화면의 좌우에 있는 삼각형버튼이 이 기능을 한다.

④ 화면 하단에 NEW DIRECTORY 이용 5AXIS 폴더를 만들어 보자.

- 5AXIS를 입력하고 YES버튼을 선택한다.

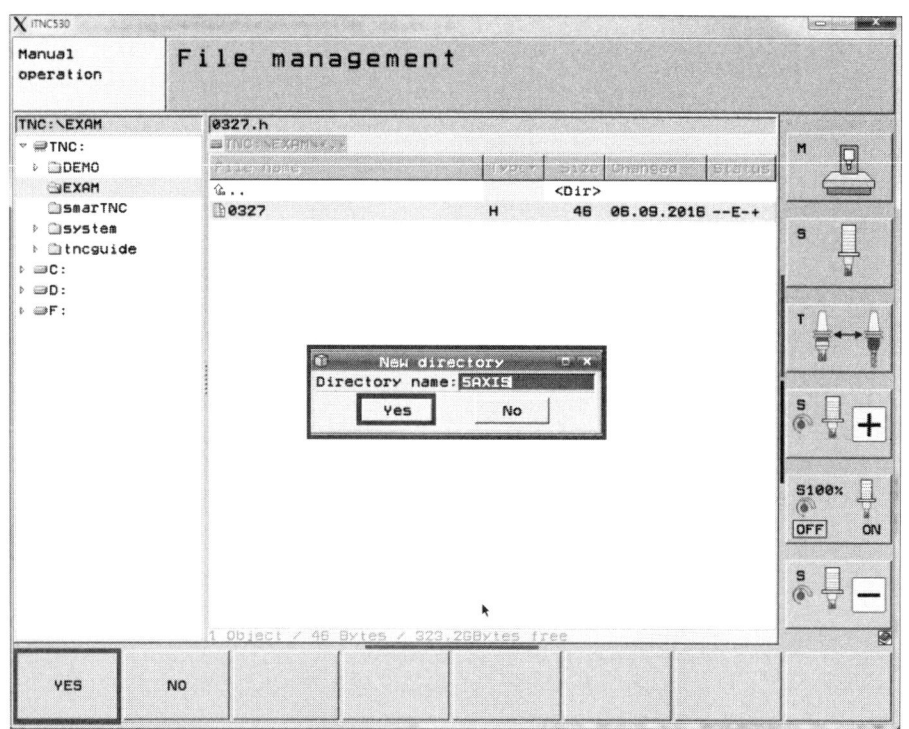

- 5AXIS 폴더가 생성 되었다.

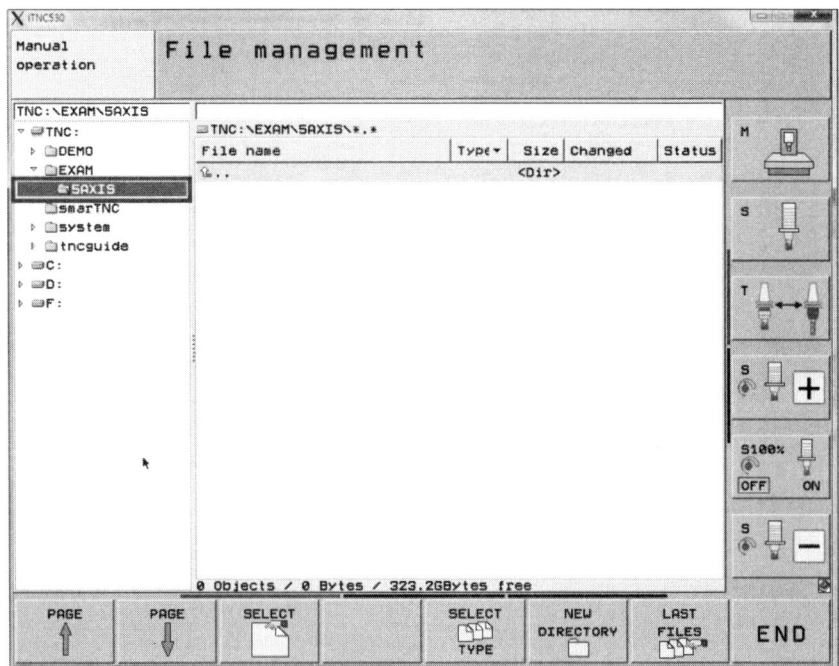

⑤ 5AXIS 폴더에 TEXT,H 프로그램 파일을 생성해 보자.
- 커서를 오른쪽 5AXIS 루트를 선택하여 작업 모드를 변경한다.

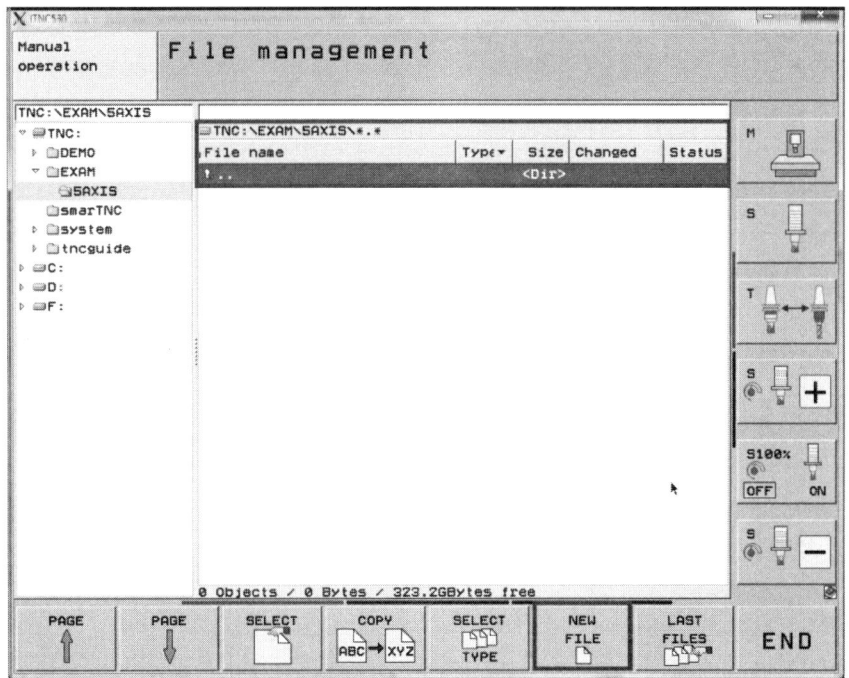

• 화면 하단에 [NEW FILE] 선택하고 text.h를 입력하고 YES버튼을 선택한다. 반드시 ".h"까지 입력해야 한다.

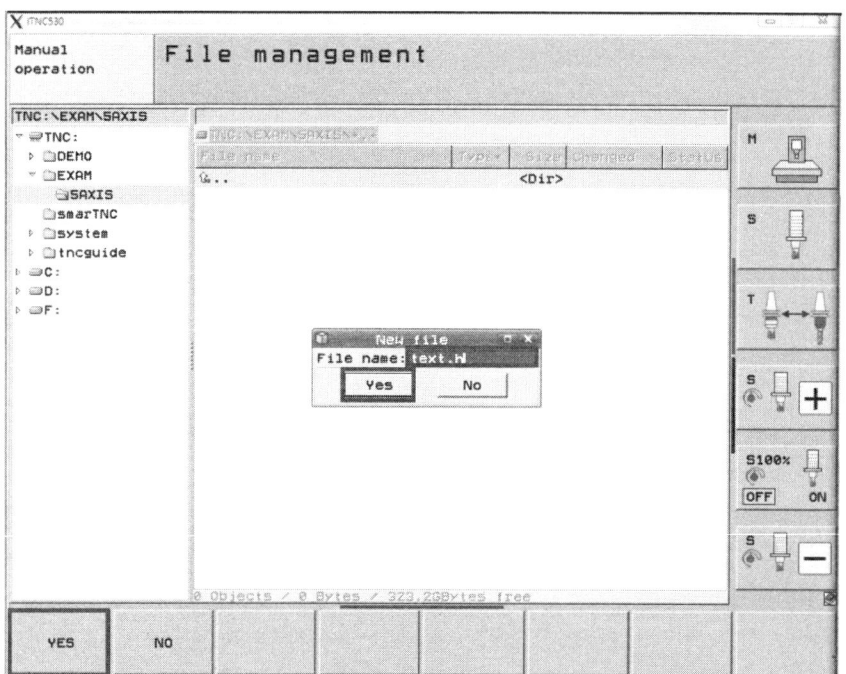

• 단위 MM를 선택한다.

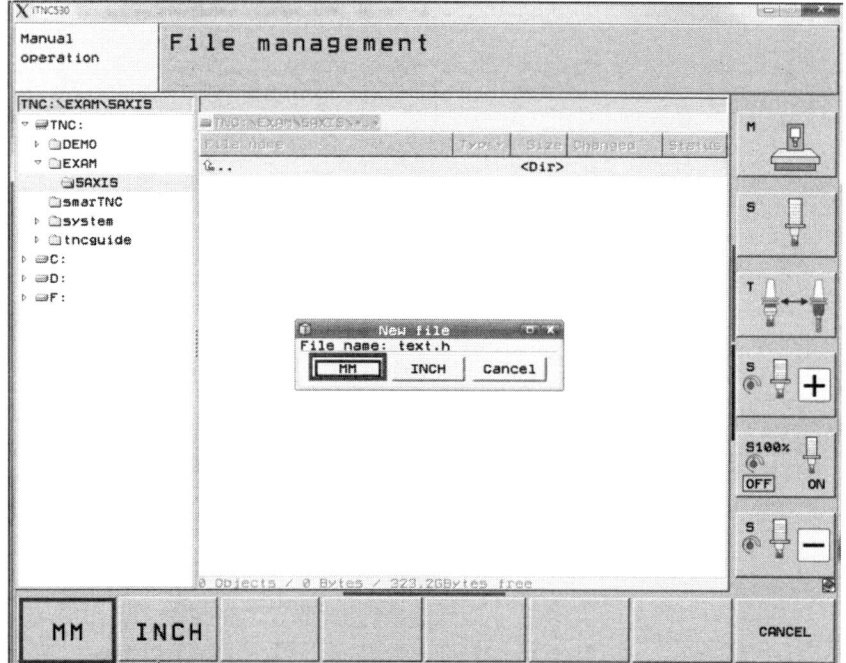

⑥ 우측의 키보드를 이용하여 매뉴얼 프로그램을 작성하면 자동으로 저장된다.

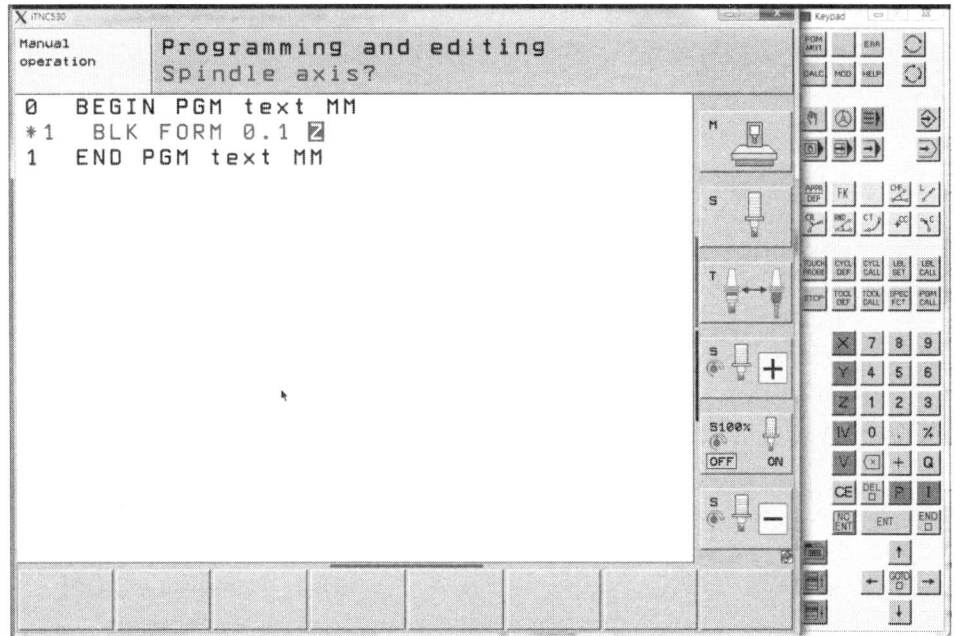

8 가공프로그램 그래픽 확인 및 운전하기

실제 기계에서 가공하기 전에 시뮬레이션 하여 작성된 프로그램을 확인하기 위해 모의가공 ➔ 모드를 선택학고 PGM MGT 눌러 해당프로그램을 더블클릭하고, RESET + START 선택하여 시뮬레이션을 한다.

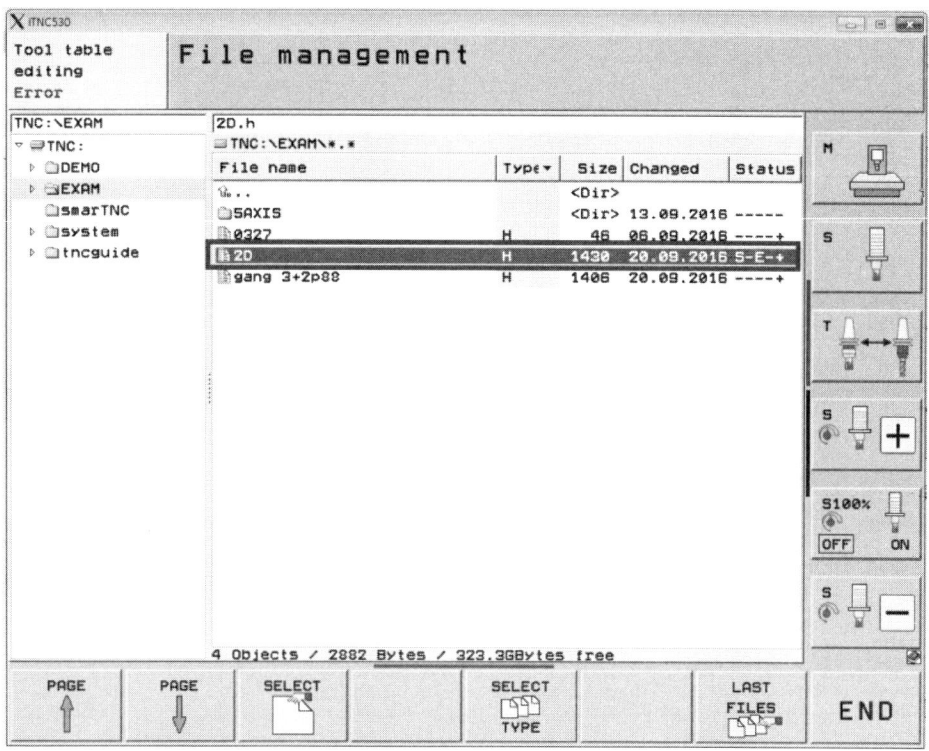

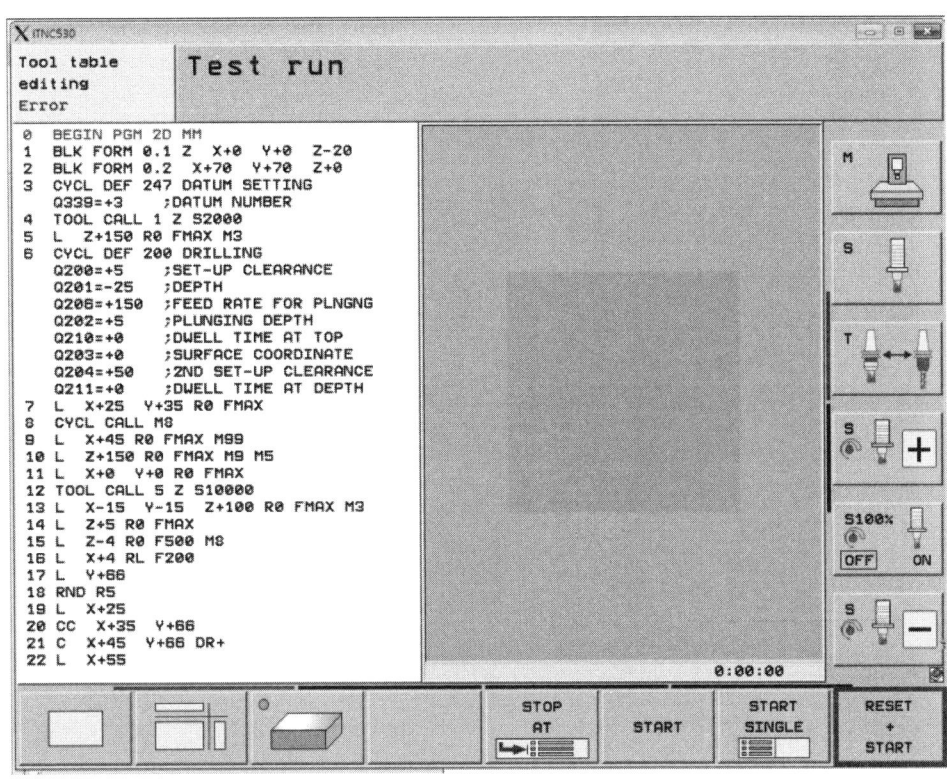

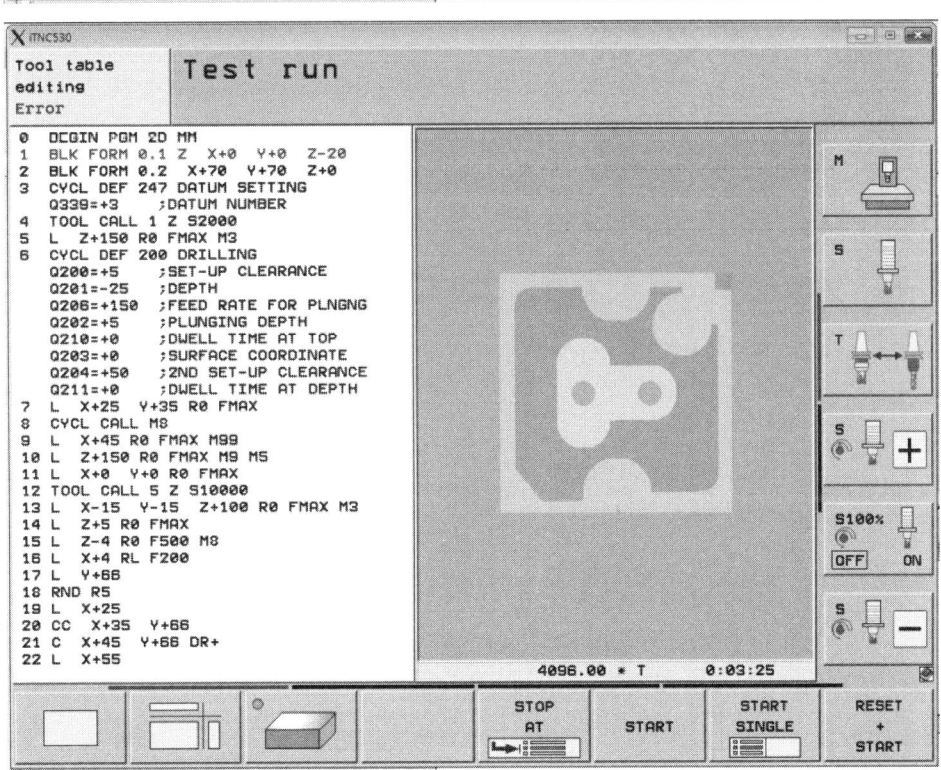

DMG/HEIDENHAIN iTNC 530/powerMILL

5축 가공기 프로그램 및 가공

Chapter 03

HEIDENHAIN iTNC

5축 가공기 가공 수동 프로그램
(DMU 50eVo linear/HEIDENHAIN iTNC 530)

01 2D 윤곽 프로그램
02 3+2축 매뉴얼 프로그램

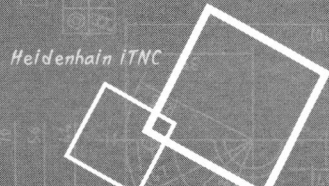

Chapter 03 5축 가공기 가공(DMU 50eVo linear/HEIDENHAIN iTNC 530) 수동 프로그램

❶ 2D 윤곽 프로그램

5축 가공기를 접하게 되는 사용자들은 먼저 3축 기계 머시닝센터에서 매뉴얼 2D 윤곽프로그램은 작성하여 가공하는데서 있어서는 능숙할 것이라 생각되어 여기서는 다른 산업체에 많이 보급되어 있는 제어부FANUC과 비교하여 HEIDENHAIN iTNC 530 매뉴얼 가공프로그램을 설명하고자 하오니 다른 제어부 사용자들도 이를 보고 본인이 사용한 제어부와 비교해 보면 쉽게 이해할 수 있을 것이라 판단한다.

Step 01 가공할 도면을 파악한다.

Step 02 공작기계선정 : DMU50 eVO(Heidenain Controller)한다.

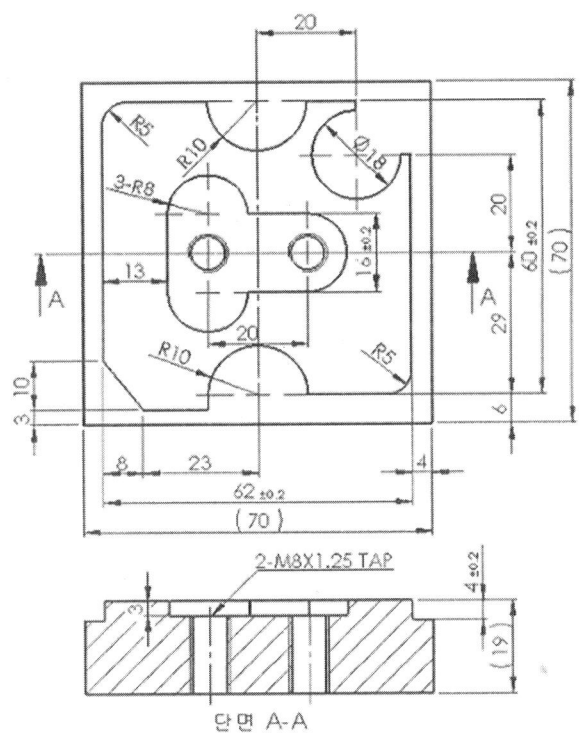

Step 03 공구선정 및 가공순서를 결정한다.

> ∅7(드릴작업) ⇒ M8(TAP작업 : 생략) ⇒ ∅10(평앤드밀 작업 ⇒ 외부윤곽 ⇒ 내부 포켓) ⇒ 종료

Step 04 HEIDENHAIN iTNC 530를 실행한다.

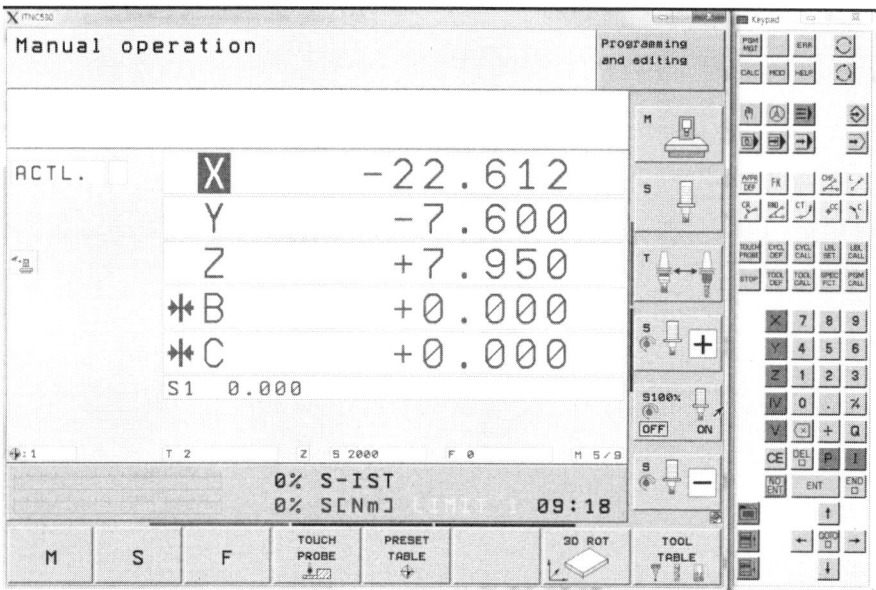

Step 05 편집 모드 선택( )한 후 PGM MGT (PGM MGT)버튼을 선택하여 파일 관리자를 창을 활성화 한다.

왼쪽에 저장할 폴더를 선택하고 커서를 오른쪽 창으로 이동시킨다. (파란색으로 변함)

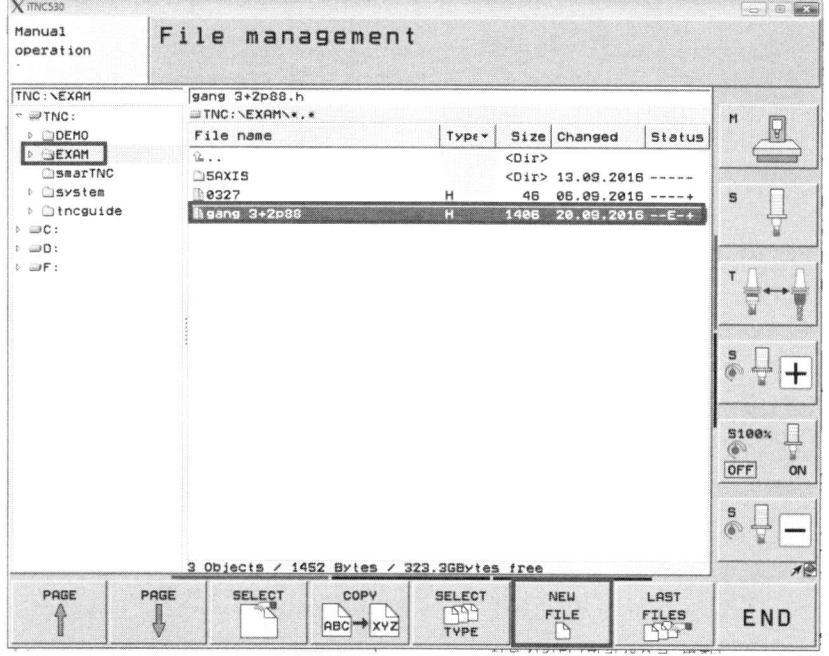

●●● Chapter 03 5축 가공기 가공(DMU 50eVo linear/HEIDENHAIN iTNC 530) 수동 프로그램

Step 06 화면 하단에 NEW FILE 버튼을 선택하고 파일이름을 반드시 확장자 *.h까지 입력하고 YES 버튼을 누르고 MM 선택한다.

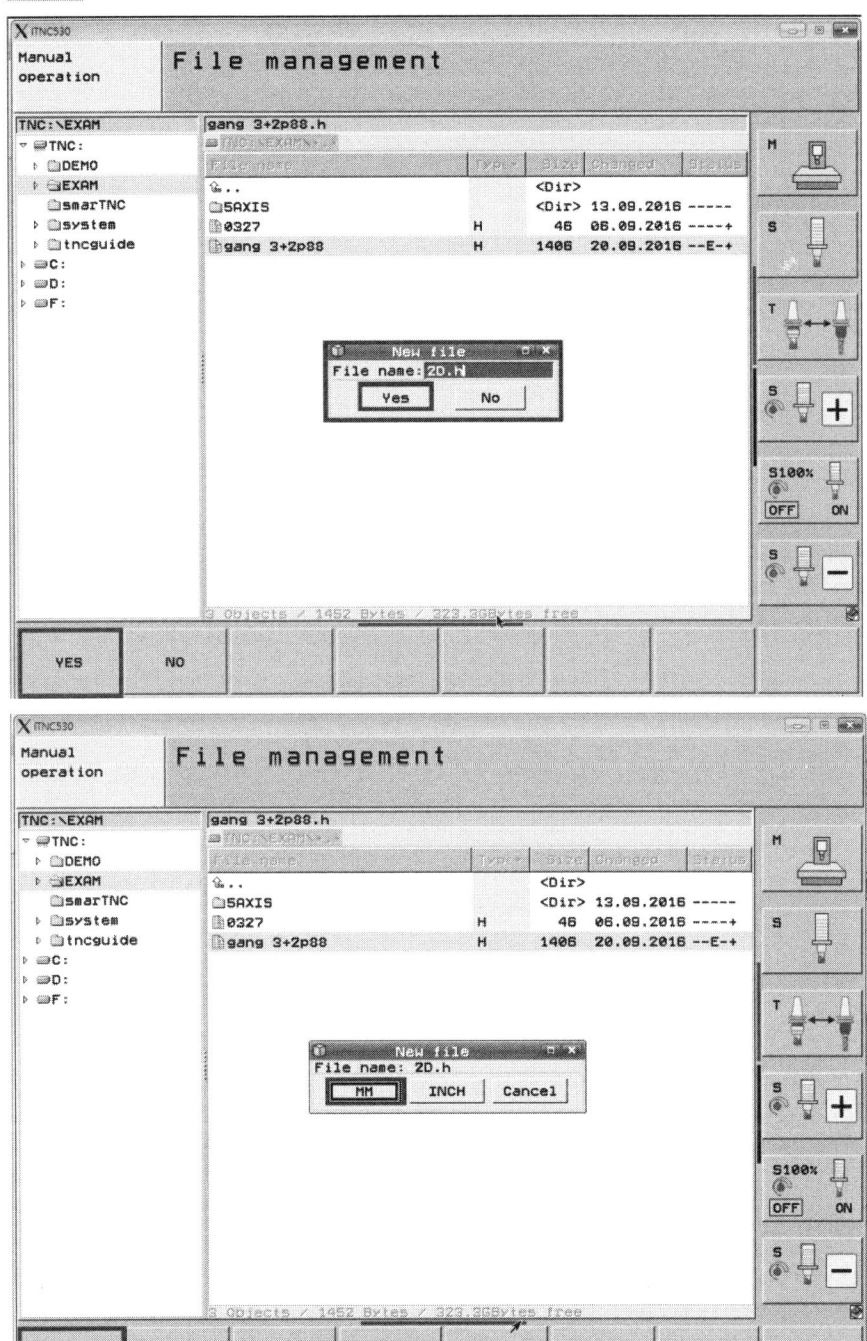

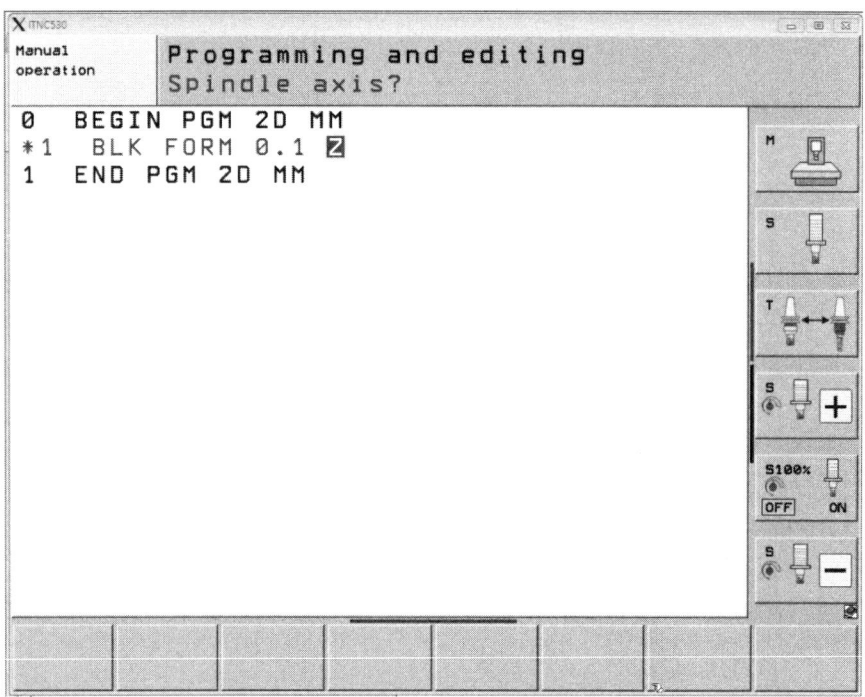

Step 07 스핀들 축 Z를 입력하고 Keypad에 ENT 버튼을 선택하고 블록의 최소점 및 최대점을 입력하고 블록입력이 완료되면 END 버튼을 선택한다.

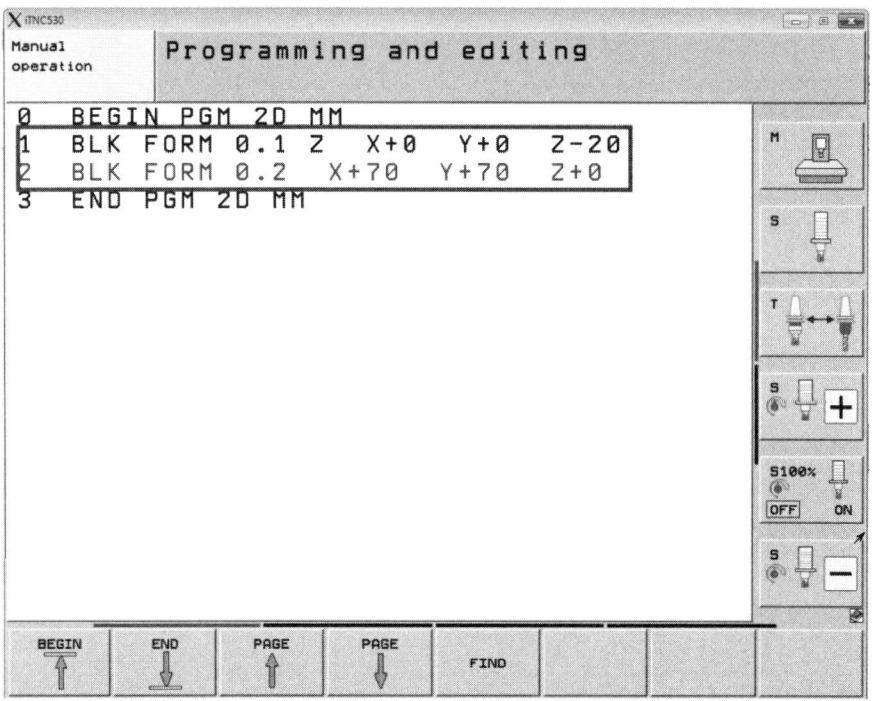

Chapter 03 5축 가공기 가공(DMU 50eVo linear/HEIDENHAIN iTNC 530) 수동 프로그램

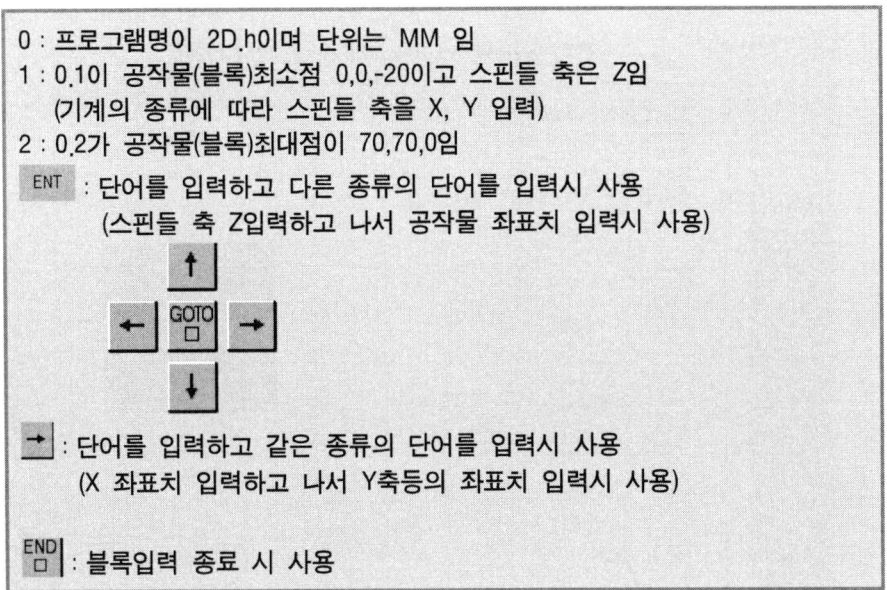

이제부터는 keypad버튼과 화면버튼을 이용하여 가공순서에 따라 프로그램을 작성한다.

Step 08 데이텀(좌표계)을 설정한다.
- keypad에 CYCL DEF 버튼을 누르고 화면하단에 COORD. TRANSF. 선택한다.

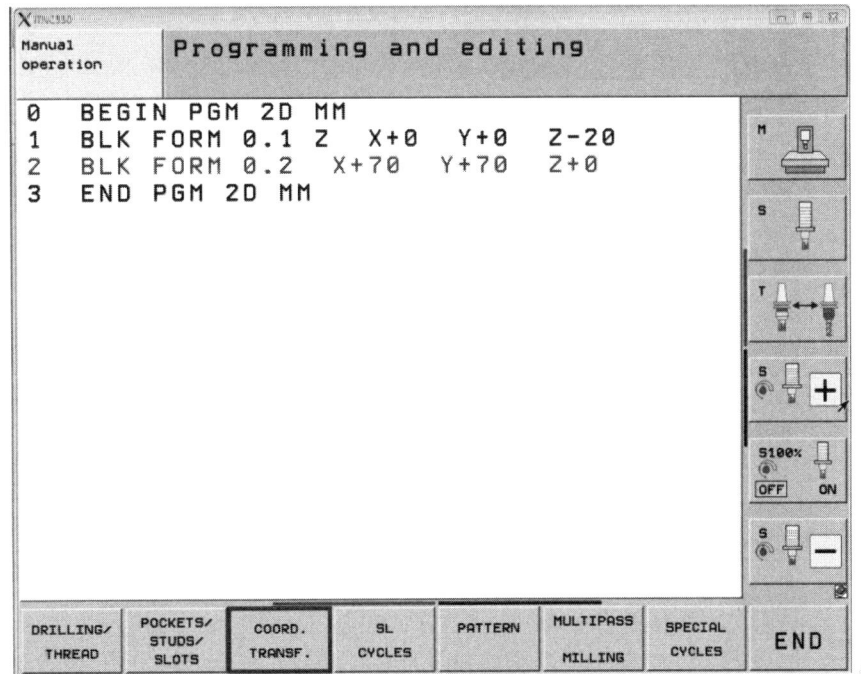

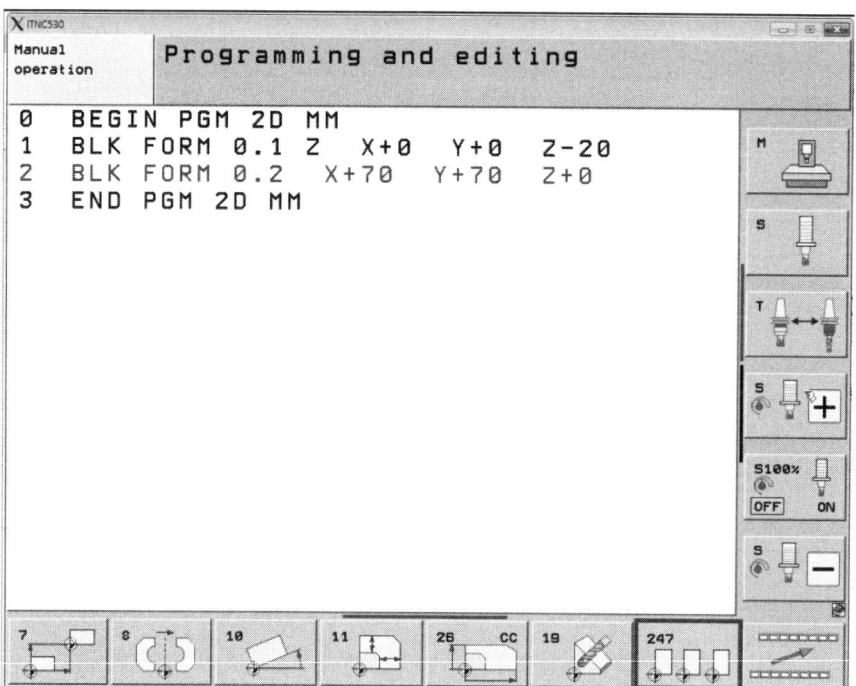

- 화면 하단에 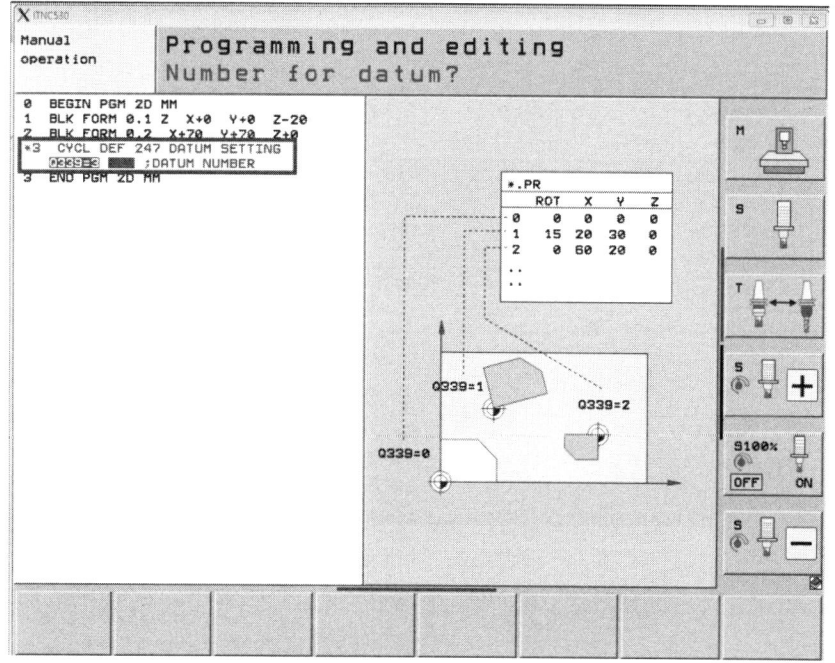 버튼을 선택하고 본인이 좌표계 설정한 데이텀 번호를 입력하고 ENT 선택한다.

※ 좌표계설정 데이텀을 3번을 사용하겠다는 뜻임.

● ● ● Chapter 03 5축 가공기 가공(DMU 50eVo linear/HEIDENHAIN iTNC 530) 수동 프로그램

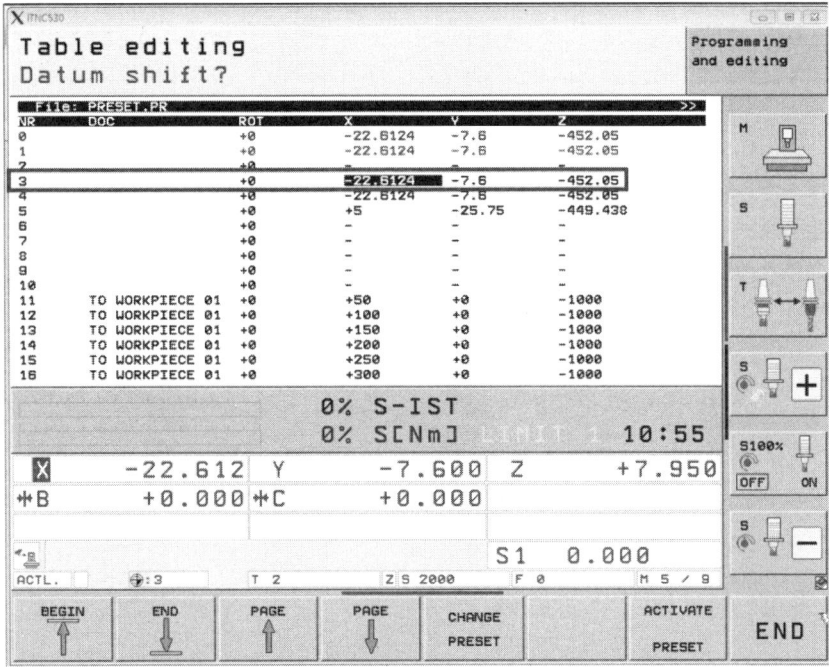

Step 09 `TOOL CALL` 버튼을 선택하고 공구, 스핀들 축, 회전수를 입력한다.

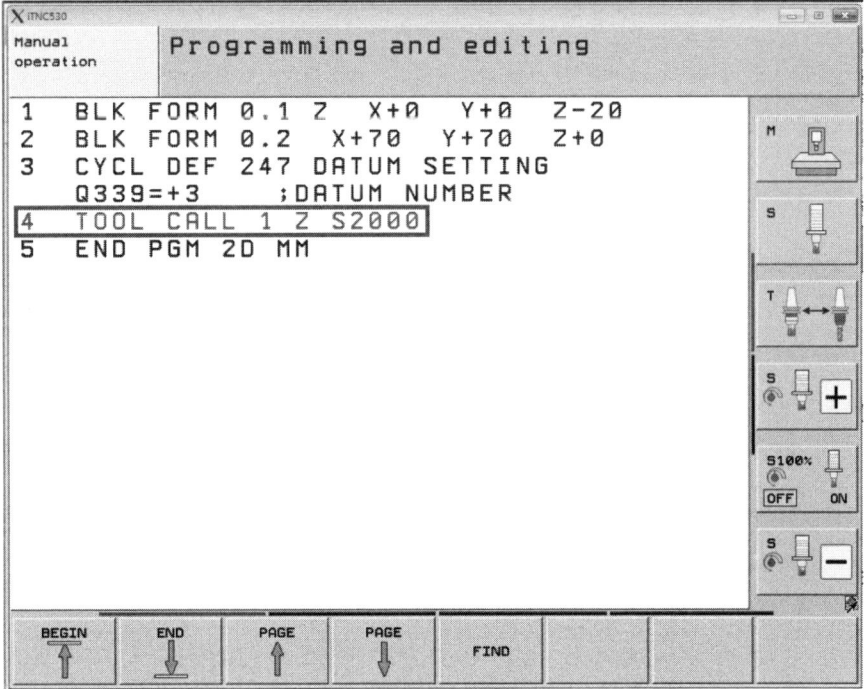

Step 10 프로그램 작성 버튼에서 [아이콘] 눌러 공구를 급송이송하면서 정 회전시킨다.

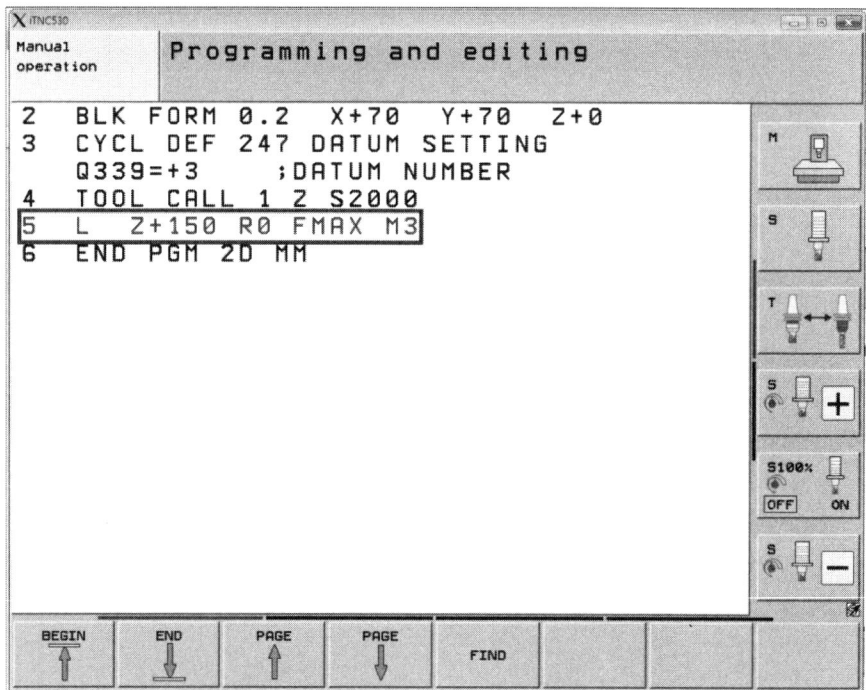

3 : 좌표계(데이텀)을 3번으로 설정
4 : 공구 1번을 호출, 스핀들 축 Z, 회전수 설정 : 2000rpm
5 : L과 FMAX는 급송이송(G00), Z+150은 종점의 위치, R0는 공구반경보정 취소
  (G40), M3은 주축 정 회전
  ※ R0 : G40, RL : G41, RR : G42
    M3 : 정회전, M04 : 역회전, M05 : 주축정지
    M08 : 절삭유 ON, M09 : 절삭유 OFF
    M02 : 프로그램 끝

Step 11 `CYCL DEF` 버튼을 선택하고 화면 하단에 `DRILLING/THREAD`, `200` 클릭, 하여 드릴 사이클을 작성한다.

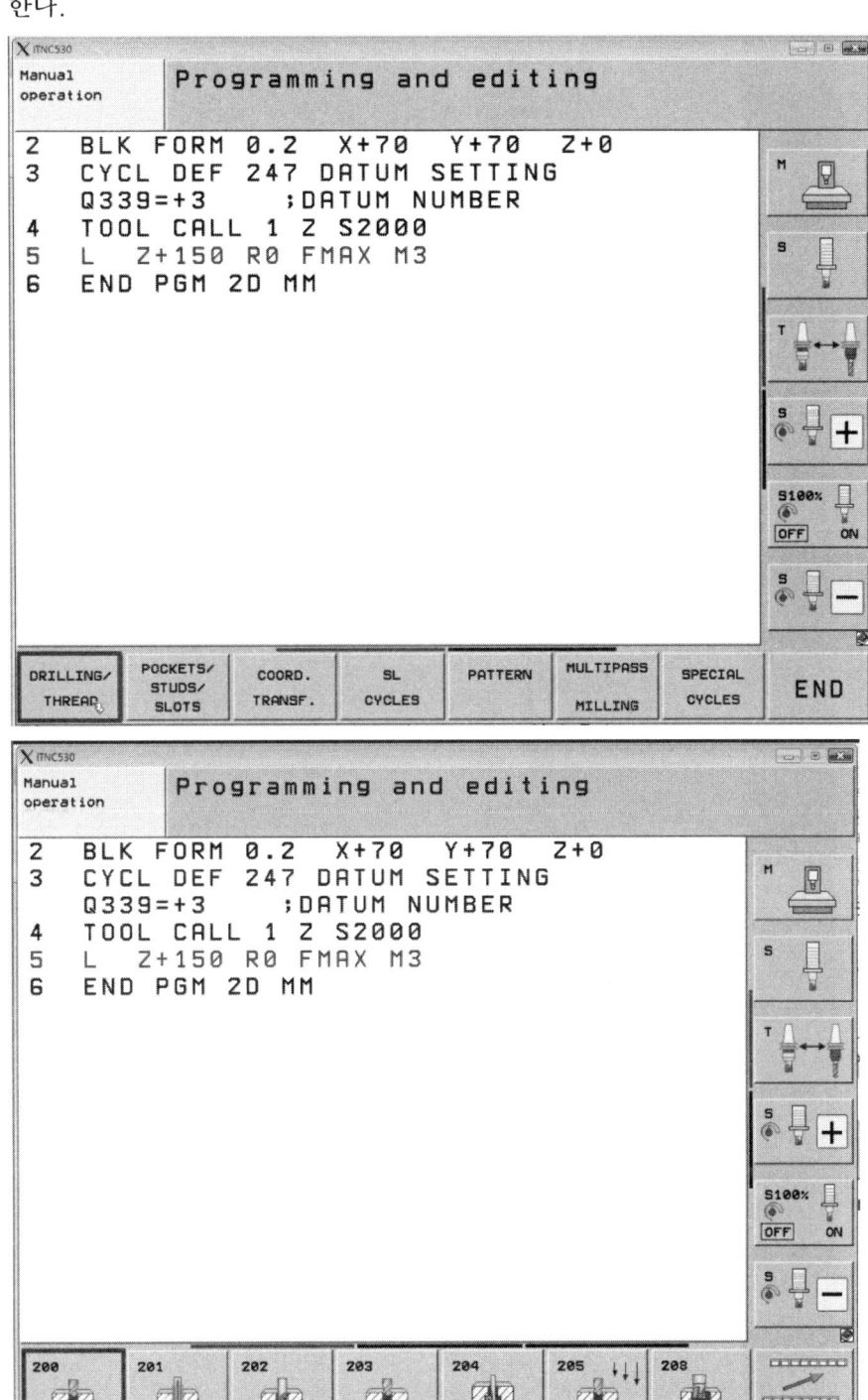

- 드릴 사이클에 관한 각 인자를 입력하고 ENT 버튼을 누르면 다음 인자를 입력하게 되면 화면에 기능이 표시된다.

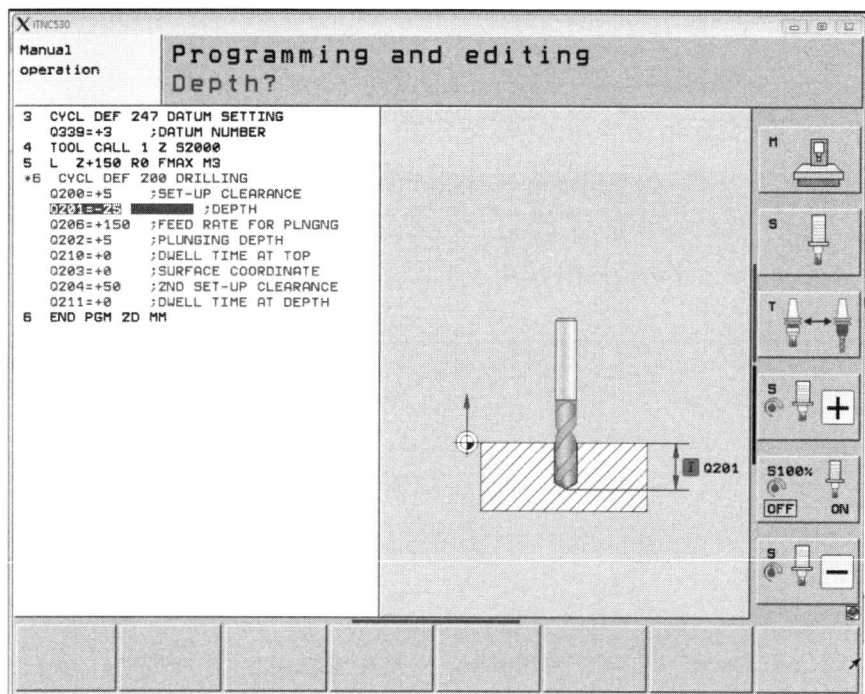

6 : 드릴사이클 200 (G83)정의
Q200 : 가공시작점(R점)
Q201 : 가공바닥점(Z-25)
Q206 : 이송속도(F150)
Q202 : 1회 절입 깊이(5)
Q210 : 가공시작점에서 드웰 타임(0초)
Q203 : 공작물 윗면 Z 좌표값(Z0)
Q204 : 다음구멍을 가공하기 위한 복귀점(Z50)
Q211 : 가공바닥점에서 드웰타임(0초)

Step 12 드릴가공위치로 급송이송한다.

Step 13 CYCL CALL 버튼을 선택하고 화면하단에 CYCLE CALL M 클릭하여 X25, Y35 위치에 드릴 가공한 후 M99명령을 이용 다음 드릴작업을 한다.

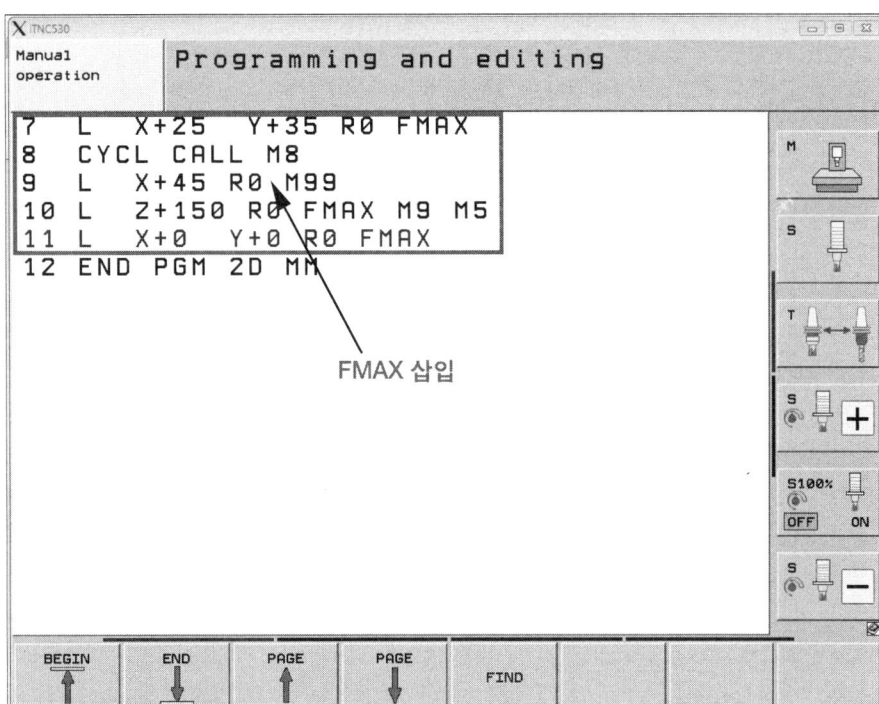

FMAX 삽입

7 : 드릴가공위치로 급송이송
8 : 절삭유을 공급하면서 현 위치에서 앞 지정한 드릴 작업
9 : 드릴 다음위치로 이동하면서 드릴작업
   CYCL CALL = M99 : 드릴 사이클 실행
10, 11 : 다음공구를 교환하기 위한 이동

Step 14 앤드밀 공구를 호출하고 윤곽프로그램을 작성한다.

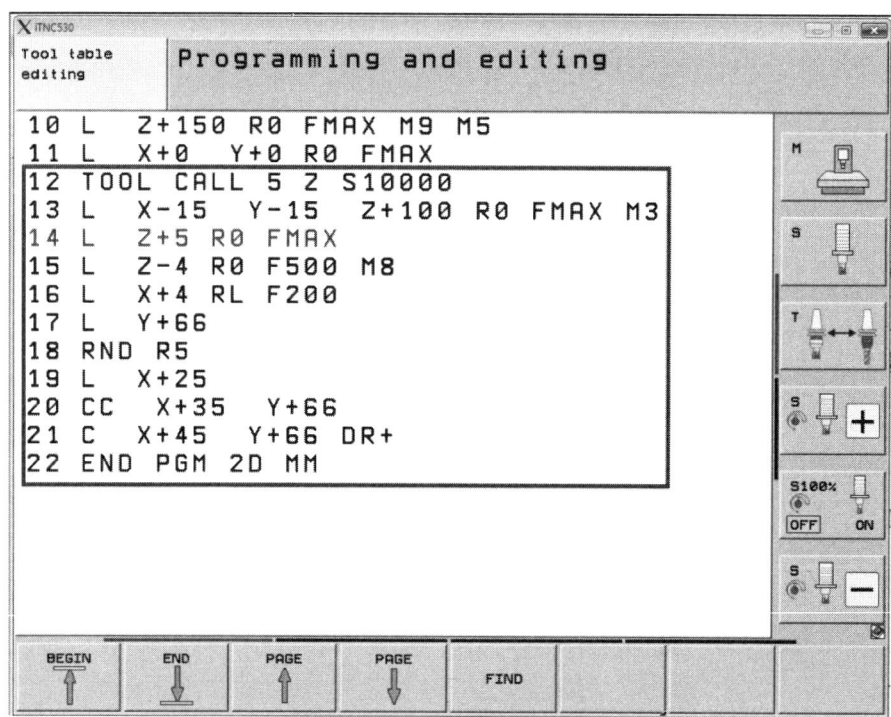

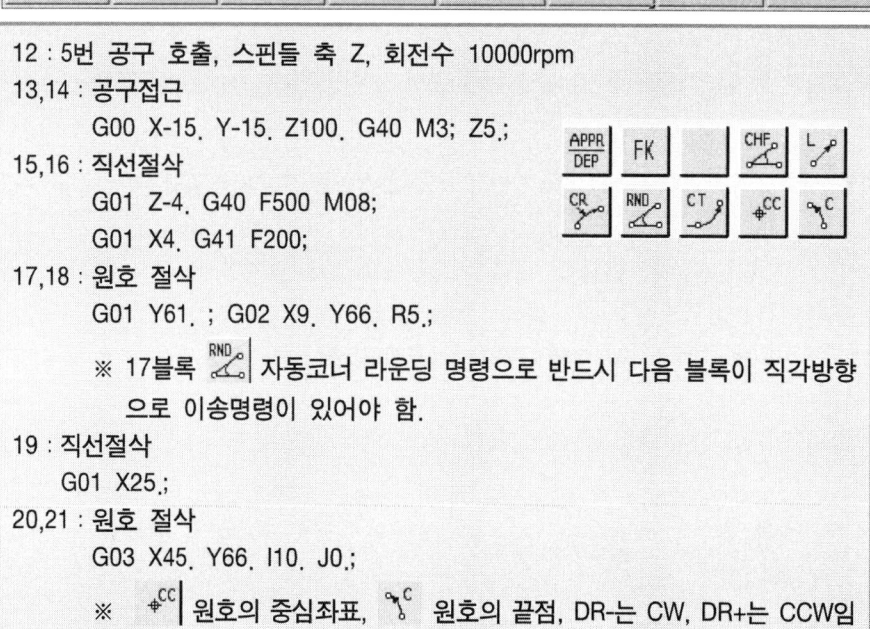

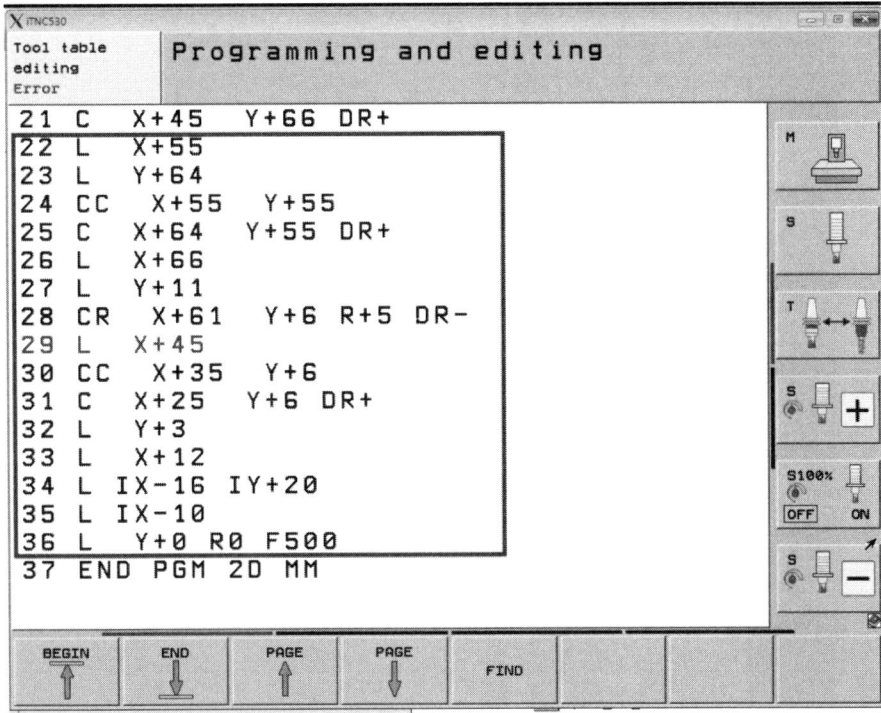

28 : 원호절삭
  G02 X61. Y6. R5.;
34 : 직선절삭
  IX, IY,는 증분지령 즉 G01 G91 X-16. Y20.;

Step 15 외곽 프로그램을 작성을 마치고 내부 포켓 프로그램을 작성한다.

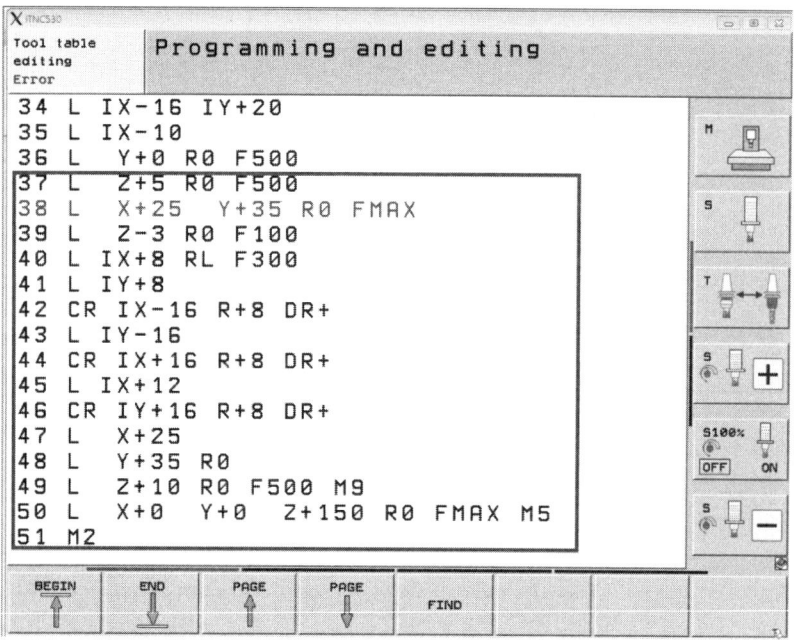

Step 16 EDIT 모드에서 그래픽을 확인한다.

- 프로그램 작성이 끝나든지 작업 중에도 버튼을 선택하고 PROGRAM + GRAPHICS 눌러 화면을 분할하여 RESET + START 공구경로를 확인한다.

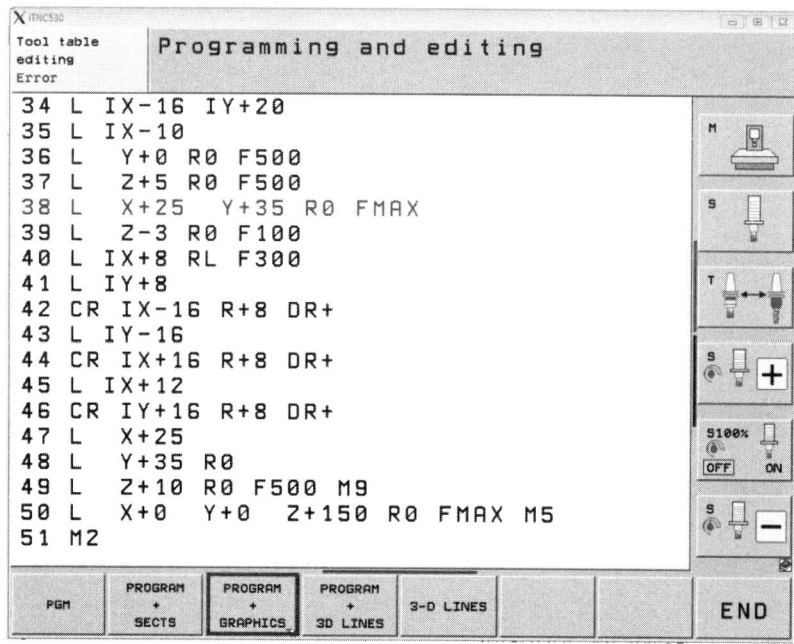

Chapter 03 5축 가공기 가공(DMU 50eVo linear/HEIDENHAIN iTNC 530) 수동 프로그램

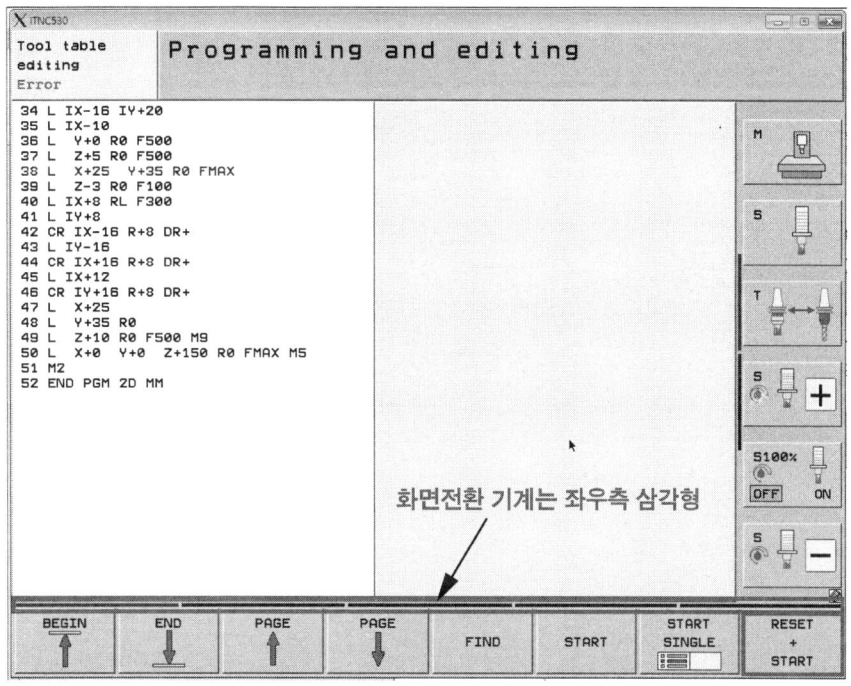

화면전환 기계는 좌우측 삼각형

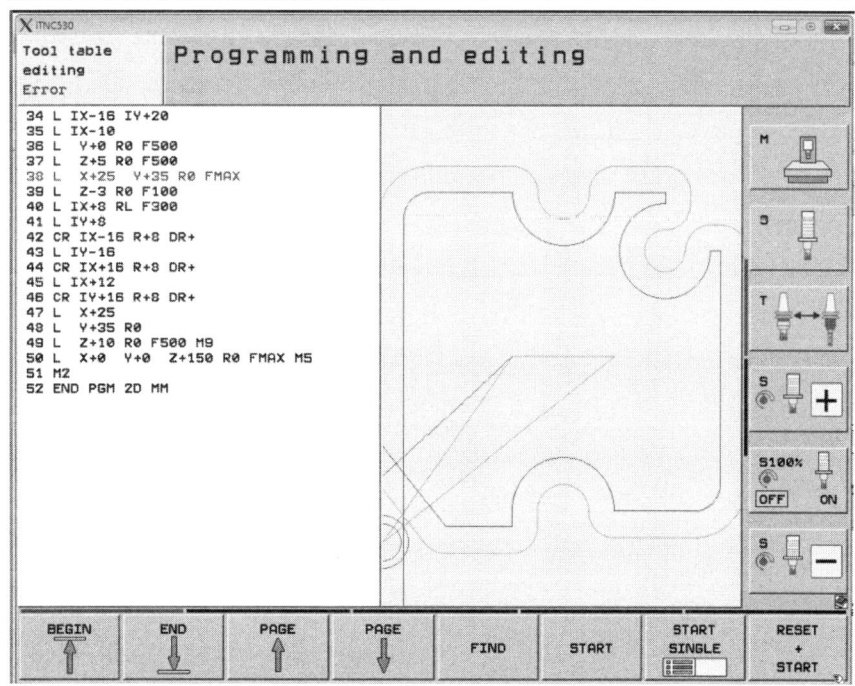

Step 17 모의가공 ➡ 모드를 선택학고 PGM MGT 눌러 해당프로그램을 더블클릭하고, RESET + START 선택하여 시뮬레이션을 한다.

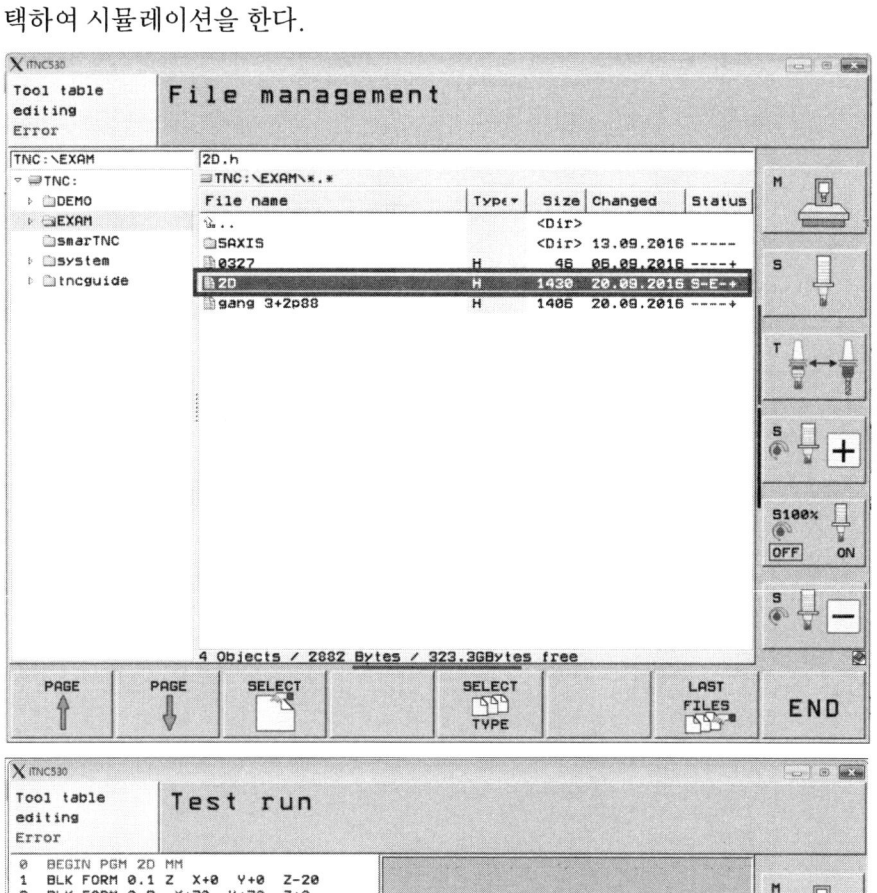

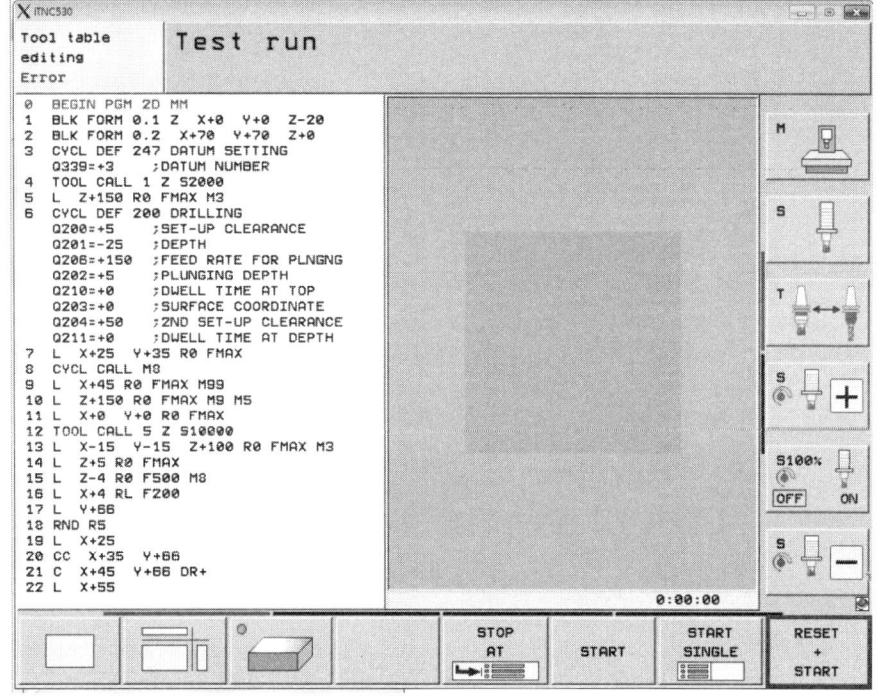

Chapter 03 5축 가공기 가공(DMU 50eVo linear/HEIDENHAIN iTNC 530) 수동 프로그램

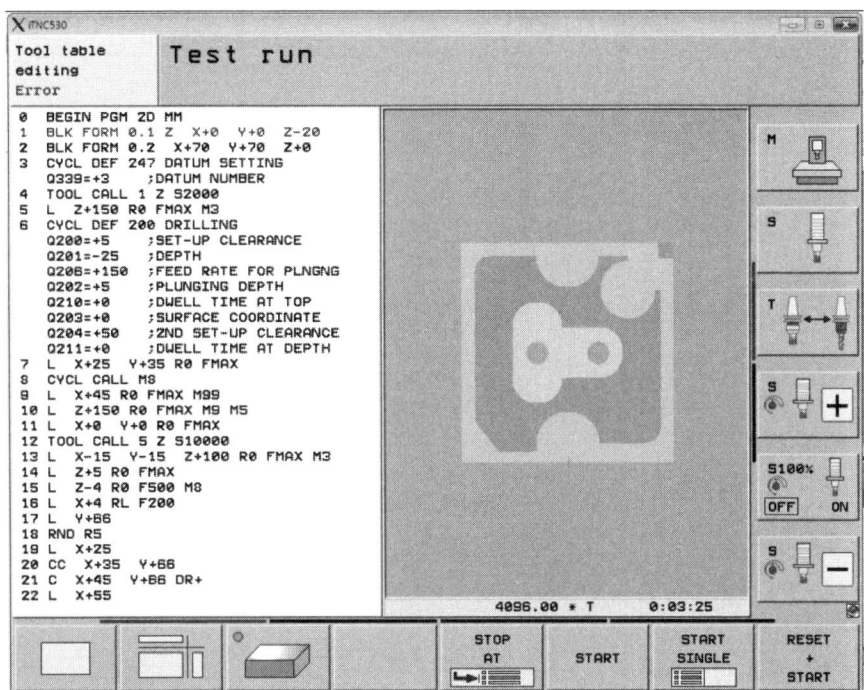

※ 작성된 2D.h 가공프로그램

```
0   BEGIN PGM 2D MM
1   BLK FORM 0.1 Z  X+0   Y+0   Z-20
2   BLK FORM 0.2  X+70  Y+70  Z+0
3   CYCL DEF 247 DATUM SETTING ~
      Q339=+3    ;DATUM NUMBER
4   TOOL CALL 1 Z S2000
5   L  Z+150 R0 FMAX M3
6   CYCL DEF 200 DRILLING ~
      Q200=+5    ;SET-UP CLEARANCE ~
      Q201=-25   ;DEPTH ~
      Q206=+150  ;FEED RATE FOR PLNGNG ~
      Q202=+5    ;PLUNGING DEPTH ~
      Q210=+0    ;DWELL TIME AT TOP ~
      Q203=+0    ;SURFACE COORDINATE ~
      Q204=+50   ;2ND SET-UP CLEARANCE ~
      Q211=+0    ;DWELL TIME AT DEPTH
7   L  X+25  Y+35 R0 FMAX
8   CYCL CALL M8
9   L  X+45 R0 FMAX M99
10  L  Z+150 R0 FMAX M9 M5
11  L  X+0  Y+0 R0 FMAX
12  TOOL CALL 5 Z S10000
13  L  X-15  Y-15  Z+100 R0 FMAX M3
```

```
14 L   Z+5  R0 FMAX
15 L   Z-4  R0 F500 M8
16 L   X+4  RL F200
17 L   Y+66
18 RND R5
19 L   X+25
20 CC  X+35  Y+66
21 C   X+45  Y+66 DR+
22 L   X+55
23 L   Y+64
24 CC  X+55  Y+55
25 C   X+64  Y+55 DR+
26 L   X+66
27 L   Y+11
28 CR  X+61  Y+6 R+5 DR-
29 L   X+45
30 CC  X+35  Y+6
31 C   X+25  Y+6 DR+
32 L   Y+3
33 L   X+12
34 L  IX-16 IY+20
35 L  IX-10
36 L   Y+0  R0 F500
37 L   Z+5  R0 F500
38 L   X+25  Y+35 R0 FMAX
39 L   Z-3  R0 F100
40 L  IX+8  RL F300
41 L  IY+8
42 CR IX-16 R+8 DR+
43 L  IY-16
44 CR IX+16 R+8 DR+
45 L  IX+12
46 CR IY+16 R+8 DR+
47 L   X+25
48 L   Y+35 R0
49 L   Z+10 R0 F500 M9
50 L   X+0  Y+0  Z+150 R0 FMAX M5
51 M2
52 END PGM 2D MM
```

Step 18 모의가공 우측상단의 미 절삭 부분을 각자 해결하도록 합니다.

Step 19 작성된 프로그램을 기계에 보내어 가공을 하면 된다.

② 3+2축 매뉴얼 프로그램

5축 가공기에서는 대부분 틸팅을 한 후 3축 가공을 하는 3+2축으로 가공하는 경우가 대부분이다. 즉 동시 5축가공은 적은 편이다. 여기서는 3축 회전하는 개념을 여러분에게 이해하고자하기 위해 2개의 예제를 사용 프로그램을 작성하고 한다.

2.1 예제 1 : 3개의 평면에 드릴 작업하기

Step 01 가공할 도면을 파악한다.

Step 02 공작기계선정 : DMU50 eVO(Heidenain Controller)한다.

Step 03 공구선정 및 가공순서를 결정한다.

> X-Y평면 드릴작업 ⇒ X-Z평면 드릴작업 ⇒ Y-Z평면 드릴작업 ⇒ 종료

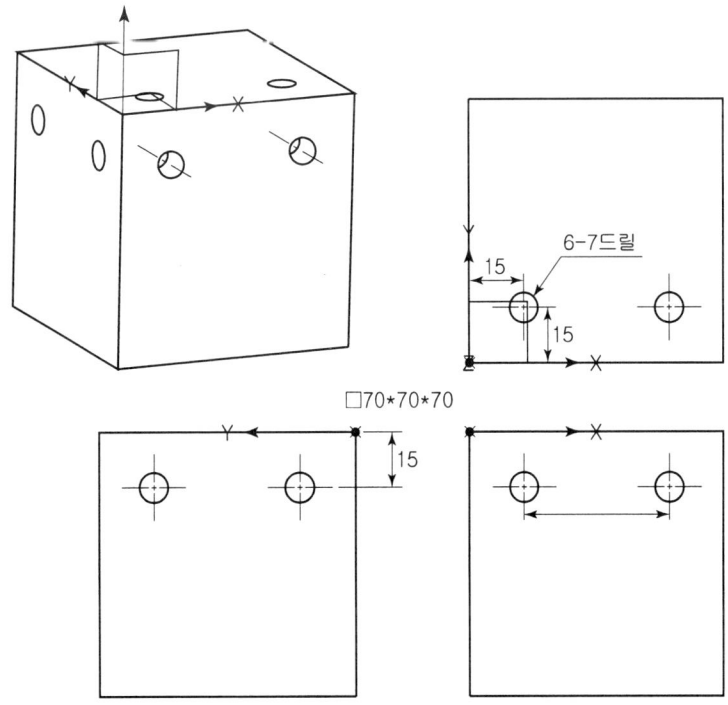

Step 04 HEIDENHAIN iTNC 530를 실행한다.

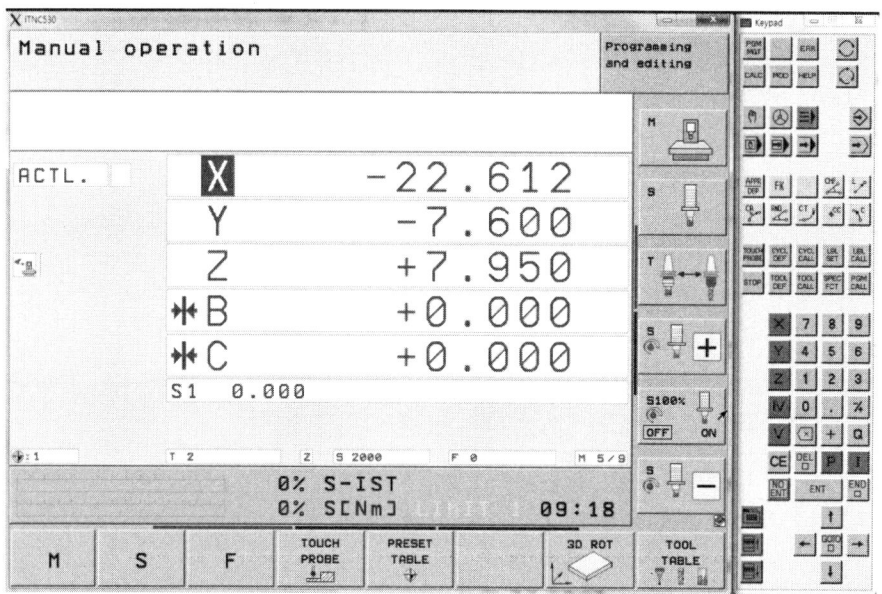

Step 05 편집 모드 선택( )한 후 PGM MGT ( )버튼을 선택하여 파일 관리자 창을 활성화 한다.

Step 06 화면 하단에 NEW FILE 버튼을 선택하고 파일이름을 반드시 확장자 *.h까지 입력하고 YES 버튼을 누르고 MM 선택한다.

Step 07 2D 프로그램 작성을 참고하여 가공순서대로 프로그램을 작성한다.

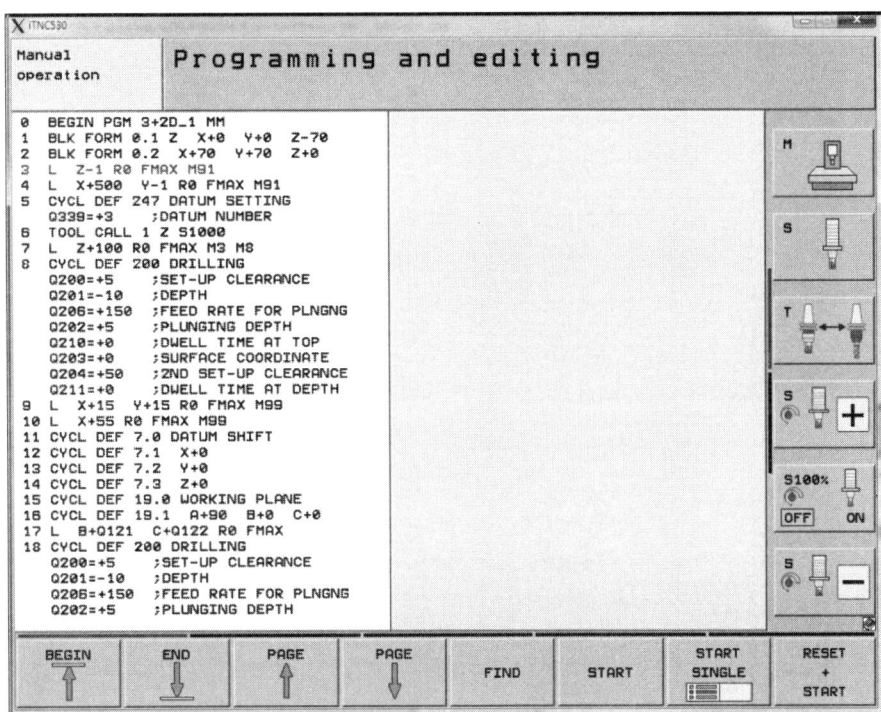

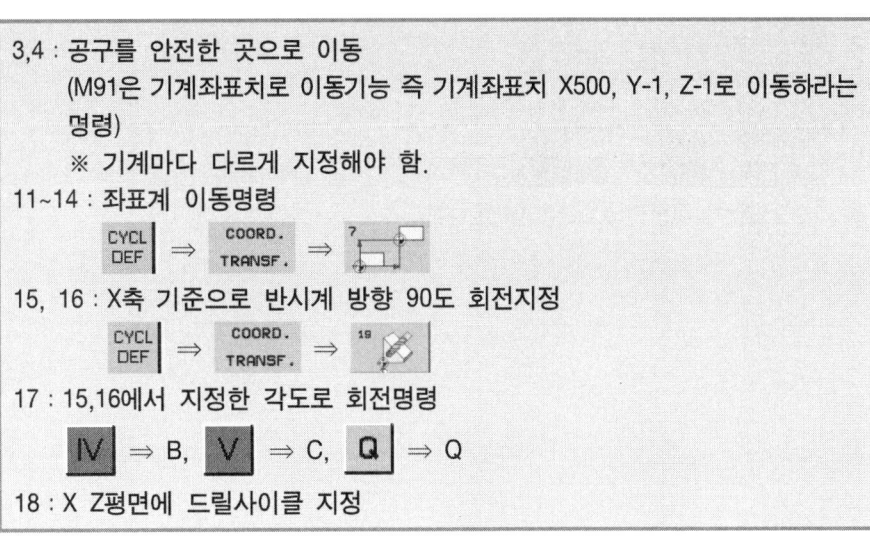

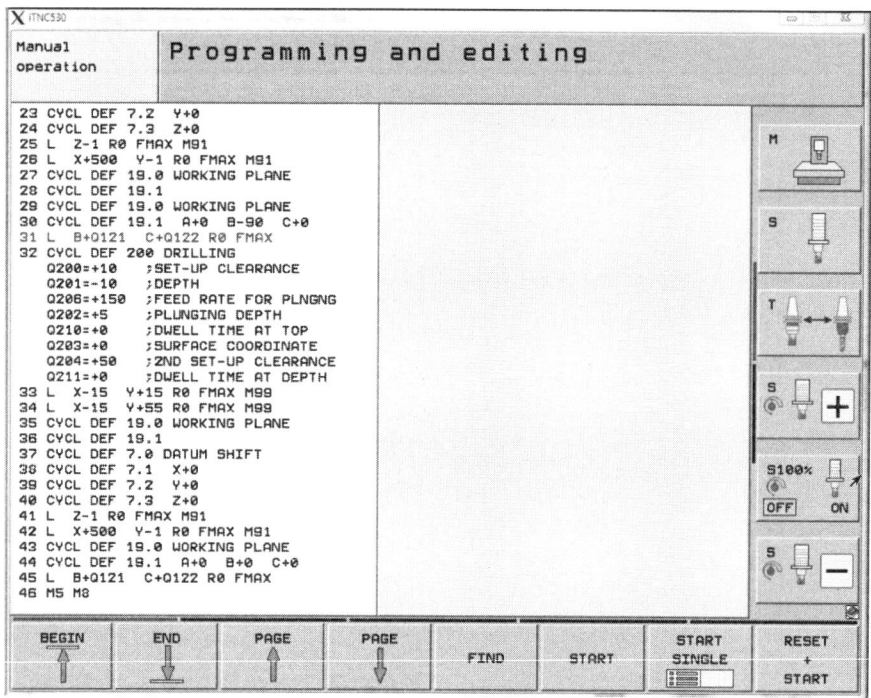

27,28 : 좌표계 회전 리셋

29,30 : Y축 기준으로 시계 방향 90도 회전지정

CYCL DEF ⇒ COORD. TRANSF. ⇒ 19

31 : 29,30에서 지정한 각도로 회전명령

IV ⇒ B, V ⇒ C, Q ⇒ Q

32 : Y Z평면에 드릴사이클 지정

43~45 : 회전된 축을 원 상태로 복귀 명령

Chapter 03 5축 가공기 가공(DMU 50eVo linear/HEIDENHAIN iTNC 530) 수동 프로그램

※ 작성된 3+2D_1.h 가공프로그램 시뮬레이션

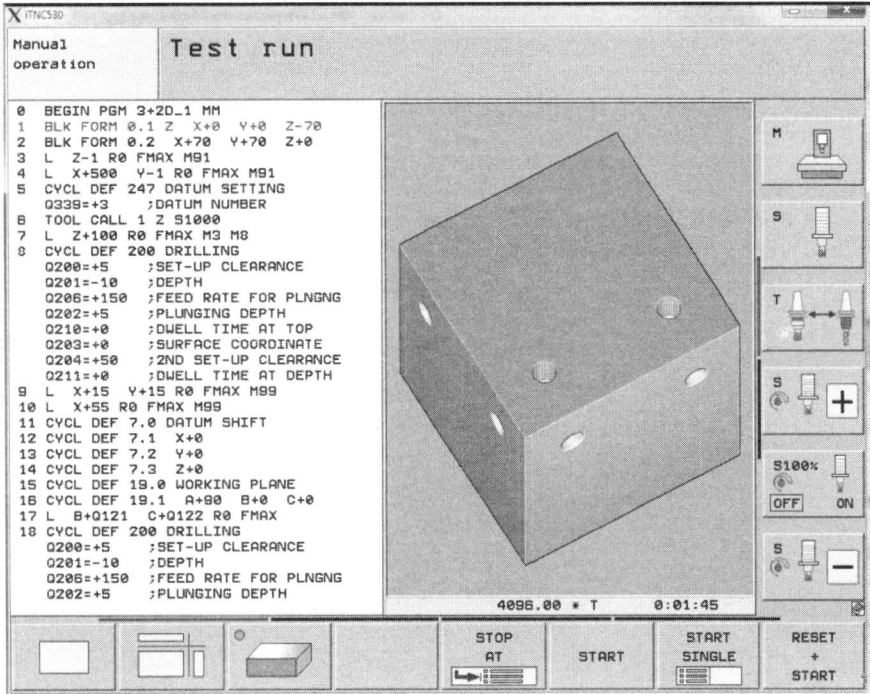

※ 작성된 3+2D_1.h 가공프로그램

```
0   BEGIN PGM 3+2D_1 MM
1   BLK FORM 0.1 Z  X+0   Y+0   Z-70
2   BLK FORM 0.2  X+70  Y+70  Z+0
3   L  Z-1 R0 FMAX M91
4   L  X+500  Y-1 R0 FMAX M91
5   CYCL DEF 247 DATUM SETTING ~
      Q339=+3     ;DATUM NUMBER
6   TOOL CALL 1 Z S1000
7   L  Z+100 R0 FMAX M3 M8
8   CYCL DEF 200 DRILLING ~
      Q200=+5      ;SET-UP CLEARANCE ~
      Q201=-10     ;DEPTH ~
      Q206=+150    ;FEED RATE FOR PLNGNG ~
      Q202=+5      ;PLUNGING DEPTH ~
      Q210=+0      ;DWELL TIME AT TOP ~
      Q203=+0      ;SURFACE COORDINATE ~
      Q204=+50     ;2ND SET-UP CLEARANCE ~
      Q211=+0      ;DWELL TIME AT DEPTH
9   L  X+15  Y+15 R0 FMAX M99
```

```
10 L  X+55 R0 FMAX M99
11 CYCL DEF 7.0 DATUM SHIFT
12 CYCL DEF 7.1  X+0
13 CYCL DEF 7.2  Y+0
14 CYCL DEF 7.3  Z+0
15 CYCL DEF 19.0 WORKING PLANE
16 CYCL DEF 19.1  A+90  B+0  C+0
17 L  B+Q121  C+Q122 R0 FMAX
18 CYCL DEF 200 DRILLING ~
   Q200=+5    ;SET-UP CLEARANCE ~
   Q201=-10   ;DEPTH ~
   Q206=+150  ;FEED RATE FOR PLNGNG ~
   Q202=+5    ;PLUNGING DEPTH ~
   Q210=+0    ;DWELL TIME AT TOP ~
   Q203=+0    ;SURFACE COORDINATE ~
   Q204=+50   ;2ND SET-UP CLEARANCE ~
   Q211=+0    ;DWELL TIME AT DEPTH
19 L  X+15  Y-15 R0 FMAX M99
20 L  X+55  Y-15 R0 FMAX M99
21 CYCL DEF 7.0 DATUM SHIFT
22 CYCL DEF 7.1  X+0
23 CYCL DEF 7.2  Y+0
24 CYCL DEF 7.3  Z+0
25 L  Z-1 R0 FMAX M91
26 L  X+500  Y-1 R0 FMAX M91
27 CYCL DEF 19.0 WORKING PLANE
28 CYCL DEF 19.1
29 CYCL DEF 19.0 WORKING PLANE
30 CYCL DEF 19.1  A+0  B-90  C+0
31 L  B+Q121  C+Q122 R0 FMAX
32 CYCL DEF 200 DRILLING ~
   Q200=+10   ;SET-UP CLEARANCE ~
   Q201=-10   ;DEPTH ~
   Q206=+150  ;FEED RATE FOR PLNGNG ~
   Q202=+5    ;PLUNGING DEPTH ~
   Q210=+0    ;DWELL TIME AT TOP ~
   Q203=+0    ;SURFACE COORDINATE ~
   Q204=+50   ;2ND SET-UP CLEARANCE ~
   Q211=+0    ;DWELL TIME AT DEPTH
33 L  X-15  Y+15 R0 FMAX M99
34 L  X-15  Y+55 R0 FMAX M99
35 CYCL DEF 19.0 WORKING PLANE
36 CYCL DEF 19.1
37 CYCL DEF 7.0 DATUM SHIFT
```

```
38 CYCL DEF 7.1  X+0
39 CYCL DEF 7.2  Y+0
40 CYCL DEF 7.3  Z+0
41 L  Z-1 R0 FMAX M91
42 L  X+500 Y-1 R0 FMAX M91
43 CYCL DEF 19.0 WORKING PLANE
44 CYCL DEF 19.1  A+0  B+0  C+0
45 L  B+Q121  C+Q122 R0 FMAX
46 M5 M8
47 M2
48 END PGM 3+2D_1 MM
```

2.2 예제 2 : 2개의 평면에 윤곽형상 작업하기

한 평면에서 윤곽형상프로그램을 작성하는데 문제가 없을 것이다.

3+2축 형상에서는 한 평면의 작업한 좌표계(프로그램 원점)를 다른 평면으로 이동 및 회전개념을 파악하는 것이 중요하므로 여기서는 70*70*70소재를 가지고 각 평면에 가운데를 원점으로 하여 간단한 사각형인 40*40*3의 윤곽형상을 프로그램 해 봄으로써 이해를 도우려고 한다.

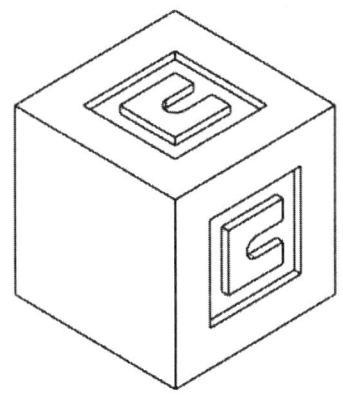

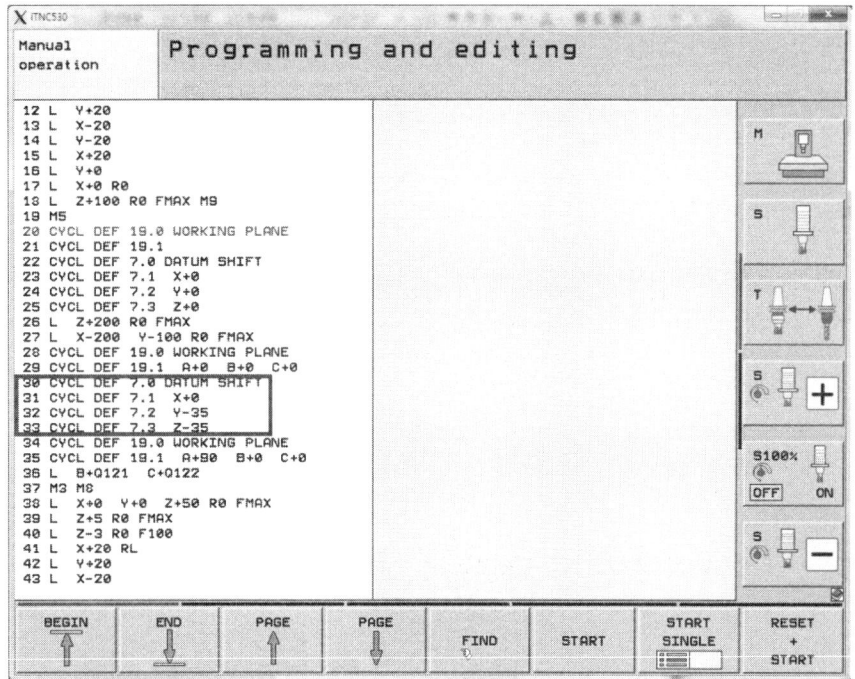

30~33 : 좌표계이동
※ XY평면에 원점에서 XZ평면에 원점이 X0, Y-35, Z-35로 이동시키는 명령

※ 작성된 3+2D_2.h 가공프로그램 시뮬레이션

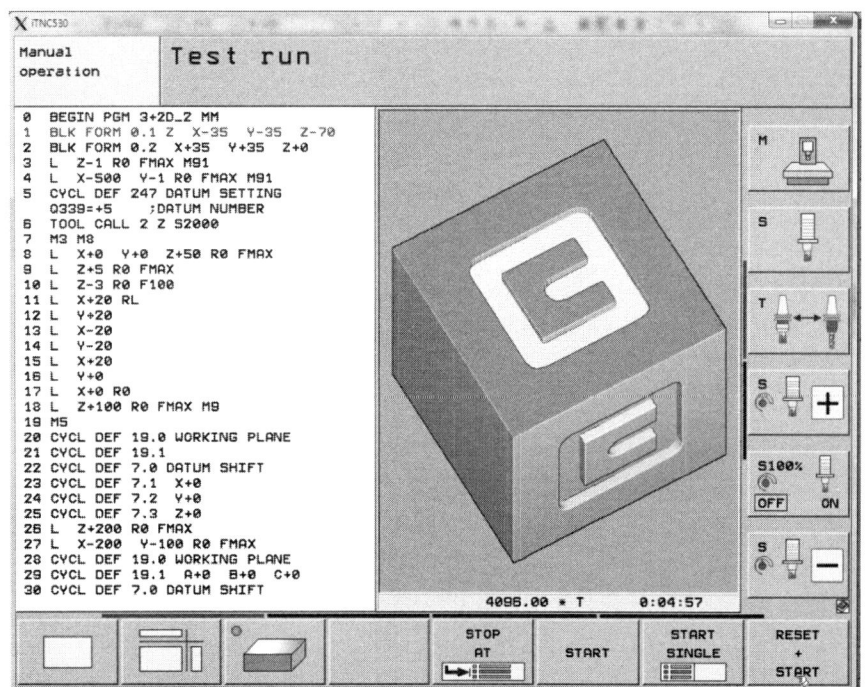

※ 작성된 3+2D_2.h 가공프로그램

```
0  BEGIN PGM 3+2D_2 MM
1  BLK FORM 0.1 Z  X-35  Y-35  Z-70
2  BLK FORM 0.2  X+35  Y+35  Z+0
3  L  Z-1 R0 FMAX M91
4  L  X-500  Y-1 R0 FMAX M91
5  CYCL DEF 247 DATUM SETTING ~
   Q339=+5    ;DATUM NUMBER
6  TOOL CALL 2 Z S2000
7  M3 M8
8  L  X+0  Y+0  Z+50 R0 FMAX
9  L  Z+5 R0 FMAX
10 L  Z-3 R0 F100
11 L  X+20 RL
12 L  Y+20
13 L  X-20
14 L  Y-20
15 L  X+20
16 L  Y+0
17 L  X+0 R0
18 L  Z+100 R0 FMAX M9
19 M5
20 CYCL DEF 19.0 WORKING PLANE
21 CYCL DEF 19.1
22 CYCL DEF 7.0 DATUM SHIFT
23 CYCL DEF 7.1  X+0
24 CYCL DEF 7.2  Y+0
25 CYCL DEF 7.3  Z+0
26 L  Z+200 R0 FMAX
27 L  X-200  Y-100 R0 FMAX
28 CYCL DEF 19.0 WORKING PLANE
29 CYCL DEF 19.1  A+0  B+0  C+0
30 CYCL DEF 7.0 DATUM SHIFT
31 CYCL DEF 7.1  X+0
32 CYCL DEF 7.2  Y-35
33 CYCL DEF 7.3  Z-35
34 CYCL DEF 19.0 WORKING PLANE
35 CYCL DEF 19.1  A+90  B+0  C+0
36 L  B+Q121  C+Q122
37 M3 M8
```

```
38 L   X+0   Y+0   Z+50 R0 FMAX
39 L   Z+5 R0 FMAX
40 L   Z-3 R0 F100
41 L   X+20 RL
42 L   Y+20
43 L   X-20
44 L   Y-20
45 L   X+20
46 L   Y+0
47 L   X+0 R0
48 L   Z+100 R0 FMAX M9
49 L   Z-1 R0 FMAX M91
50 L   X+500  Y-1 R0 FMAX M91
51 CYCL DEF 7.0 DATUM SHIFT
52 CYCL DEF 7.1   X+0
53 CYCL DEF 7.2   Y+0
54 CYCL DEF 7.3   Z+0
55 L   Z-1 R0 FMAX M91
56 L   X+500  Y-1 R0 FMAX M91
57 CYCL DEF 19.0 WORKING PLANE
58 CYCL DEF 19.1  A+0   B+0   C+0
59 L   B+Q121   C+Q122 R0 FMAX M5 M8
60 M30
61 END PGM 3+2D_2 MM
```

Chapter 04

HEIDENHAIN ITNC

CAM S/W(PowerMILL)를 이용한 프로그램

01　3D 형상 가공 프로그램
02　3+2D 형상 프로그램
03　5D 형상 프로그램

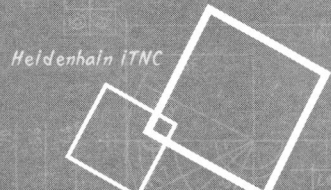

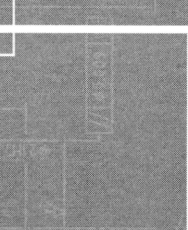

1 3D 형상 가공 프로그램

    3D 형상 가공프로그램은 5축을 하고자 하는 사용자는 이미 3축 CAM 사용은 능숙할 것이라 믿고, PowerMILL를 이용하여 간단한 형상을 가지고 복습하는 차원에서 각종 옵션 설명은 하지 않고 따라 하기 식으로 NC 프로그램을 생성하겠다.

    혹시 CAM S/W에를 처음 접하는 사용자는 각 종 옵션을 변경해 가면 그 옵션이 TOOL-PATH에 어느 영향을 미치는지 이해하는 것이 중요하다.

    CAM S/W(PowerMILL)에서 NC 프로그램 생성과정은 일반적으로 다음과 같은 순서로 전개된다.

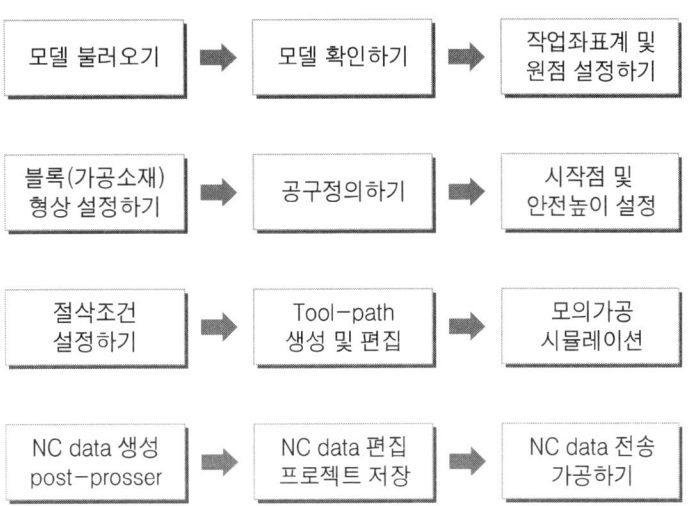

Step 01 PowerMILL을 로딩한 후 모델을 불러온다.

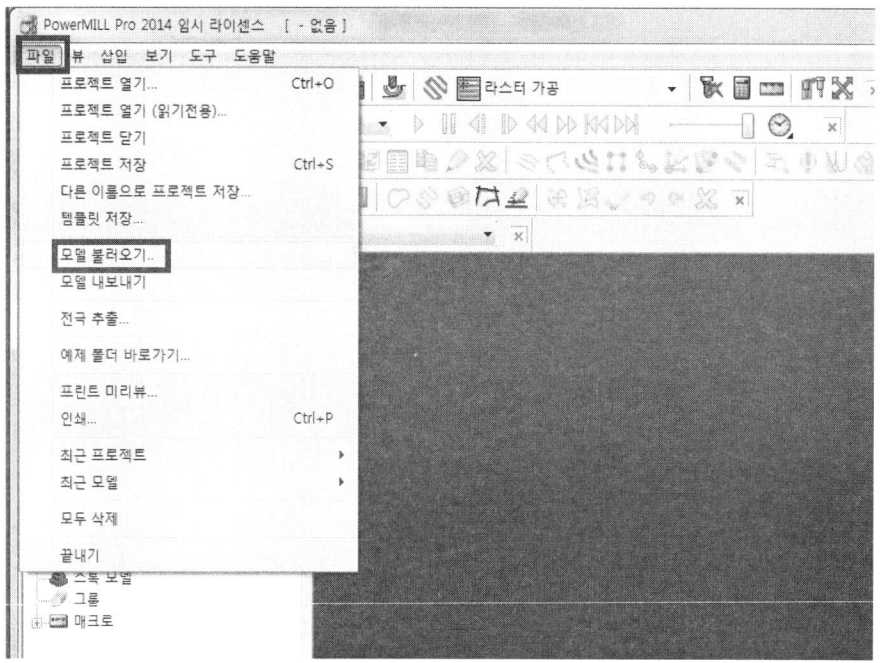

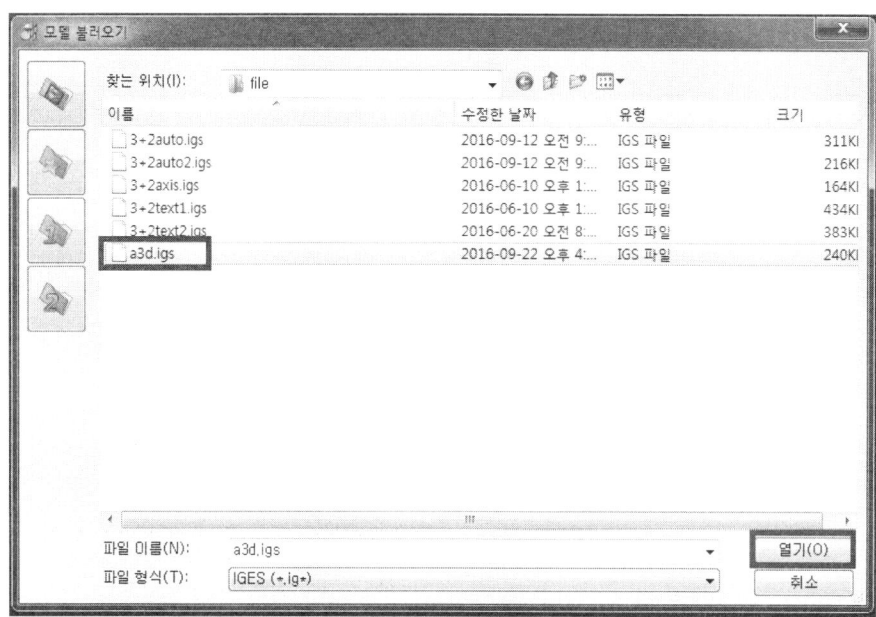

Chapter 04 CAM S/W(PowerMILL)를 이용한 프로그램

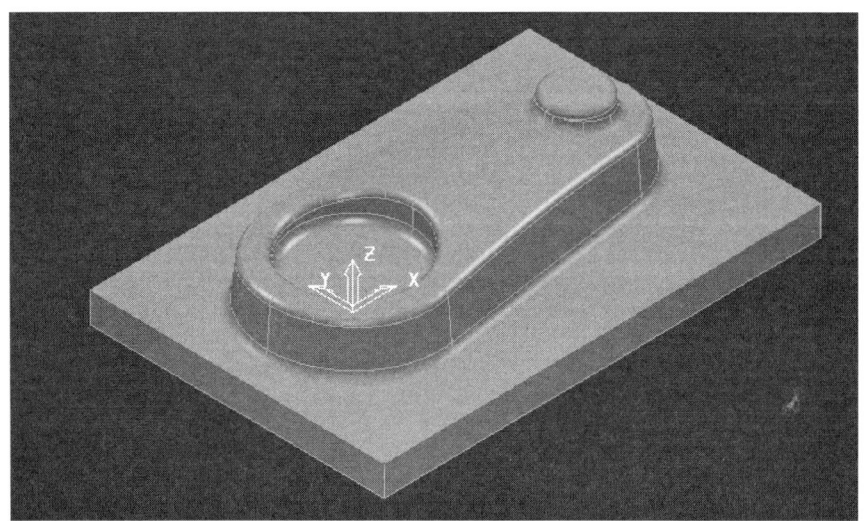

Step 02 보기 ⇒ 모델 ⇒ 모델보기옵션 과 우측의 구배각도 쉐이딩, 최소R값 쉐이딩을 이용하여 모델의 형상을 파악하여 가공공정 및 공구를 정의시 참고한다.

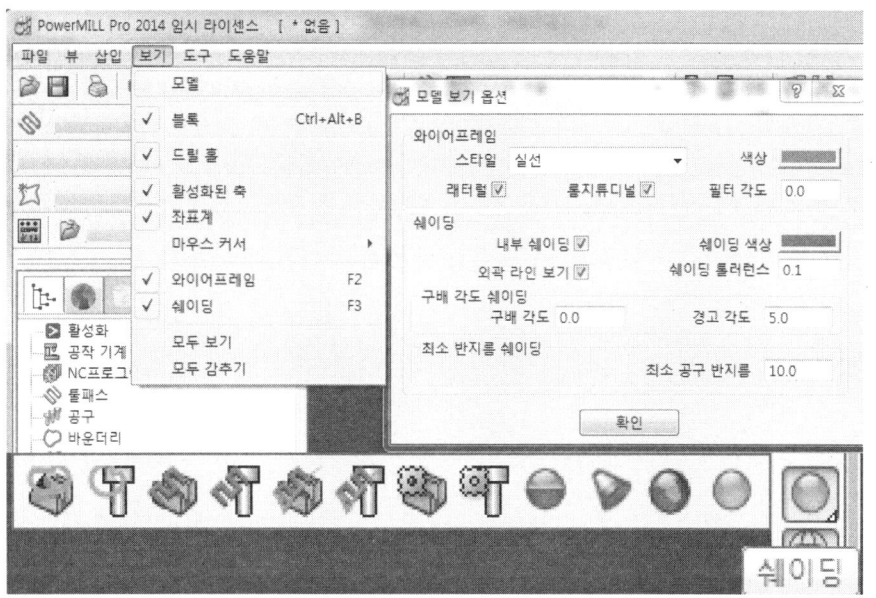

Step 03 블록 기능을 이용하여 소재형상을 정의한다. 여기서는 모델을 가공하기 위해 준비한 소재형상과 같게 하는 것이 중요하다.

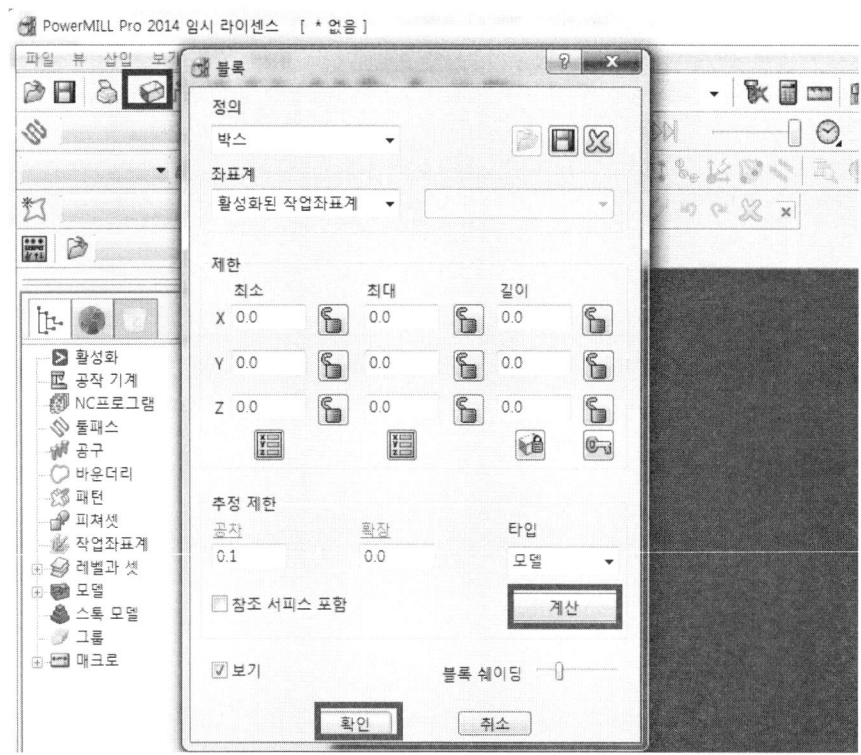

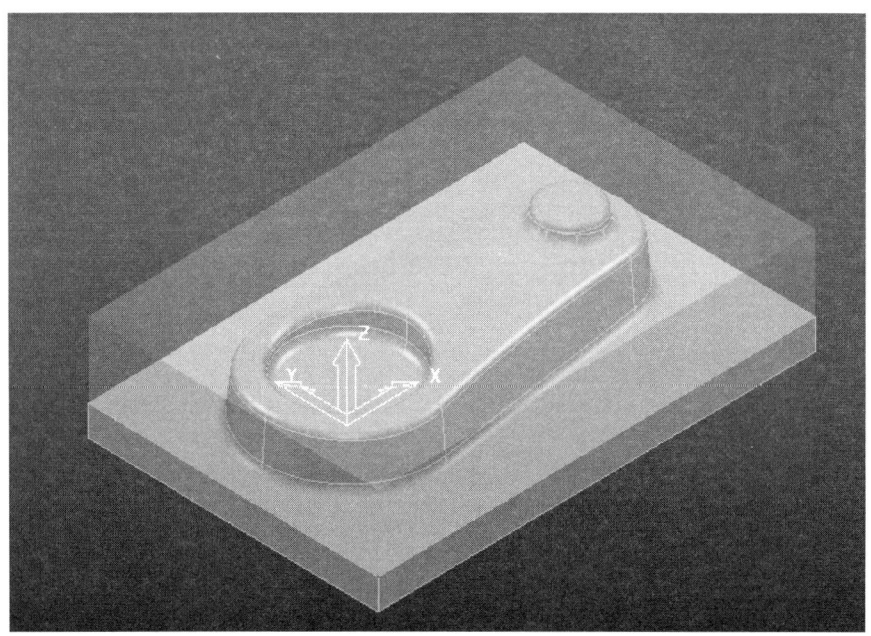

Step 04 블록 좌측상단에 작업좌표계(포스트 좌표계)를 설정한다.

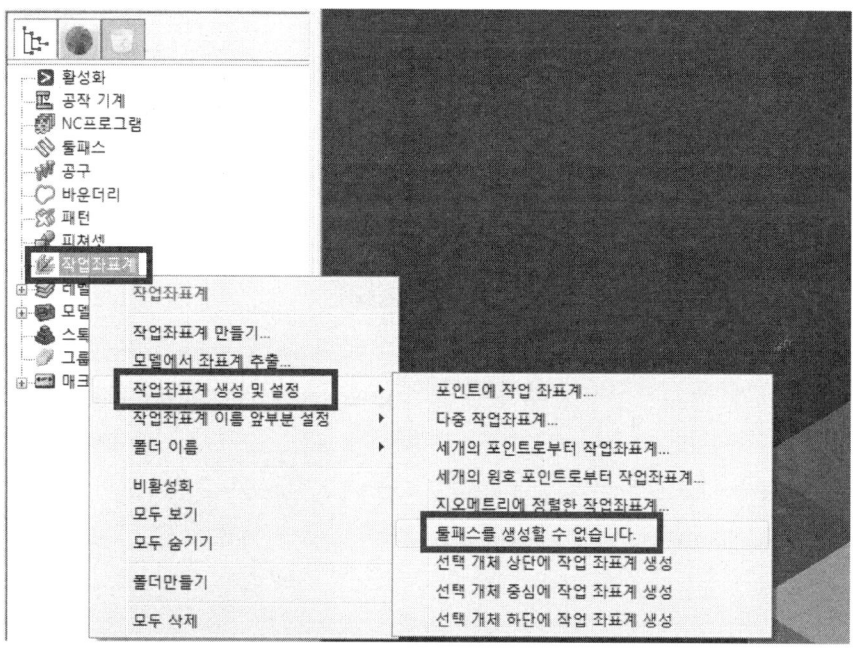

Step 05 설정된 작업좌표계를 활성화 하고 다시 블록을 계산한다.

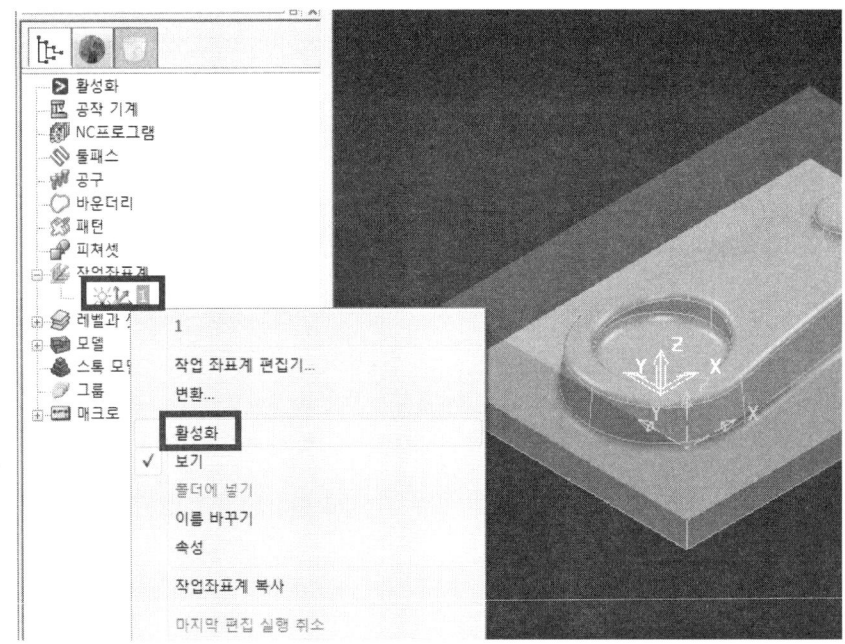

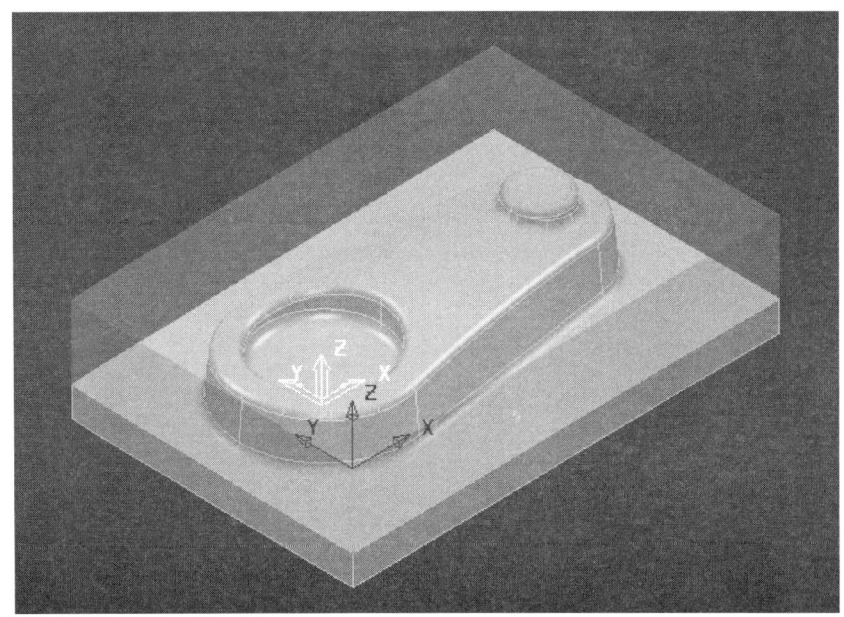

Step 06 공구를 정의한다.

황삭공구는 코너 반지름이 1, 직경이 12인 팁 공구, 정삭공구는 직경이 6인 볼 앤드밀로 한다.

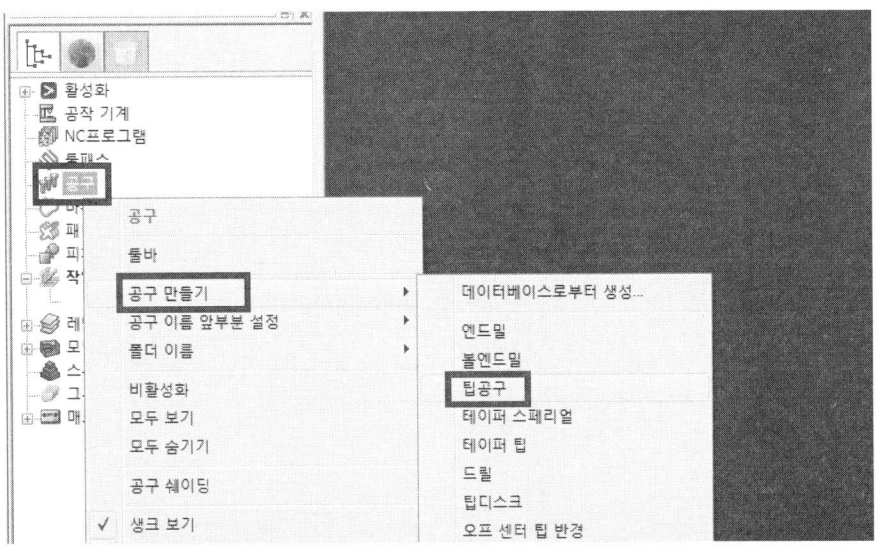

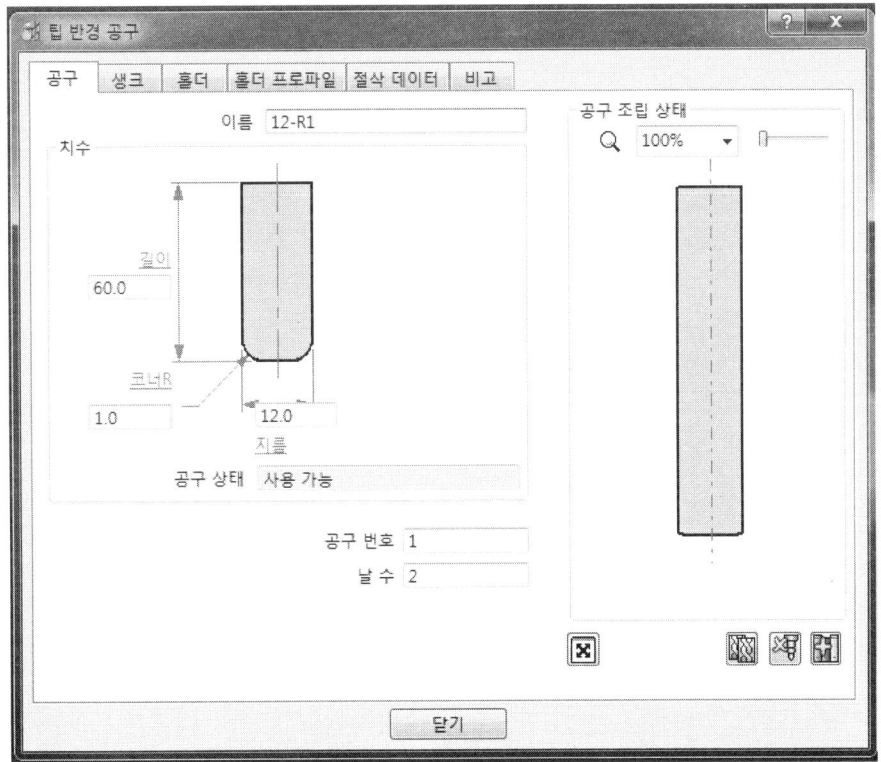

Step 07 급속이송높이(안전높이) 및 시작점 및 끝점을 정의한다.

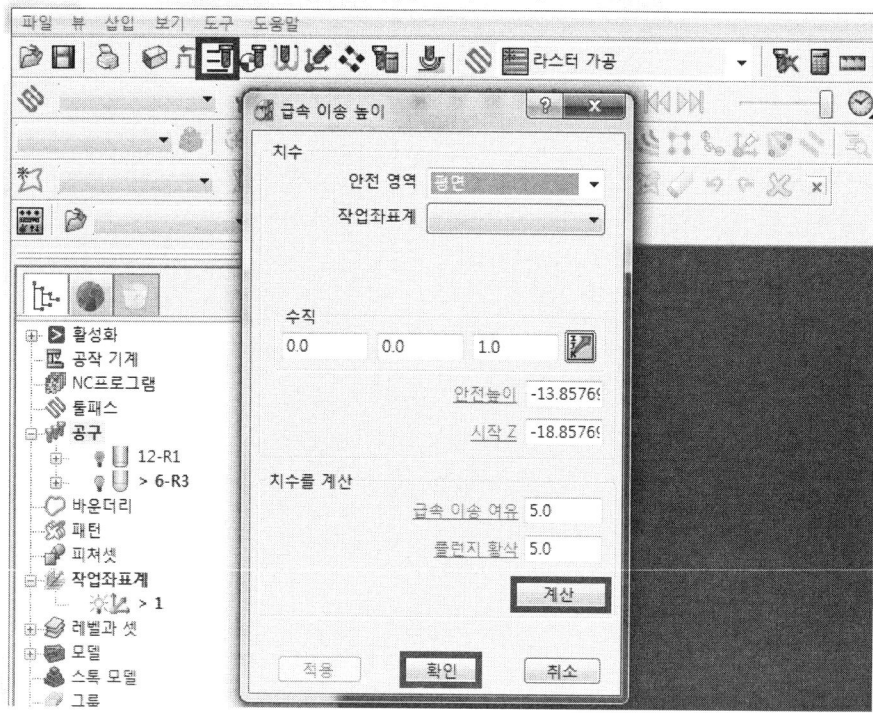

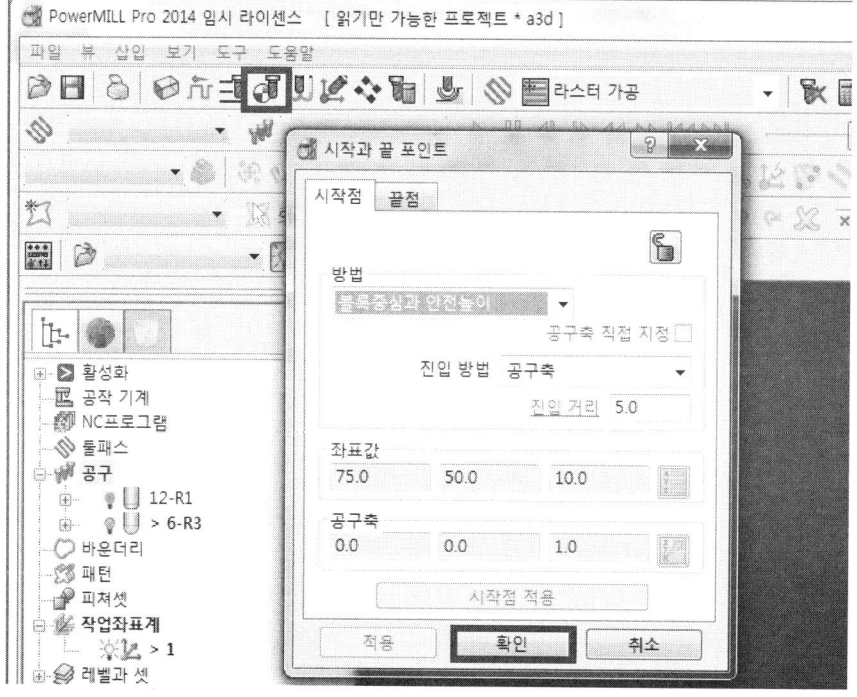

Chapter 04 CAM S/W(PowerMILL)를 이용한 프로그램

Step 08 절삭조건을 지정한다.
공구 정의시 각 공구마다 조건을 설정할 수 도 있다.

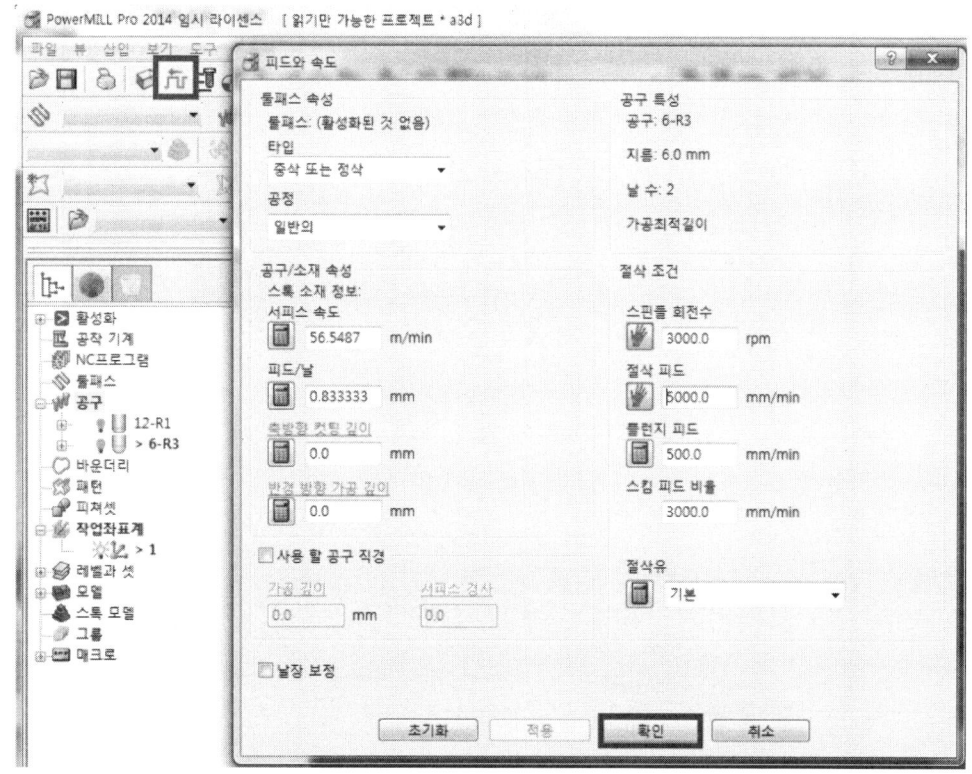

Step 09 가공전략을 이용 황삭 Tool-path를 생성한다.

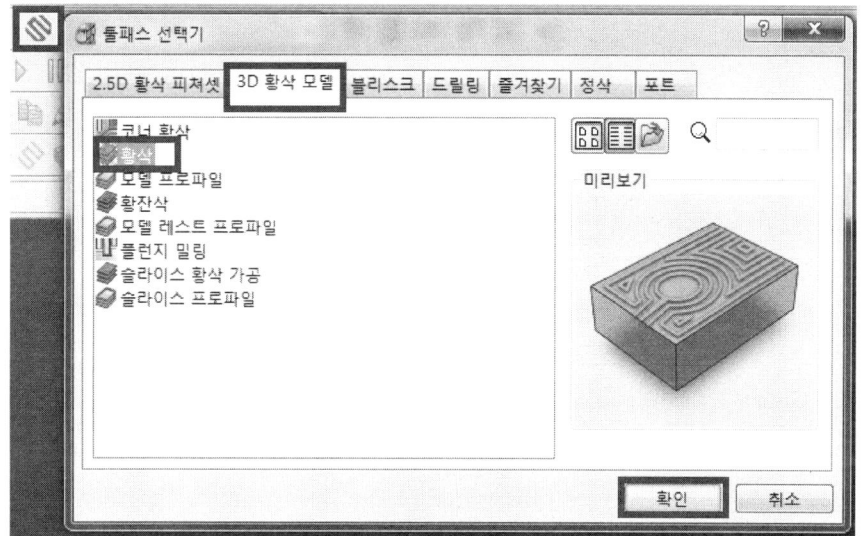

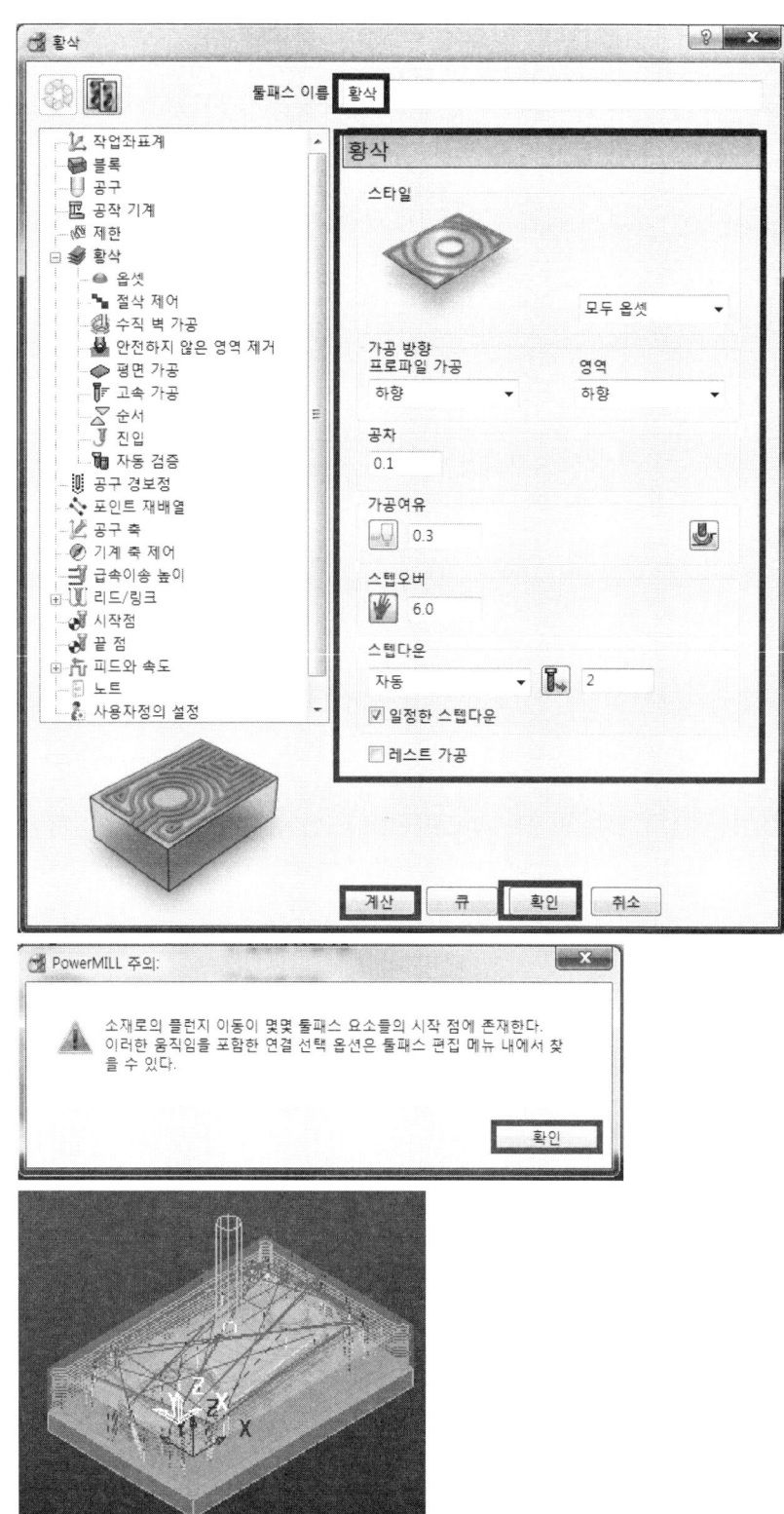

Step 10 가공전략을 이용 황삭 과 같은 방법으로 정삭 Tool-path를 생성한다.

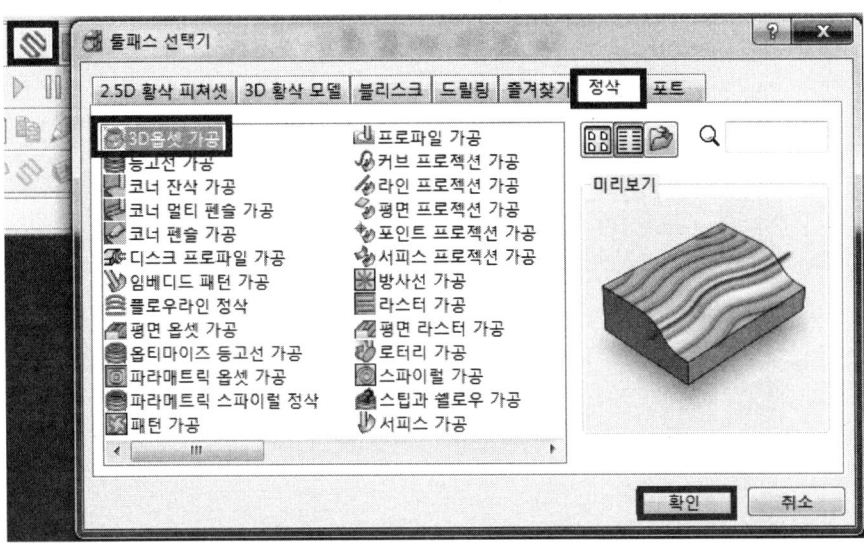

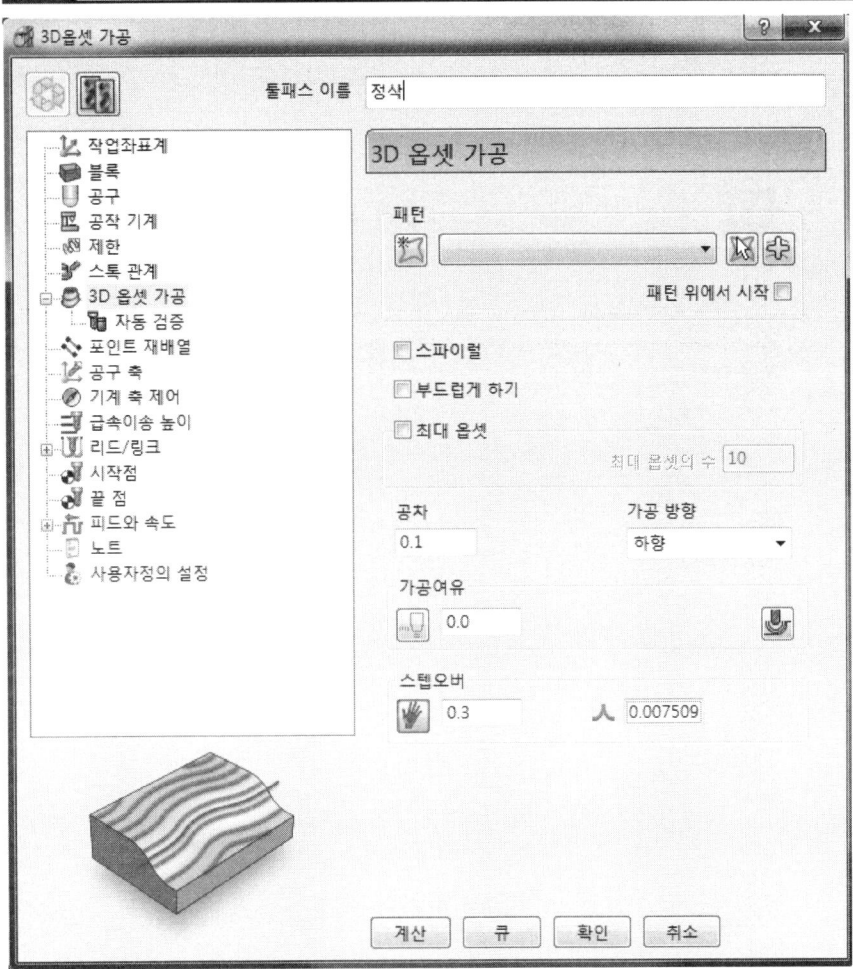

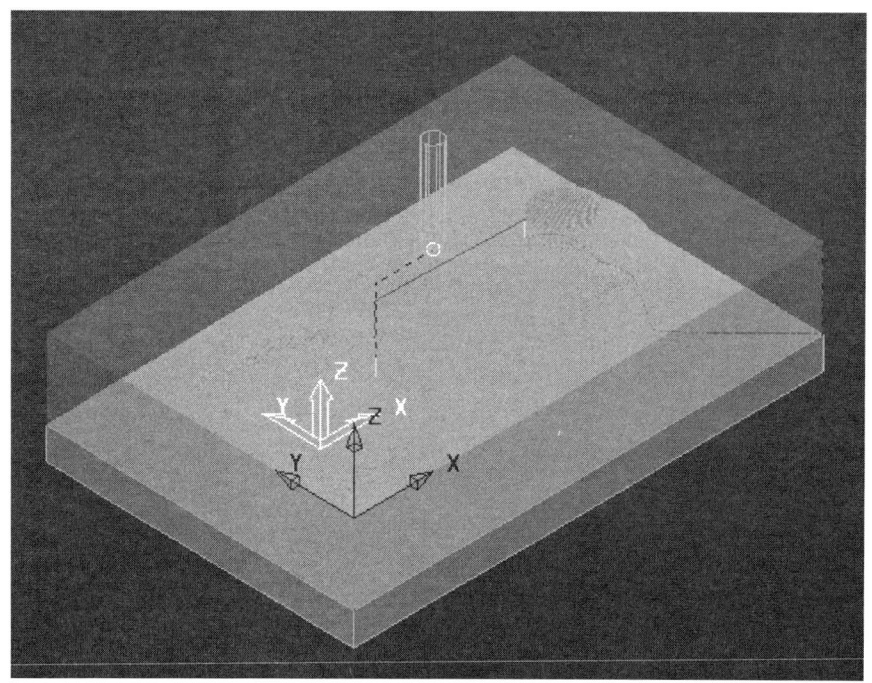

Step 11 생성된 툴패스를 확인하고 모의가공을 한다.

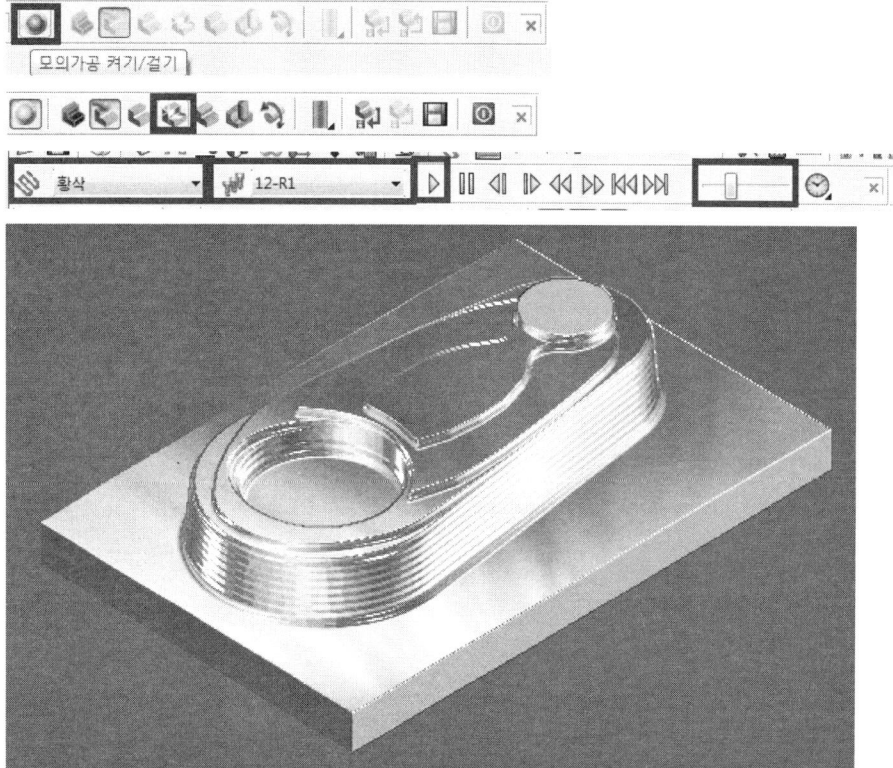

Chapter 04 CAM S/W(PowerMILL)를 이용한 프로그램

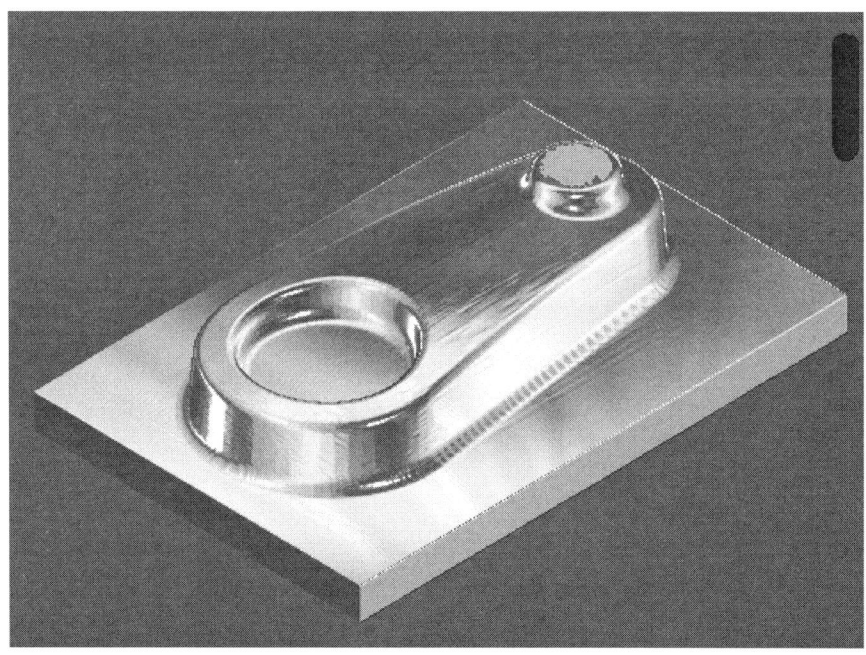

Step 12 생성된 툴패스를 선택하여 NC프로그램에 등록시킨다.

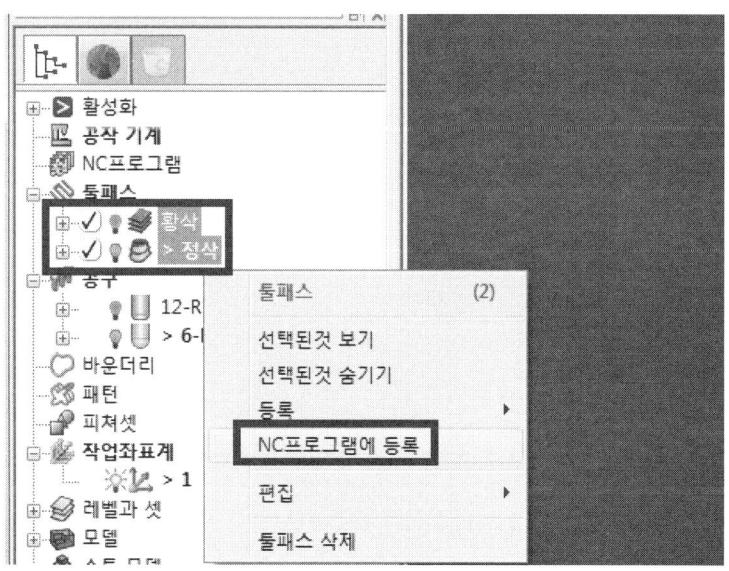

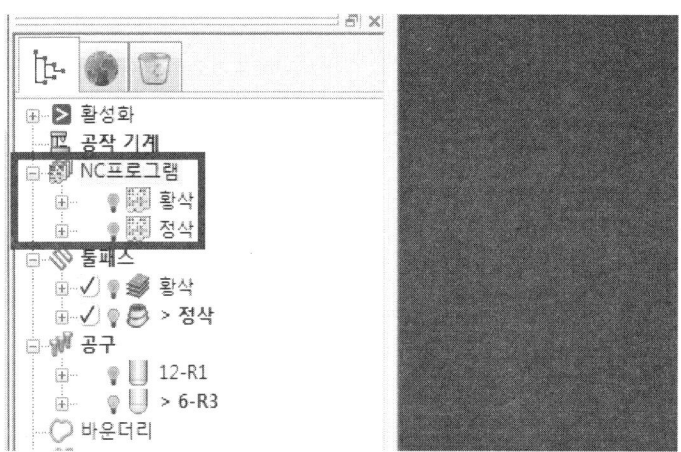

Step 13 등록된 NC프로그램을 선택하여 포스트프로세서 즉 NC프로그램을 생성시킨다.

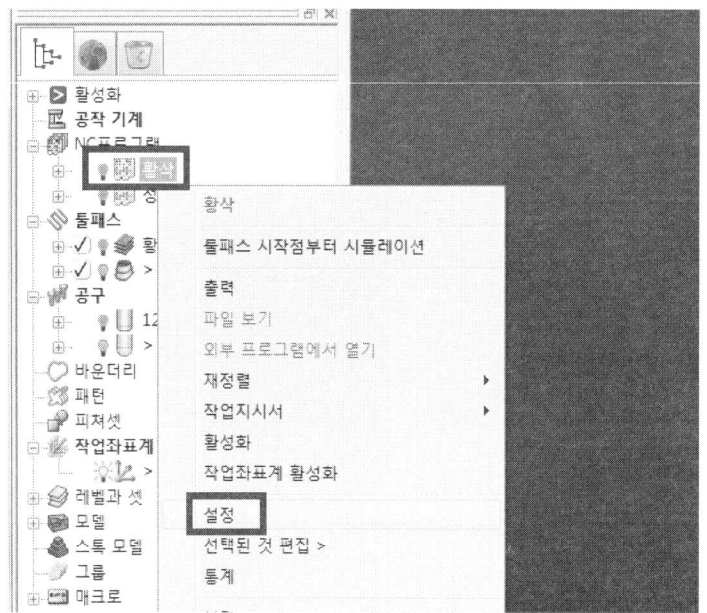

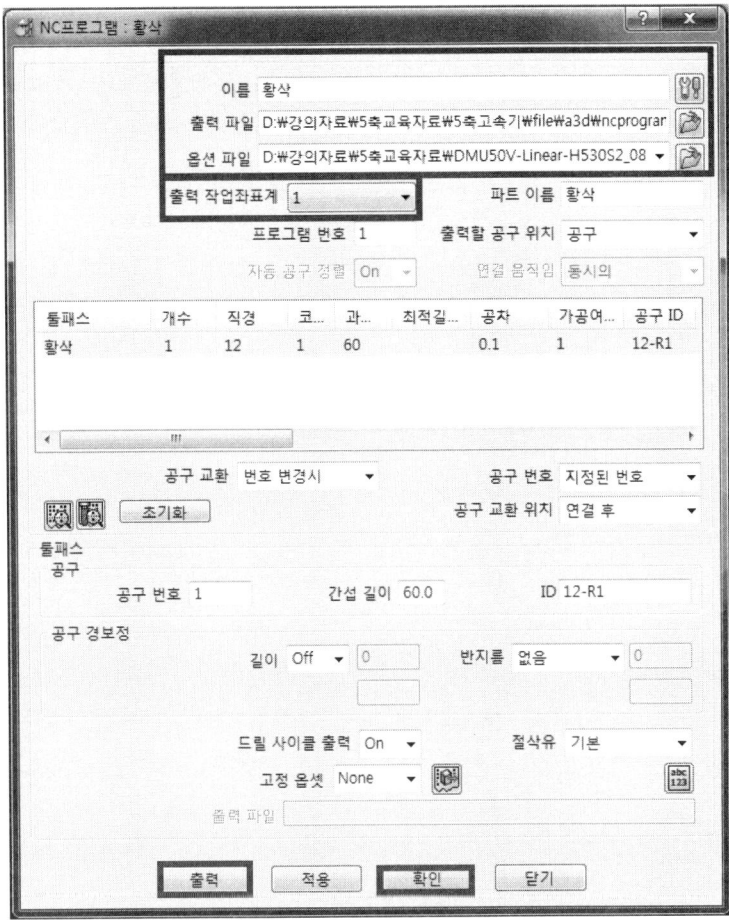

- 옵션파일 : 생성된 NC프로그램을 가지고 가공할 기계에 최적 POST(*.opt) 파일을 선택하여야 한다. 이는 CAM S/W제공하는 업체에 최적의 조건으로 설정된 파일을 받아야 한다.
- 출력 작업좌표계 : 여러 개 작업좌표계에서 사용자가 기계에서 좌표계설정에 사용할 작업좌표계를 선정해야 한다.

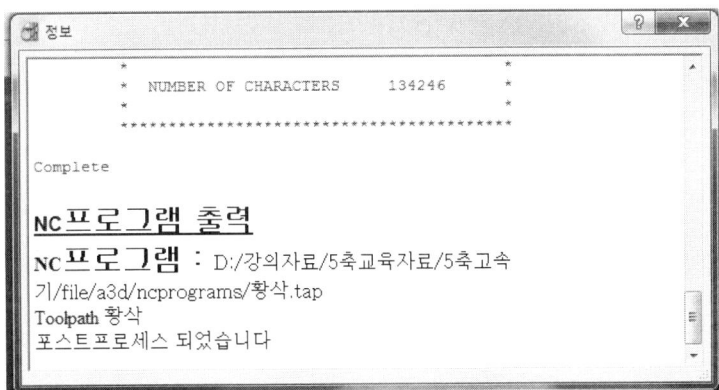

Step 14
출력된 NC프로그램을 확인한 후 기계에 전송하여 작업을 하면 된다.

```
0 BEGIN PGM 황삭 MM
10 : TOOL LIST :  1 tools
11 : No. ID                    Diameter  Tip Rad  Length
12 : 1   12-R1                 12.000    1.000    60.000
13 :
14 : ESTIMATED CUTTING TIME :  1 TOOLPATHS = 00:25:49 )
15 :
16 LBL 170
17 CYCL DEF 7.0 DATUM SHIFT
18 CYCL DEF 7.1 X0.000
19 CYCL DEF 7.2 Y0.000
20 CYCL DEF 7.3 Z0.000
21 PLANE RESET STAY
22 LBL 0
23 BLK FORM 0.1 Z X0.000 Y0.000 Z-35.0
24 BLK FORM 0.2 X150.0 Y100.0 Z0.000
25 L M126
26 CYCL DEF247 DATUM SETTING ~
27 Q339=+1
28 L M129
29 L Z-1 FMAX M91
30 L X-501 Y-421 R0 FMAX M91
31 L B0.0 C0.0 FMAX M94 C
```

② 3+2D 형상 프로그램

　머시닝센터에 스핀들 축에서 가공형상을 밑으로 볼 때 언더컷이 있어 가공이 불가능한 형상을 언더컷이 있는 바닥면을 XY평면이 되게 즉 언더컷이 생기지 않게 공작물을 B,C축을 이용 회전시킨 후 NC프로그램을 생성하여 가공을 하게 된다.
　즉 언터컷이 생기지 않게 작업좌표계를 설정하고 활성화 시킨 다음 툴패스를 생성하는 방법은 3축과 동일하다. 다른 점은 포스트 프로세서시 출력 작업좌표계를 사용자가 좌표계설정하려는 작업좌표계를 선정하고 하면 된다. 그래서 포스트프로세시 사용하는 작업좌표계의 이름을 POST로 변경해 두면 혼돈되지 않는다.

Step 01 파일 ⇒ 모델 불러오기에서 3+2auto.igs를 불러와 모델을 확인한다.

Step 02 블록을 정의한다.

Step 03 post 작업좌표계 및 언더컷 부분에 작업좌표계를 설정한다.

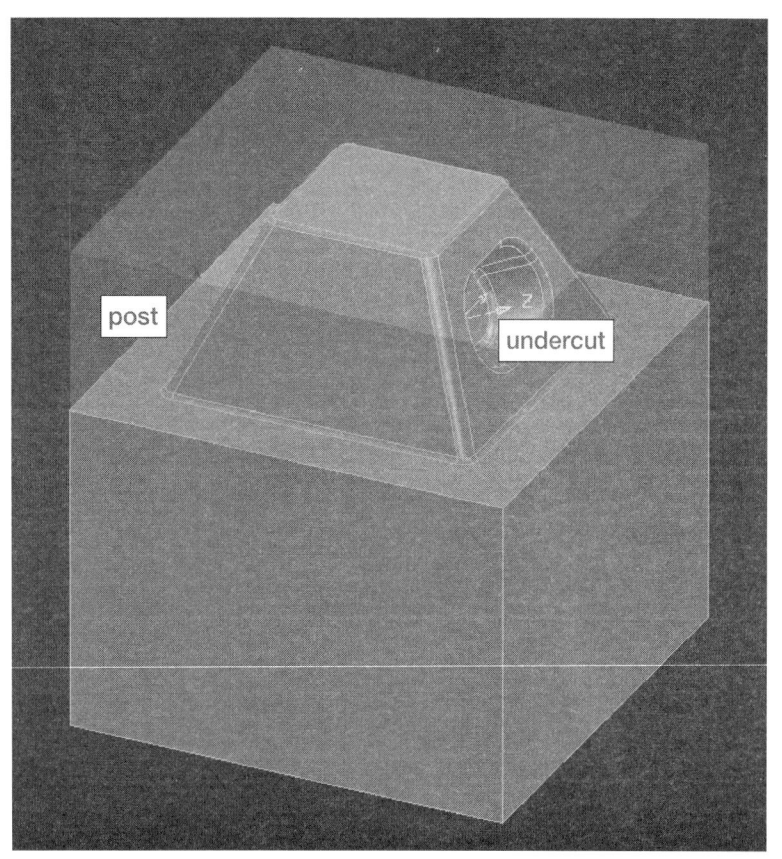

Step 04 직경 Ø12 코너 라운딩 R1인 공구를 선정한다.

Step 05 post 좌표계를 활성화하여 언더컷이 없는 부분에 툴패스를 생성한다.
※ 사용자는 언더컷 부분을 면으로 막고 툴패스를 생성할 것.

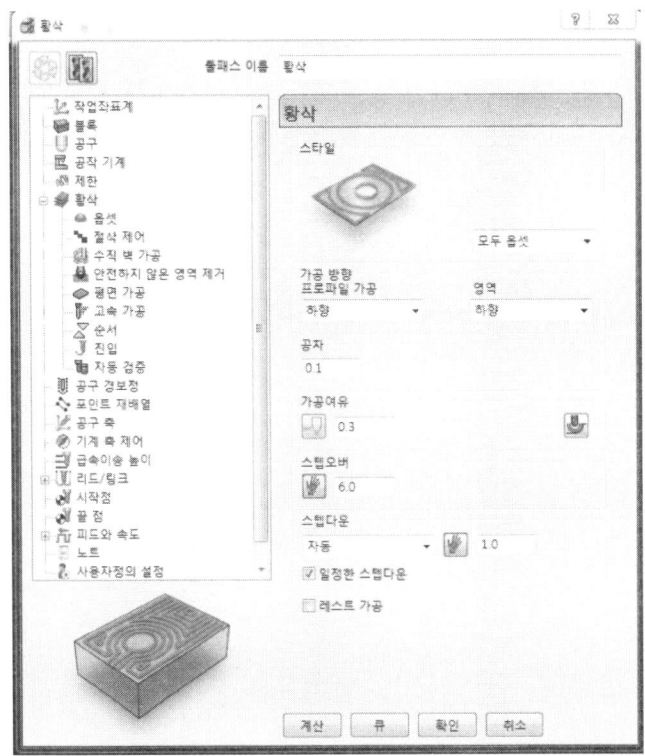

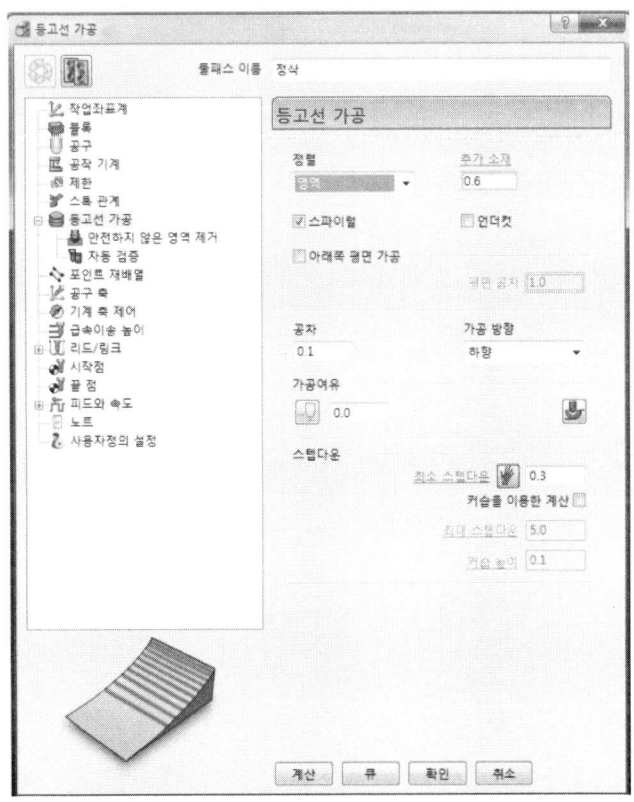

Step 06 언더컷 부분에 경사면을 선택하여 사용자정의 바운더리. 모델로 바운더리를 생성 후 바깥쪽의 바운더리를 삭제한다.

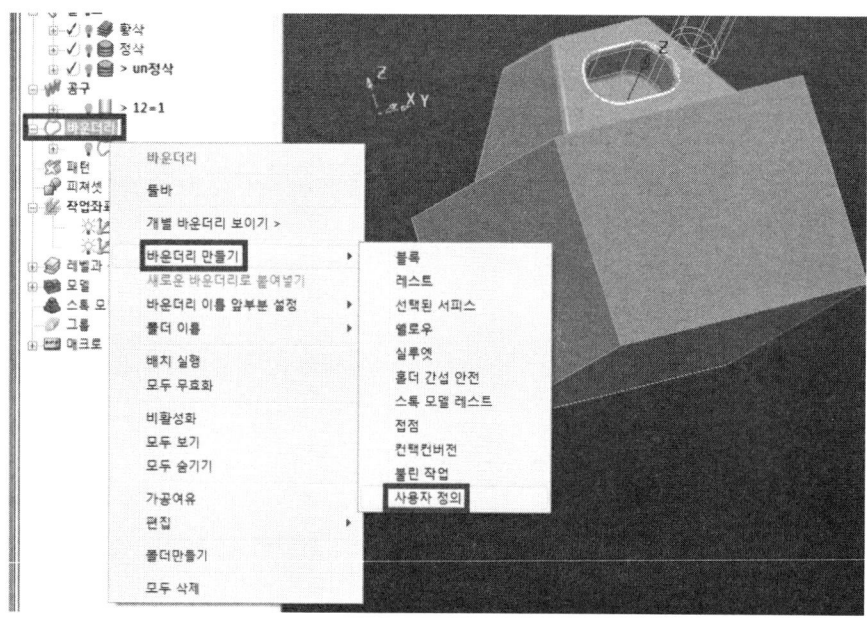

Step 07 언더컷 부분에 설정된 작업좌표계를 활성화 시키고 3축 방법과 같이 제한에서 바운더리 안쪽에 툴패스를 생성하면 된다.

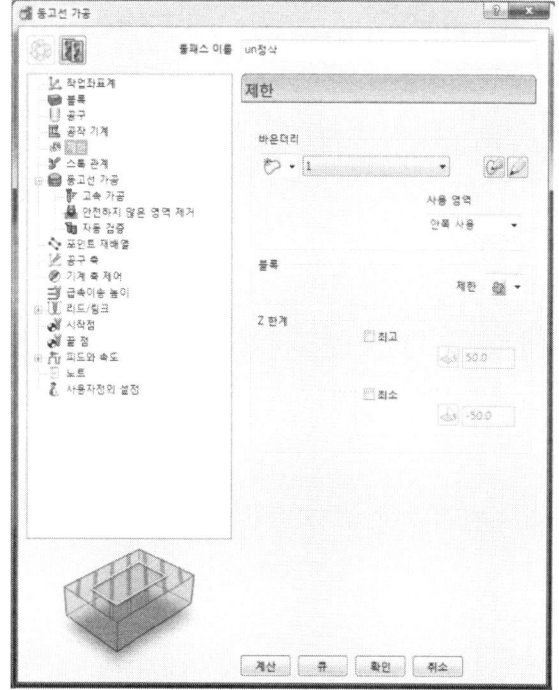

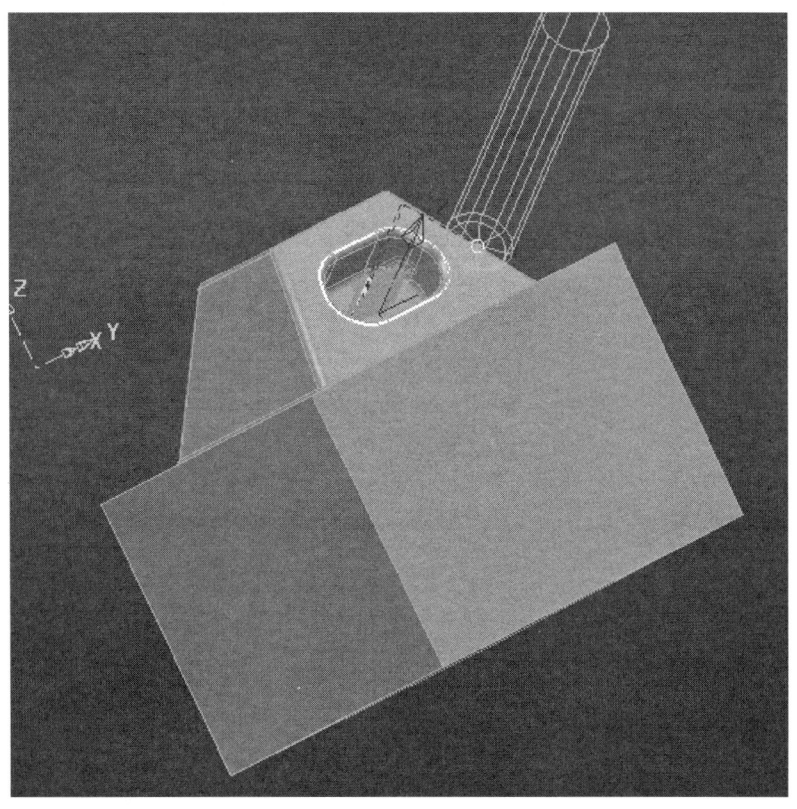

Step 08 NC프로그램을 생성하기 전에 모의가공 하여 툴패스를 확인 한다.

Step 09 생성된 툴패스를 NC프로그램 등록하면 NC프로그램 밑에 등록이 된다. 해당 프로그램의 오른쪽 마우스 설정을 선택한 후 해당 5축 가공기에 해당되는 옵션파일을 선택하고 출력작업좌표계를 틸팅이 아닌 3축 즉 포스트 좌표계에 선택이 중요하다.

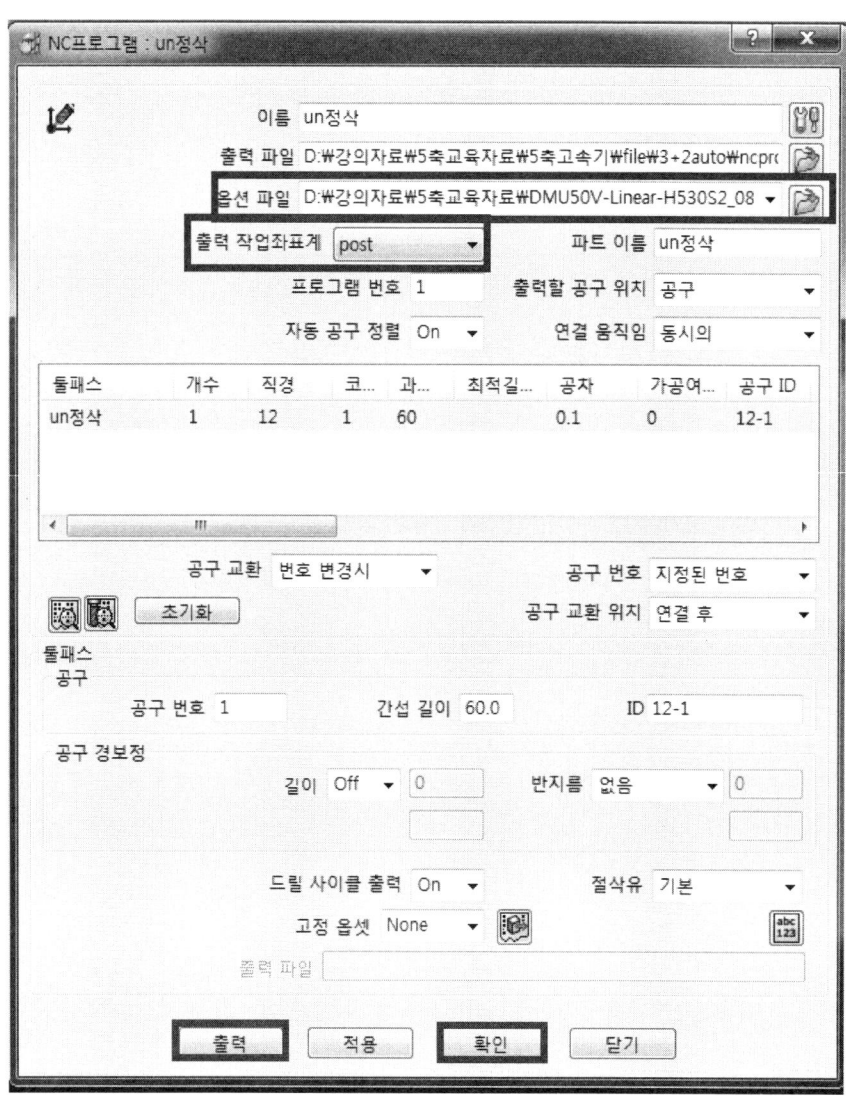

Step 10 생성된 NC프로그램을 확인하여 이상이 없으면 5축 가공기에 송신하여 가공을 한다.

```
39      Q2= +3000        : CUTTING FEEDRATE
40      Q3= +3000        : RAPID SKIM FEEDRATE
41      Q4= +50000       : RAPID FEEDRATE
42 CYCL DEF 32.0 TOLERANCE
43 CYCL DEF 32.1 T0.100
44 CYCL DEF 32.2 HSC-MODE:1 TA1
45 L M03
46 L M129
47 :                3 축
48 CALL LBL 170
49 CYCL DEF 7.0 DATUM SHIFT
50 CYCL DEF 7.1 IX+0.000
51 CYCL DEF 7.2 IY+0.000
52 CYCL DEF 7.3 IZ+0.000
53 PLANE SPATIAL SPA+0.000 SPB+0.000 SPC+0.000 STAY
54 L B+Q121 C+Q122 FMAX  M126
55 :
56 : =========
57 : TOOLPATH  : 정삭
58 : WORKPLANE : post
59 : =========
```

```
48 CALL LBL 170
49 L Z-1 FMAX M91       3+2축(undercut)
50 L X-501 Y-421 R0 FMAX M91
51 CYCL DEF 7.0 DATUM SHIFT
52 CYCL DEF 7.1 IX+45.610
53 CYCL DEF 7.2 IY+36.792
54 CYCL DEF 7.3 IZ-17.803
55 PLANE SPATIAL SPA+0.000 SPB+65.000 SPC+0.000 STAY
56 L B+Q121 C+Q122 FMAX  M126
57 :
58 : =========
59 : TOOLPATH  : un정삭
60 : WORKPLANE : undercut
61 : =========
62 L X+13.367 Y-1.792 FMAX
63 Z+35.000 FMAX
64 L X+0.744 Y-7.963 FMAX
65 L Z+14.883 FMAX
66 L Z+9.883 FQ1
67 L X+0.918 Y-7.627 FMAX
68 L X+1.033 Y-6.420 FMAX
69 L X+0.998 Y+3.642 FMAX
```

51~54 : Post 좌표계에서 틸팅(undercut)좌표계가 이동된 값을 나타낸다.
55~56 : Y축으로 65도 회전 명령

5축 가공기 프로그램 및 가공 DMG/HEIDENHAIN iTNC 530/PowerMILL

③ 5D 형상 프로그램

    5축 가공에서는 주축 및 테이블이 직선운동과 함께 회전운동이 되면서 가공이 되므로 3축 및 3+2축에서는 공구 축을 수직으로만 설정했는데 5축 형상 가공에서는 공구 축을 형상에 따라 최적의 툴패스를 생성하기 위해 공구축을 리드/린 등에서 설정하여야 하고 적절한 가공방법을 선택하여야 최적의 프로그램을 생성할 수 있다.

    여기서는 PowerMILL에서 제공하는 가공방법을 통하여 5축 형상 툴패스 생성하는데 도움을 주고자 한다.

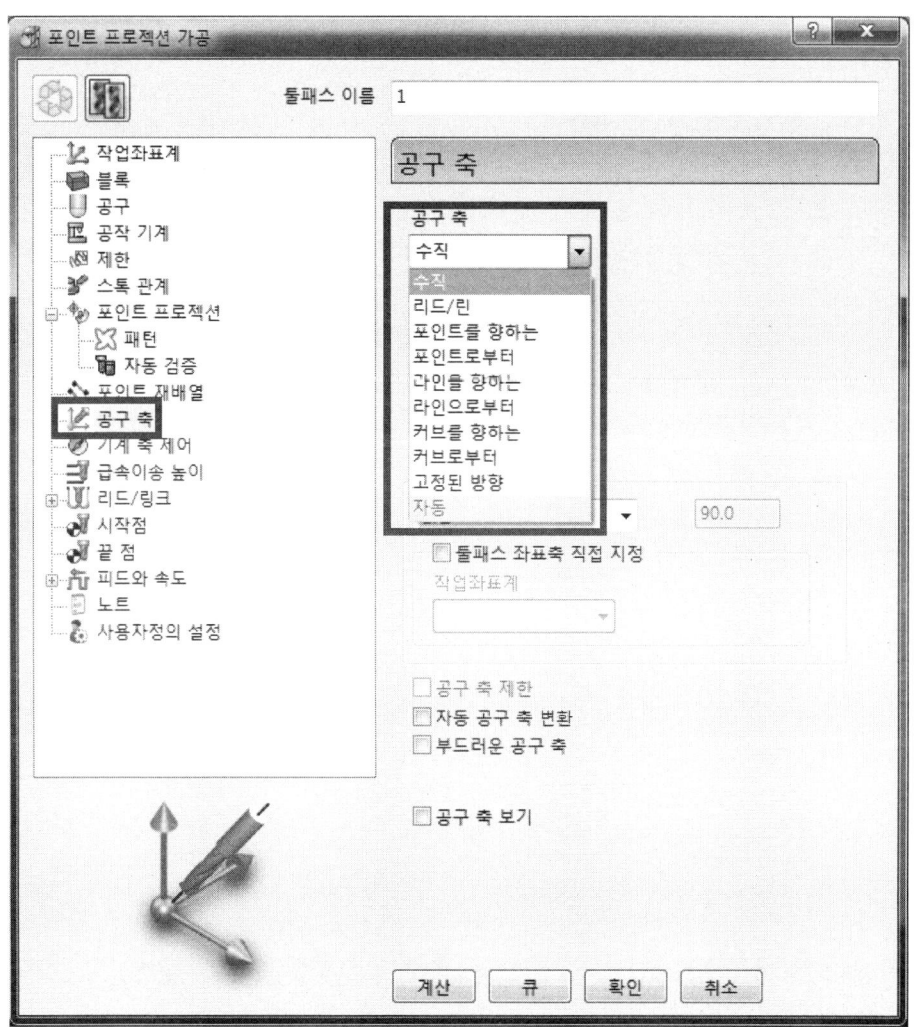

3.1 수직

수직옵션은 항상 공구가 가공 중에도 가공 면에 상관없이 항상 스핀들 방향(Z축)으로 제어되어 가공하는 방법으로 언더컷부분이 없는 3축이든 3+2축에서 틸팅 후 제어되는 방법이다. 3축에서도 볼 앤드밀 가공에서 조도향상 및 dead point(절삭속도 0)를 없애기 위하여 공구든 가공 면을 틸팅 하여 가공하는 경우도 있다.

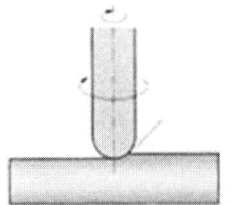 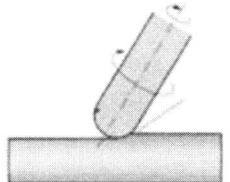

3.2 리드/린(Lead/Lean)

리드(Lead)는 공구 진행방향에 대해 공구가 앞/뒤로 기울어지는 각도를 말하며, 린(Lean)은 공구 진행 방향에 대해 좌/우로 기울어지는 각도를 말한다.

양쪽 각이 0 이면 공구는 가공 면에 툴 패스가 법선방향(normal)으로 정렬 될 것이고(Dead Point : V=0), Z축 같은 평면가공에서는 리드/린은 0으로 하면 공구축이 수직인 경우와 같이 Dead Point : V=0가 된다. 즉 경사면에서 리드/린은 0으로 하면 Dead Point : V=0가 생기나 수직으로 하면 Dead Point가 존재하지 않는다.

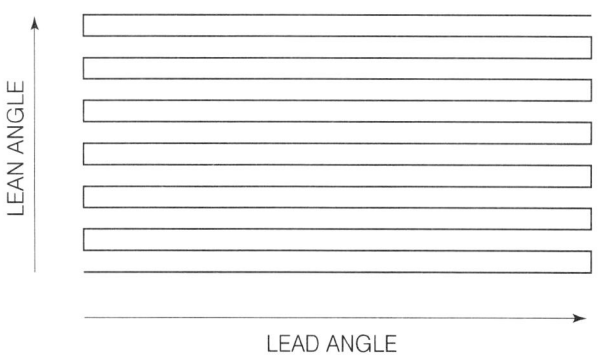

리드/린은 측벽이 깊어 공구길이가 길어서 떨림 현상으로 가공이 어려운 측벽의 코너 부분 가공에 적용하여 짧은 공구로 가공을 하여 효율을 높일 수 있다.

리드/린의 각도를 이해를 돕고자 평면을 만들에 실제로 적용하고자 한다.

① PowerMILL를 로딩하든지 작업 중이면 화면에서 오른쪽 마우스에서 모두삭제 및 도구에서 모든 폼 초기화를 한다.

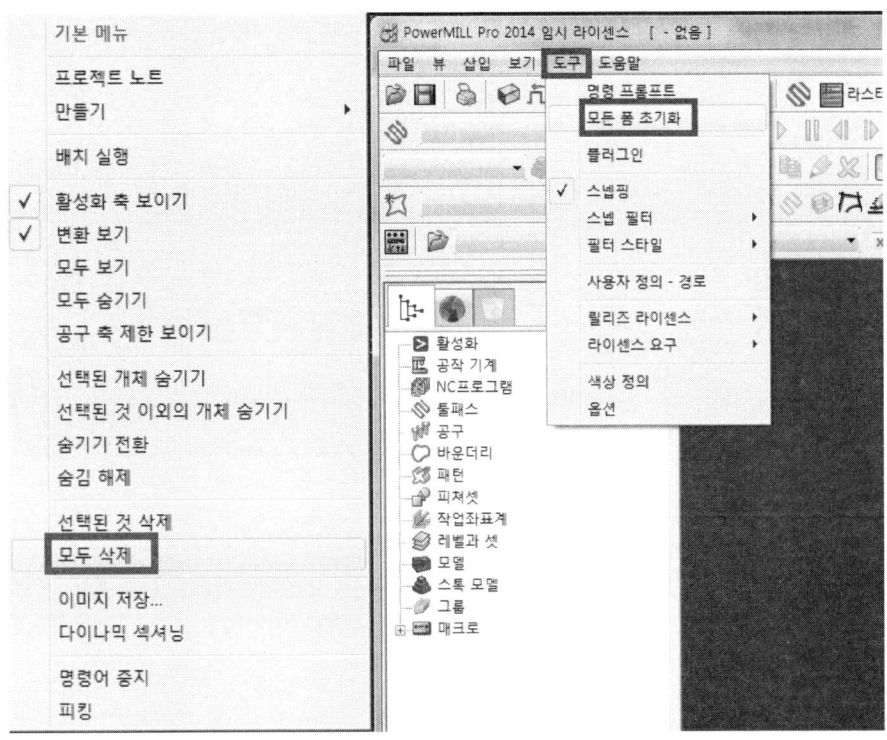

② 블록을 설정하고 평면을 만들고 급속이송높이 시작점 끝점을 설정한다.

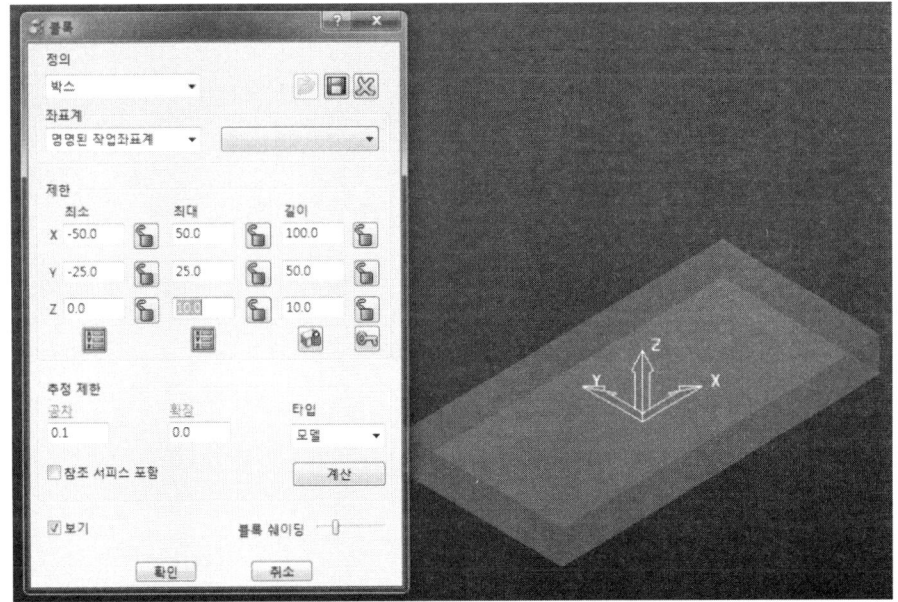

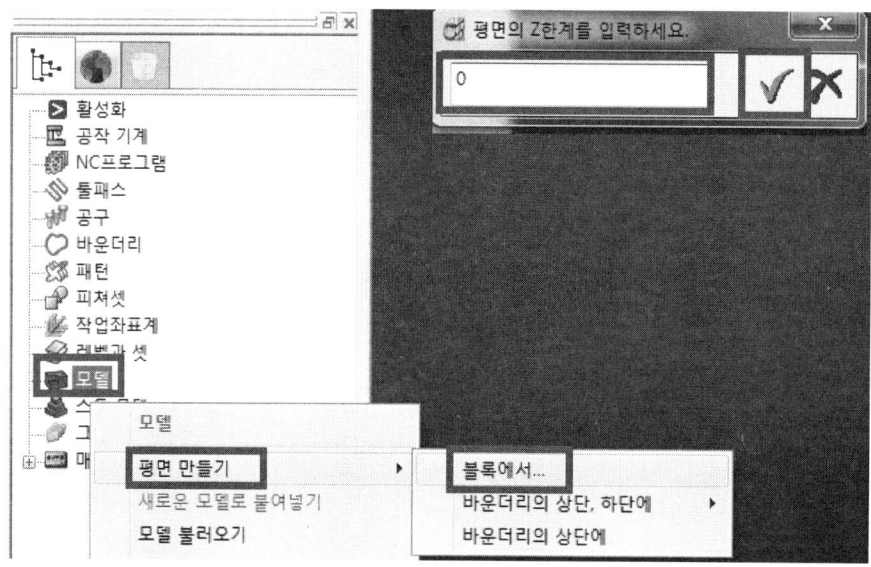

③ Ø10 볼 앤드밀을 만들고 라스터 정삭 툴패스를 선택하고 스탭오버를 5로 하고 공구축을 수직, 리드/린 : 0 리드/린에 일정한 값(30)을 설정하고 툴패스 복사 생성하여 비교해본다.

여기서는 수직과 리드/린이 0인 경우는 같다는 것을 확인할 수 있고 리드는 공구 진행방향으로 기울어지는 값이 양의 값이고, 린은 공구진행방향에 왼쪽으로 기울어지는 것이 양의 값을 확인할 수 있다.

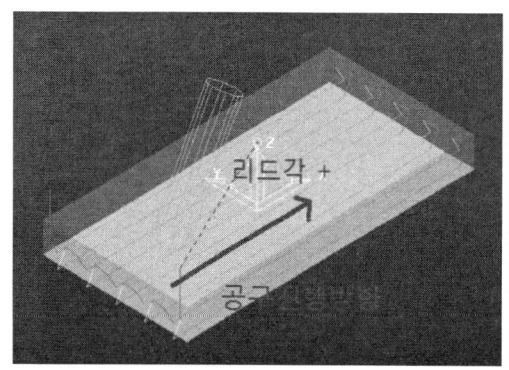
〈리드 30, 린0〉

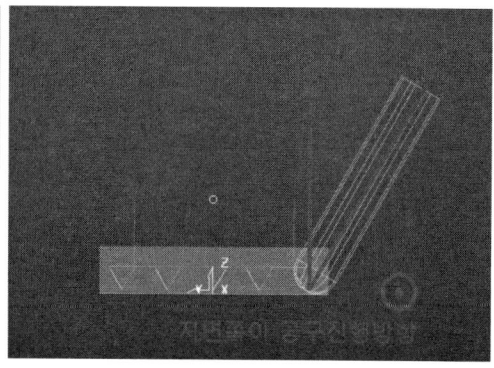
〈리드0, 린 −30〉

예제 1 깊은 측벽 부분 리드/린   *Step by Step*

Step 01 모두 삭제, 모든 폼 초기화를 한다.

Step 02 좌측 탐색기 모델/기본메뉴 파일 ⇒ 모델 불러오기에서 data 폴더에 있는 3plus2b.dgk 를 불러온다.

Step 03 블록을 정의하고 블록 중앙상단에 작업좌표계를 생성한다.

Step 04 볼 앤드밀 Ø16을 정의하고 생크 및 홀더를 생성하고 공구축을 수직으로 등고선 툴패스를 생성해 보면 측벽에 공구길이가 짧아서 홀더에 간섭이 생겨 가공이 어렵다. 이런 측벽 아래 부분을 공구축을 리드/린으로 하여 생성한다.

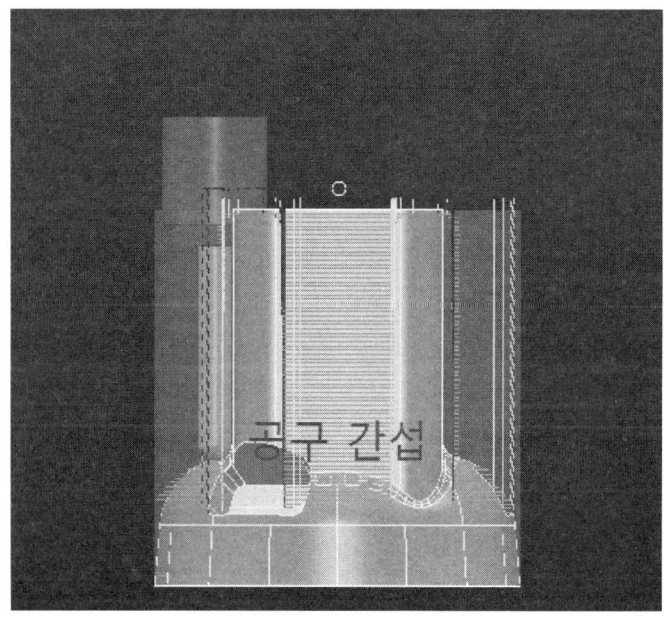

Step 05 시작점을 블록중심에서 하게되면 충돌의 위험이 있으므로 절대값으로 하여 -100,0,50으로 설정한다.

Step 06 리드/링크를 설정한다.

	Z 높이	스킴거리 15	플런지 거리 5
리드 인	수직원호	각도 90	반지름 6
리드 아웃	수직원호	각도 90	반지름 6
연장	없음		
링크	스킴		

Step 07 툴패스 전략 에서 정삭 평면프로젝션 가공을 선택하고 옵션을 설정한다.

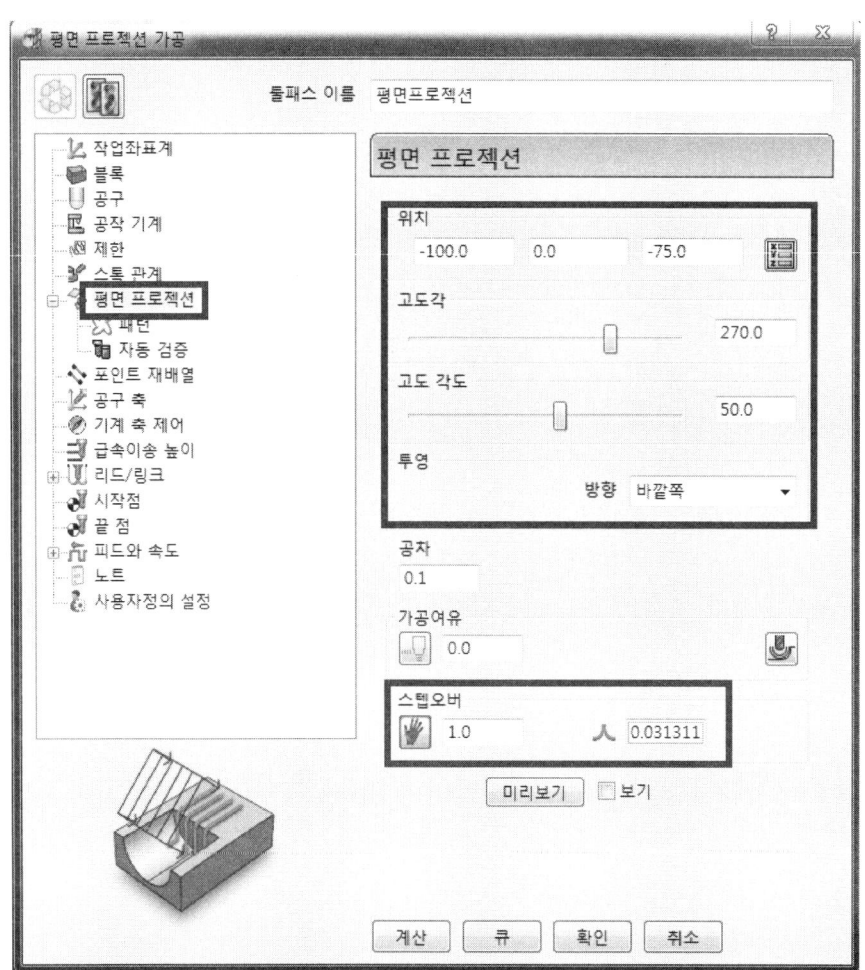

위치 : 평면이 만들어지는 점
고도각 : 0도에서 평면이 만들어지는 각도
고도 각도 : 수직에서 지정한 값 만큼 좌우로 평면이 생김

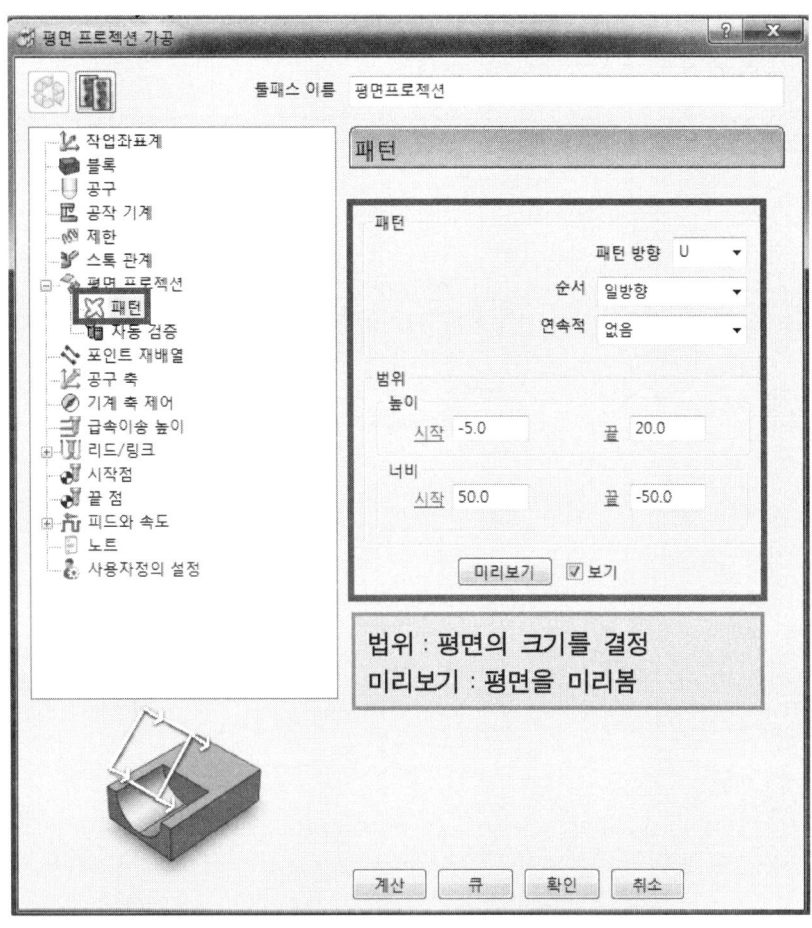

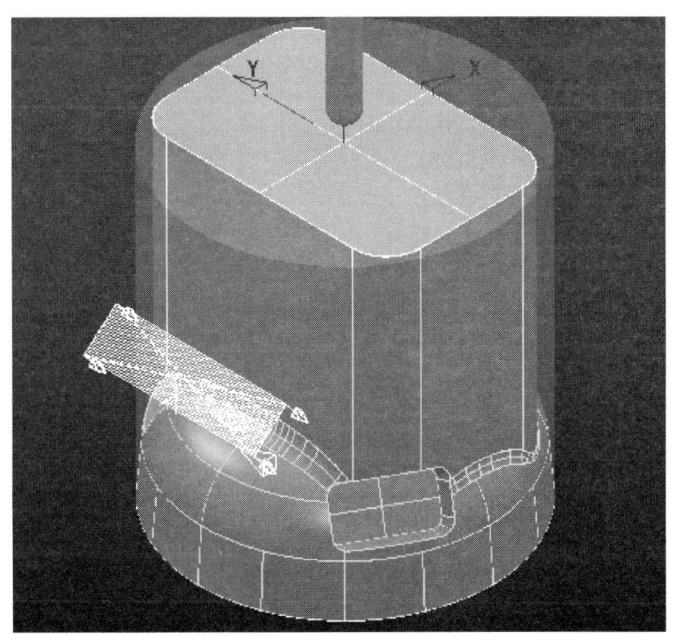

Step 08 공구축에서 리드/린으로 선정하고 그 값에 0을 입력하고 툴패스를 생성 후 확인하면 간섭이 없음을 확인할 수 있다.

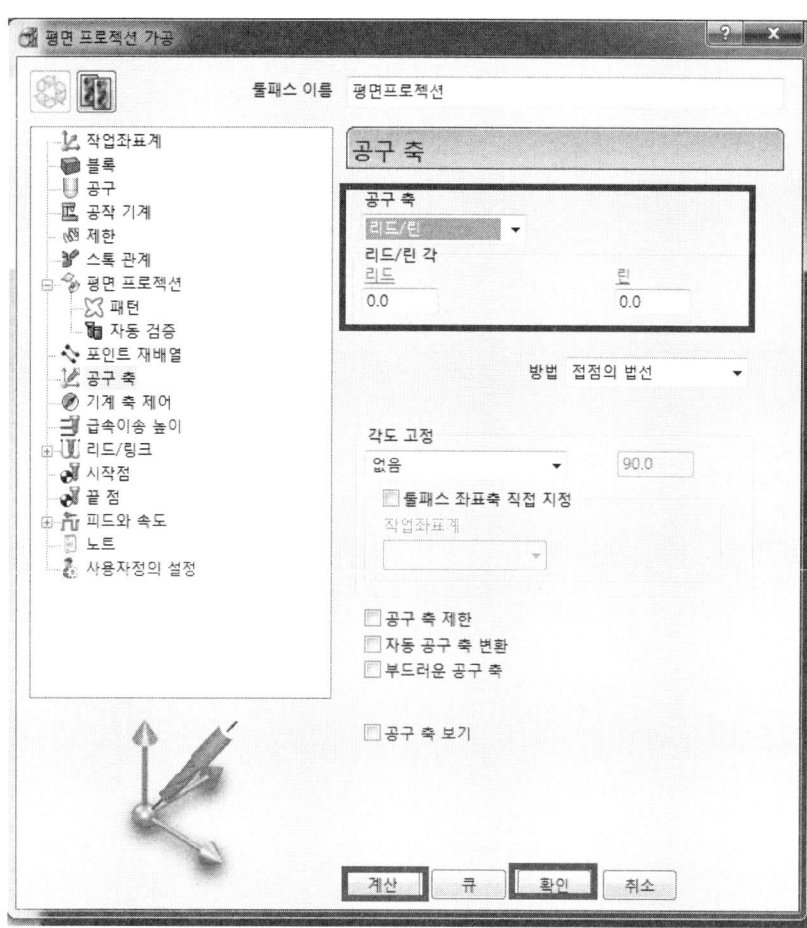

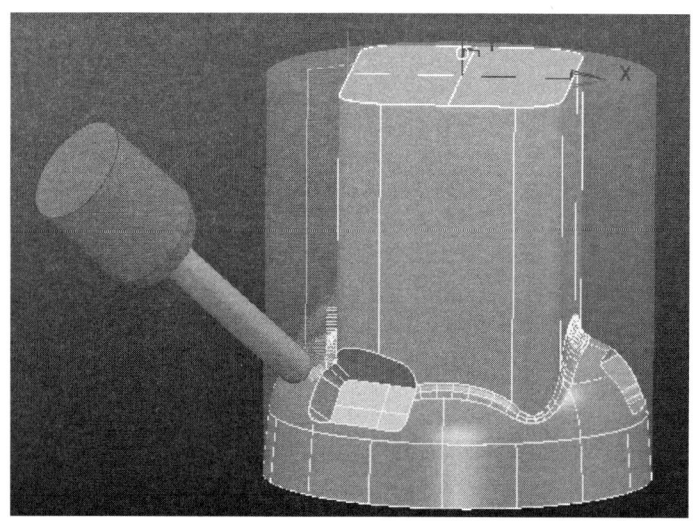

예제 2 언더컷이 있는 형상 리드/린   Step by Step

Step 01 모두 삭제, 모든 폼 초기화를 한다.

Step 02 좌측 탐색기 모델/기본메뉴 파일 ⇒ 모델 불러오기에서 data 폴더에 있는 joint5axis.dgk 를 불러온다

Step 03 블록을 정의하고 작업좌표계는 블록 중앙하단에 있는 월드 좌표계를 사용한다.

Step 04 볼 앤드밀 Ø25을 정의하고 급속이송높이 및 시작점 끝점을 정의한다.

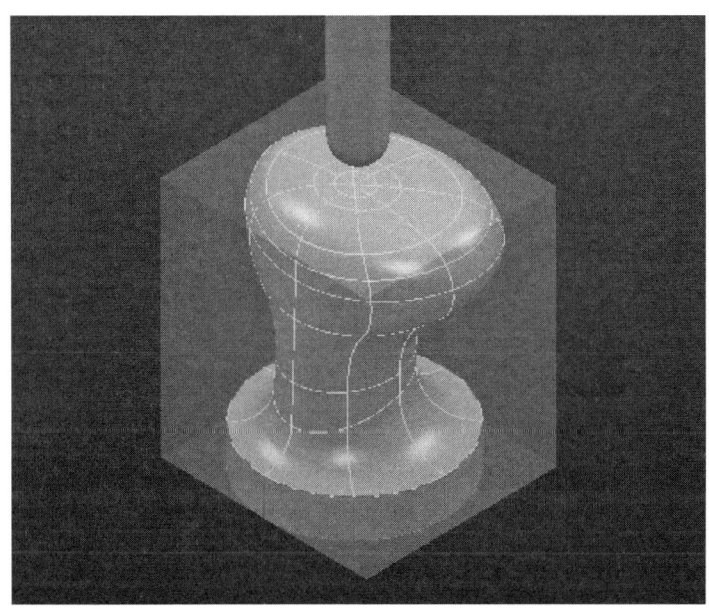

Step 05 리드/링크를 설정한다.

Z 높이	스킴거리 45	플런지 거리 10	
리드 인	없음		
리드아웃	없음		
연장	없음		
링크	스킴		

Step 06 툴패스 가공방법 (Toolpath Strategies) 아이콘 을 선택하고 정삭 탭을 선택한 후 라인 프로젝션가공 선택하고 옵션을 설정한다.

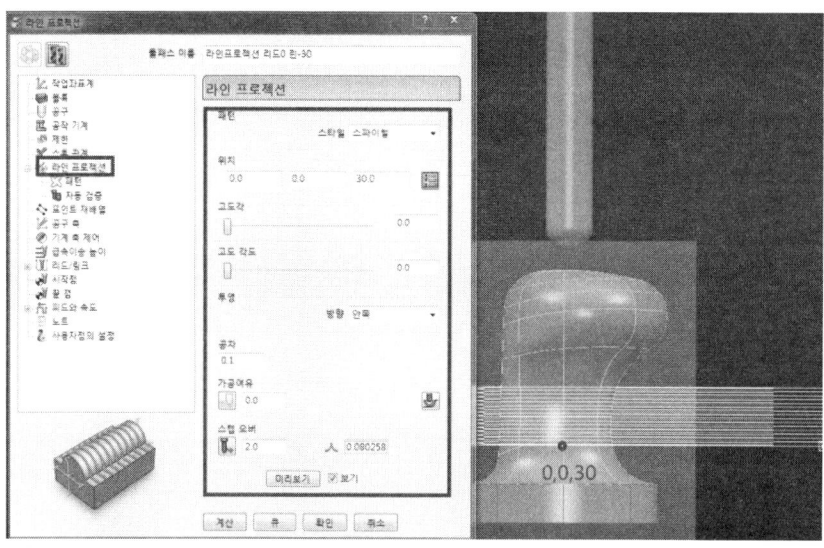

위치 : 작업좌표계 기준 라인 시작점

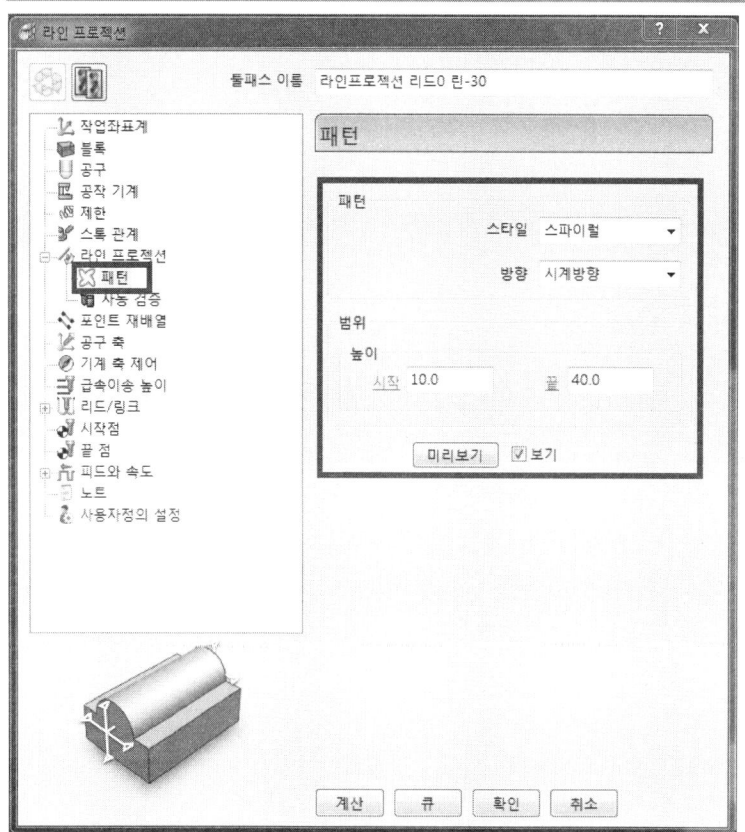

위치 : 작업좌표계 기준 라인 시작점범위 : 툴패스 생성범위 즉 라인 시작점 Z30에 10를 더해서 Z40에서 Z70까지 툴패스가 생성된다.

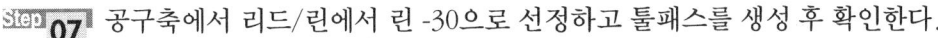

Step 07 공구축에서 리드/린에서 린 -30으로 선정하고 툴패스를 생성 후 확인한다.

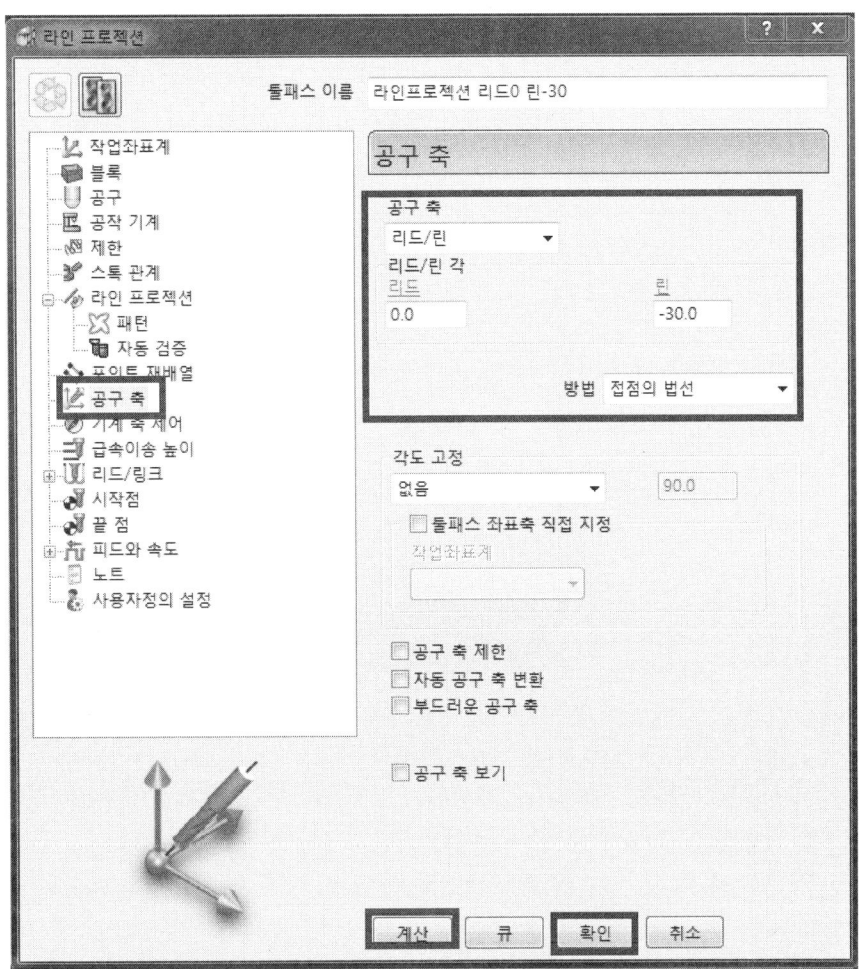

3.3 포인트를 향하는/ 포인트로 부터

공구가 진행하면서 사용자가 정의한 점을 기준으로 공구축이 정렬되는 방법으로 오목 볼록한 구의 언더컷 형상에 적절하다. 즉 볼록한 언더컷 형상의 구에는 포인트를 향하는, 오목한 언더컷 형상의 구에는 포인트로 부터가 적합하다.

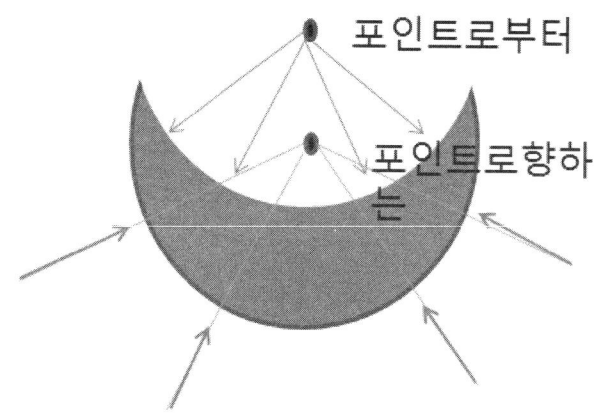

예제 1 볼록한 언더컷 형상, 포인트를 향하는　　　　Step by Step

Step 01 모두 삭제, 모든 폼 초기화를 한다.

Step 02 좌측 탐색기 모델/기본메뉴 파일 ⇒ 모델 불러오기에서 data 폴더에 있는 joint5axis.dgk를 불러 온다

Step 03 블록을 정의하고 작업좌표계는 블록 중앙하단에 있는 월드 좌표계를 사용한다.

Chapter 04 CAM S/W(PowerMILL)를 이용한 프로그램

Step 04 볼 앤드밀 Ø25을 정의하고 급속이송높이 및 시작점 끝점을 정의한다.

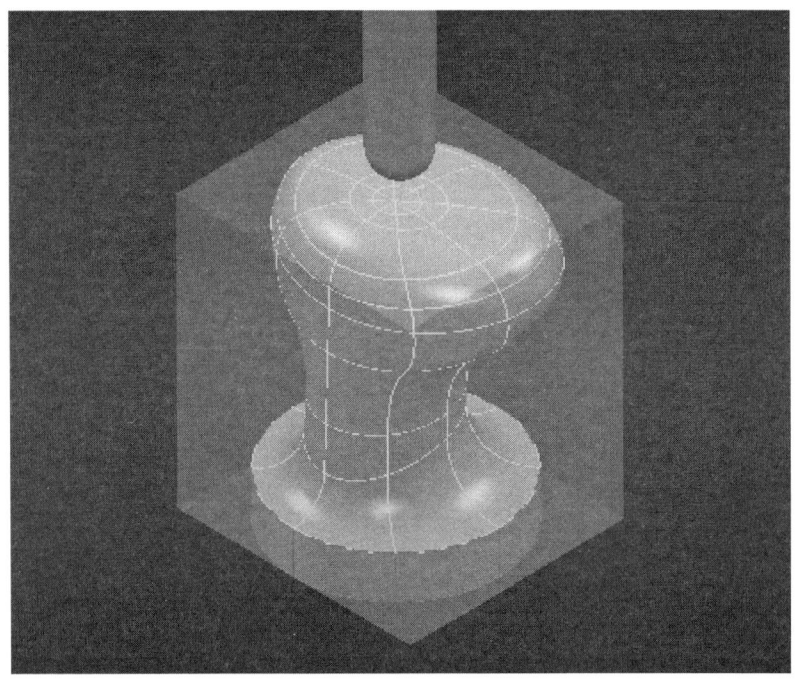

Step 05 리드/링크를 설정한다.

Z 높이	스킴거리 45	플런지 거리 10	
리드 인	수평아크	각도 90	반지름 6
리드아웃	수직아크	각도 90	반지름 6
연장	연장된 이동	거리 30	
링크	스킴		

Step 06 툴패스 가공방법 (Toolpath Strategies) 아이콘 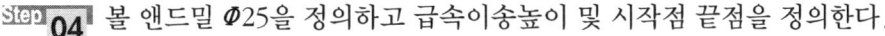 을 선택하고 정삭 탭을 선택한 후 포인트 프로젝션가공 선택하고 옵션을 설정한다.

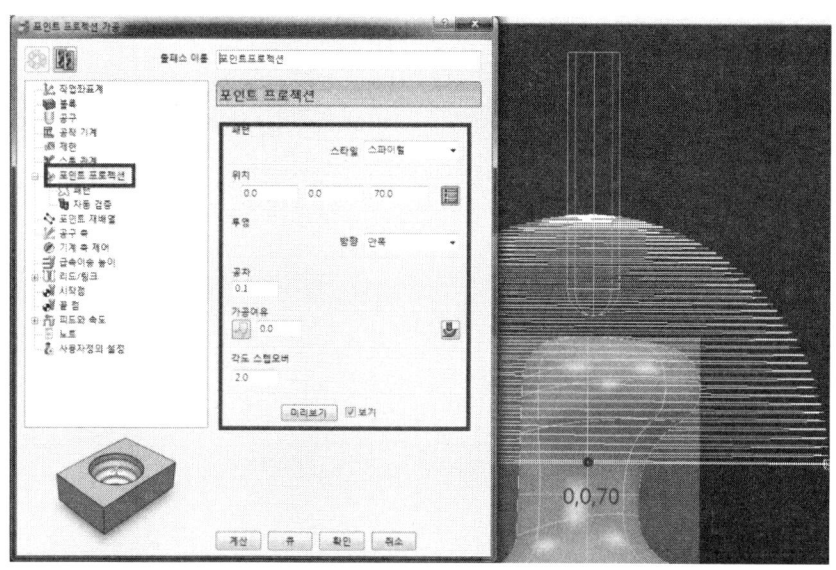

위치 : 작업좌표계 기준 구의 중심점

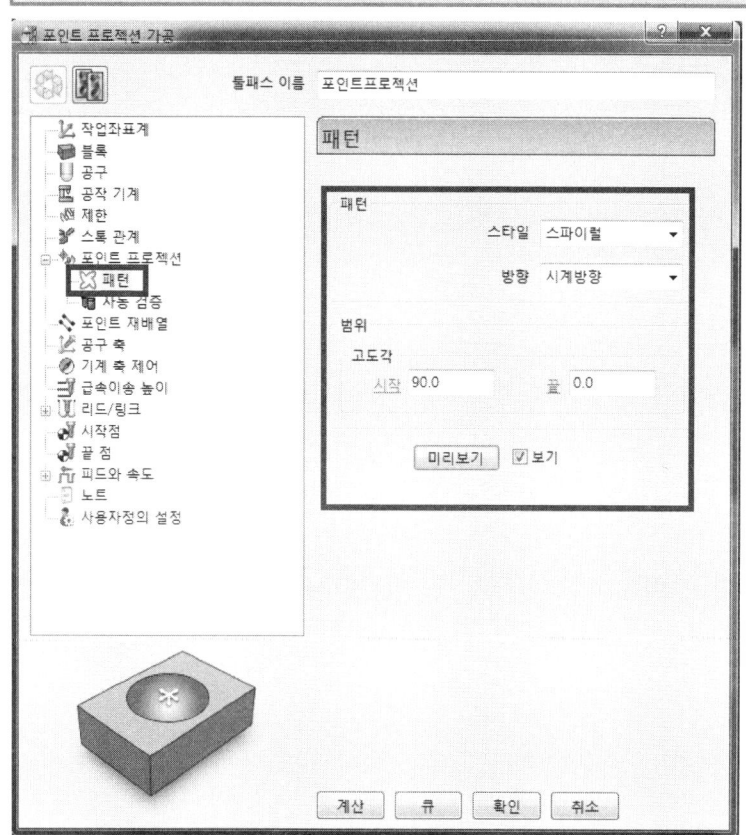

법위 : 툴패스 생성범위 즉 수직 90도에서 시작하여 수평축 0도까지 툴패스가 생성된다.

Step 07 공구축에서 포인트를 향하는 에서 0,0,50으로 선정하고 툴패스를 생성 후 확인하되 0,0,50은 공구가 진행하면서 바라보는 점이고, 즉 구의 시작점 Z70보다는 작게 설정해야 공구간섭이 일어나지 않는다. 또한 포인트로부터는 각자 모델링하여 스스로 툴패스를 생성하여 이해해주길 바랍니다.

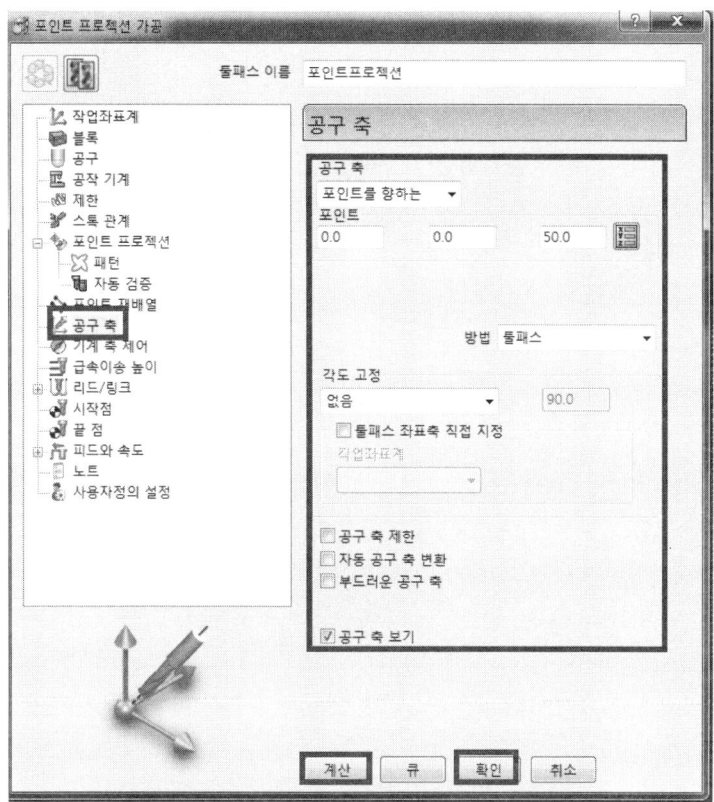

3.4 라인을 향하는/ 라인으로부터

공구가 진행하면서 사용자가 정의한 점과 벡터 값을 갖는 직선을 기준으로 공구축이 정렬되는 방법으로 오목 볼록한 실린더 언더컷 형상에 적절하다. 즉 볼록한 실린더 언더컷 형상에는 라인을 향하는, 오목한 실린더 언더컷 형상에는 라인으로 부터가 적합하다.

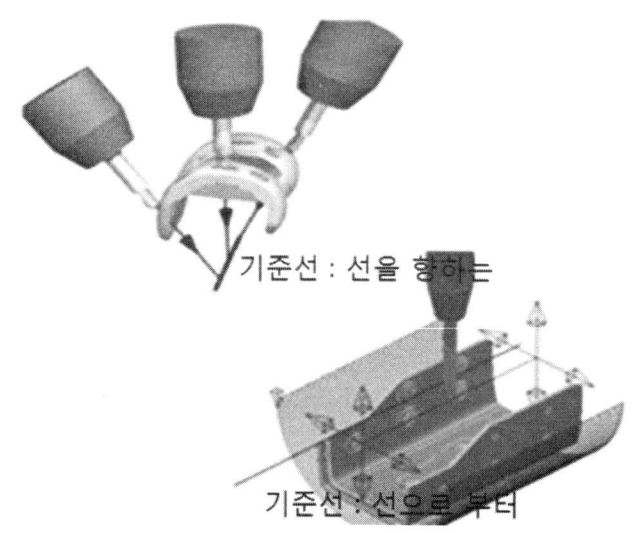

기준선 : 선을 향하는

기준선 : 선으로 부터

예제 1 오목한 실린더 언더컷 형상, 라인으로 부터 *Step by Step*

Step 01 모두 삭제, 모든 폼 초기화를 한다.

Step 02 좌측 탐색기 모델/기본메뉴 파일 ⇒ 모델 불러오기에서 data 폴더에 있는 from-line-model.dgk 를 불러온다.

Step 03 블록을 박스로 정의하고 작업좌표계는 블록 좌측하단에 있는 월드 좌표계를 사용한다.

Step 04 공구 : ∅12 길이 55인 볼 공구를 정의하고 생크는 지름이 12, 길이가 40, 홀더의 하단지름 25, 상단지름 40, 길이 40으로 하고 상, 하 지름 40, 길이 60, 가공 최적 길이 90인 홀더를 하나 더 추가해 공구를 생성하고 급속이송높이 및 시작점 끝점을 블록 중심 안전높이로 설정한다.

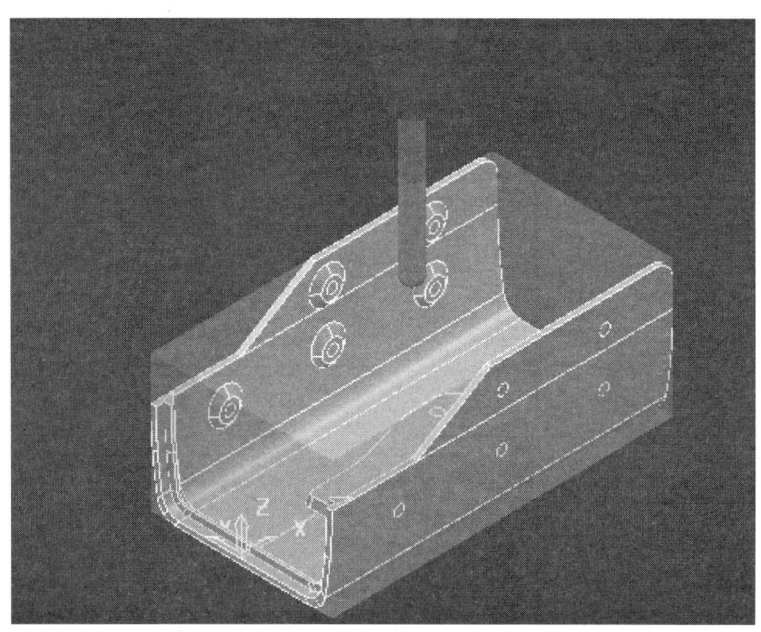

Step 05 리드/링크를 설정한다.

Z 높이	스킴거리 5	플런지 거리 5	
리드 인	없음		
리드아웃	없음		
연장	없음		
링크	짧은 원 및 원호	긴 스킴	

Step 06 툴패스 가공방법 (Toolpath Strategies) 아이콘 을 선택하고 정삭 탭을 선택한 후 라인 프로젝션가공 선택하고 옵션을 설정한다.

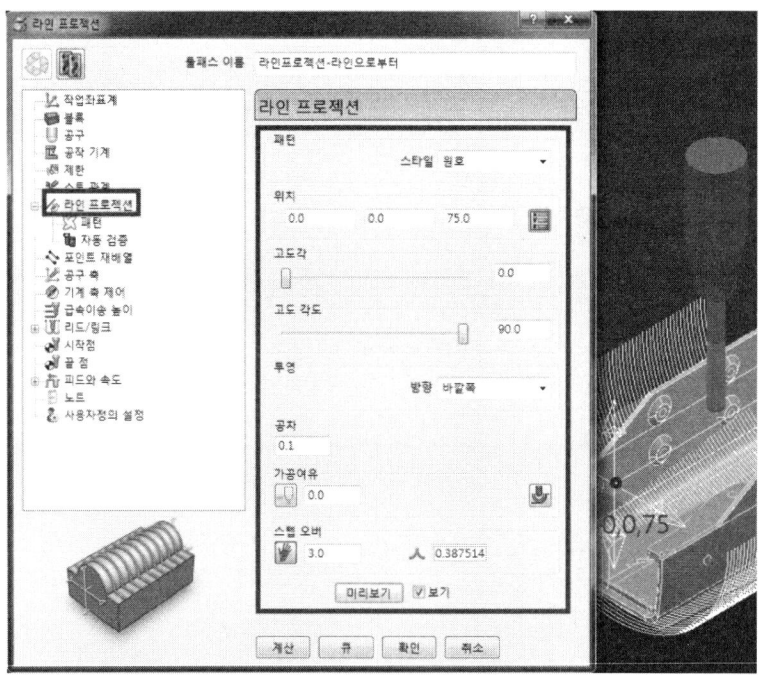

위치 : 툴패스 투영 라인 시작점

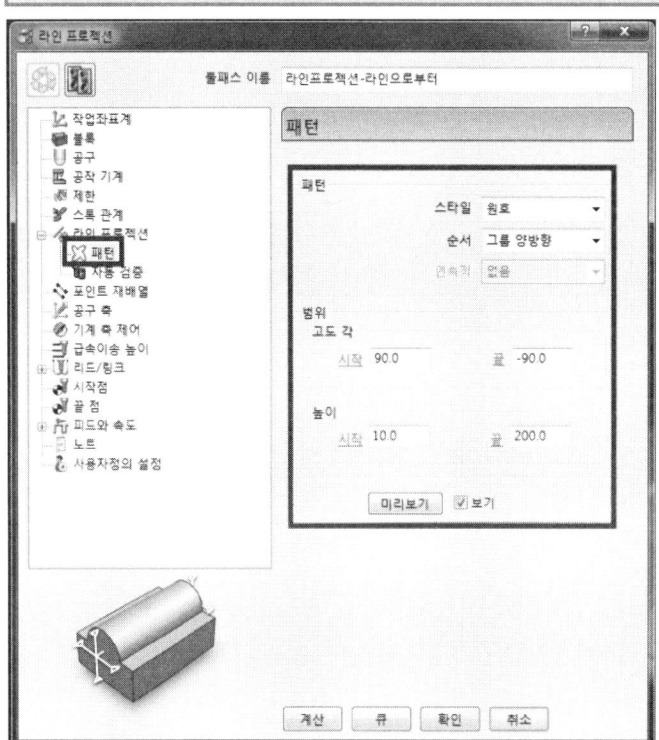

범위 : 수직 90도에서 시작하여 -90도까지, X10에서 X200 까지 툴패스가 생성된다.

Step 07 공구축에서 라인으로 부터는 0,0,100으로 선정하고 툴패스를 생성 후 확인하되 0,0,100이 공구가 진행하면서 기준점이고, 툴패스 방향 벡터는 방향에서 1,0,0이므로 X방향 즉 즉 패턴에서 높이 10, 200이 X10, X200를 나타나며, 라인으로부터의 포인트가 투영시작점 보다는 높게 설정한다.

또한 라인을 향하는 을 각자 모델링하여 스스로 툴패스를 생성하여 이해해주길 바라며, 여기서는 정삭 툴패스 만 언급했으므로 황삭 및 아래 부분까지 공정도를 작성하여 완전한 제품이 나오도록 스스로 해보기릴 바랍니다.

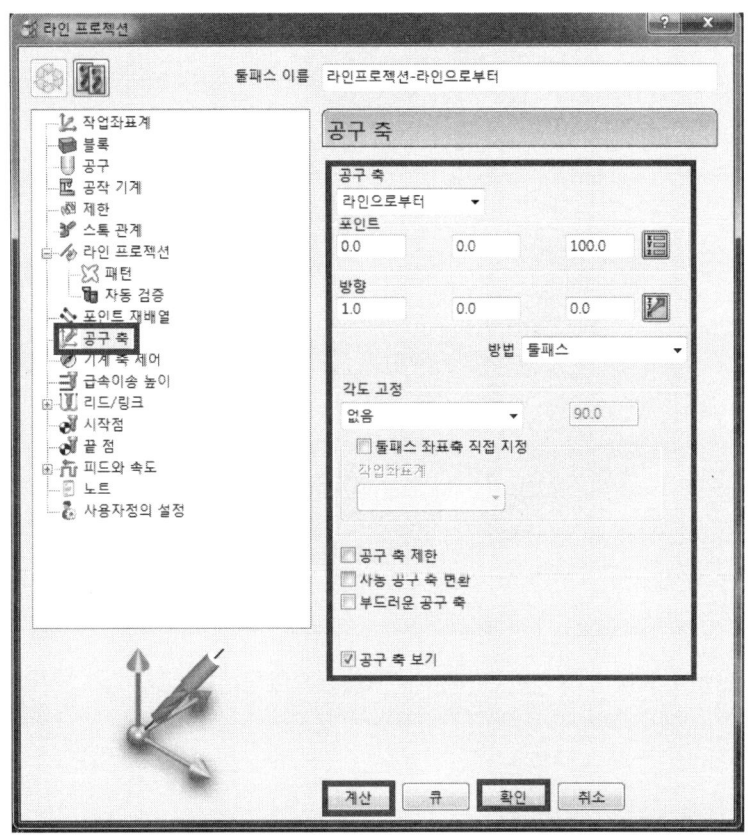

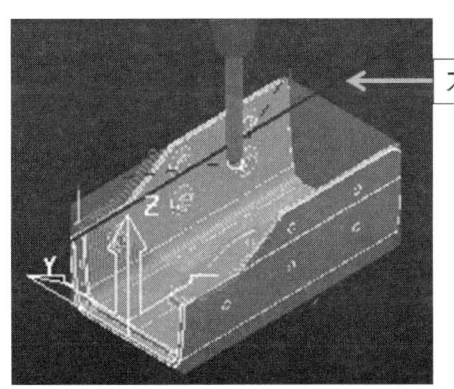
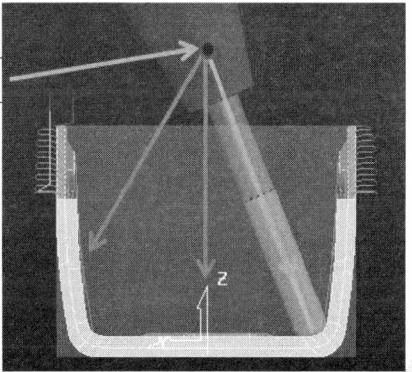

기준라인

3.5 커브를 향하는/ 커브으로부터

공구가 진행하면서 사용자가 정의한 커브 또는 외부데이터를 패턴화한 패턴을 기준으로 공구축이 정렬되는 방법으로 제품형상이 일정한 커브형상으로 굴곡의 변화가 생기는 형상 및 코너부에 적합하다.

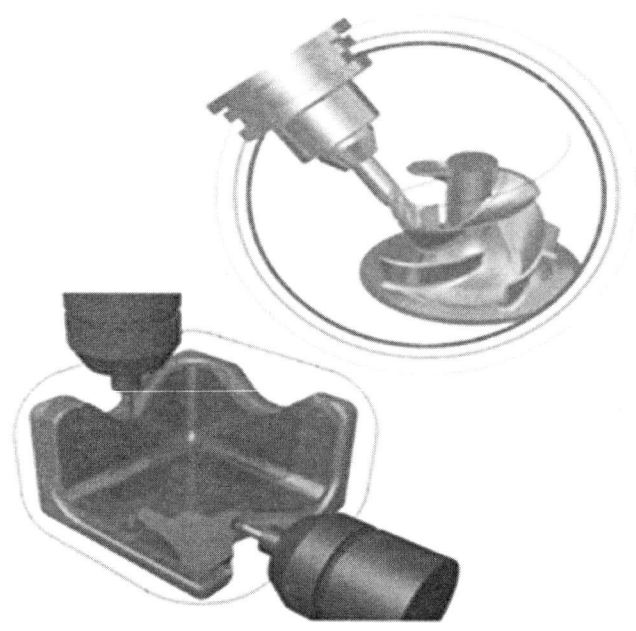

예제 1 임펠러 형상, 커브로 부터
Step by Step

Step 01 모두 삭제, 모든 폼 초기화를 한다.

Step 02 좌측 탐색기 모델/기본메뉴 파일 ⇒ 모델 불러오기에서 data 폴더에 있는 Impeller+Curve.dgk 를 불러온다.

Step 03 블록을 원통으로 정의하고 작업좌표계는 블록 중앙상단에 있는 월드 좌표계를 사용한다.

Step 04 공구 : Ø3 길이 15인 볼 공구를 정의하고 생크는 지름이 3, 길이가 10, 홀더의 하단지름 10, 상단지름 15, 길이 10으로 하고 상, 하 지름 15, 길이 10, 가공 최적 길이 20인 홀더를 하나 더 추가해 공구를 생성하고 급속이송높이 및 시작점 끝점을 블록 중심 안전높이로 설정한다.

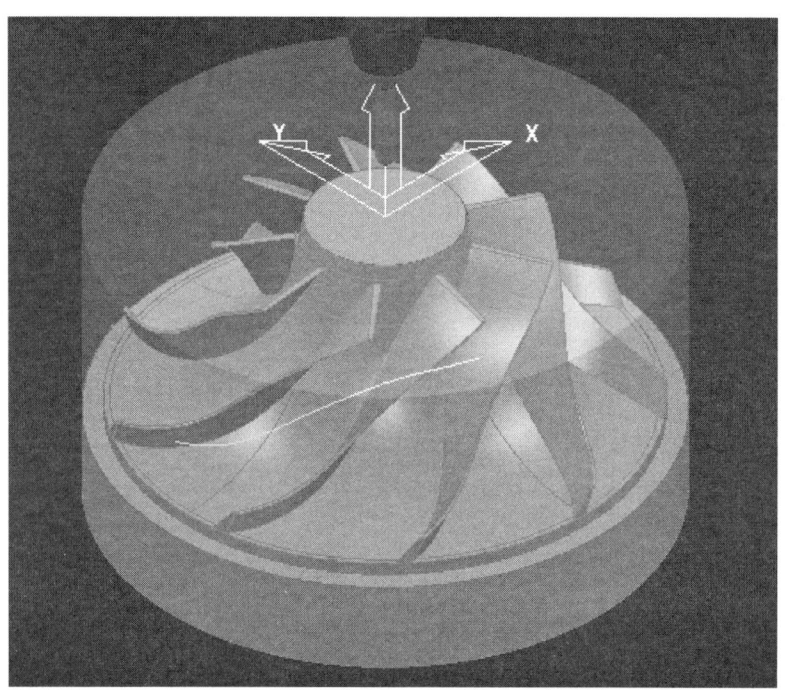

Step 05 리드/링크를 설정한다.

Z 높이	스킴거리 5	플런지 거리 5	
리드 인	수직원호	각도 90	반지름 3
리드아웃	수직원호	각도 90	반지름 3
연장	없음		
링크	모든 링크 스킴		

Step 06 뷰 ⇒ 툴바 ⇒ 패턴을 체크하여 패턴을 활성화 하고 패턴을 정의한다.

- 좌측탐색기에서 패턴, 오른쪽마우스, 패턴 만들기를 선택한다.
- 패턴을 정의할 수 있게 패턴창이 활성화 된다.
- 패턴을 만들 수 있는 방법은 여러 가지가 있는데 모델과 같이 불러온 커브를 선택하고 모델을 패턴으로 만든다. 선택 하면 다른 색으로 반전 되면서 패턴이 생성된다.
- 만들어진 패턴을 작업자 편의대로 오른쪽마우스 이름 바꾸기에서 Align로 변경한다.

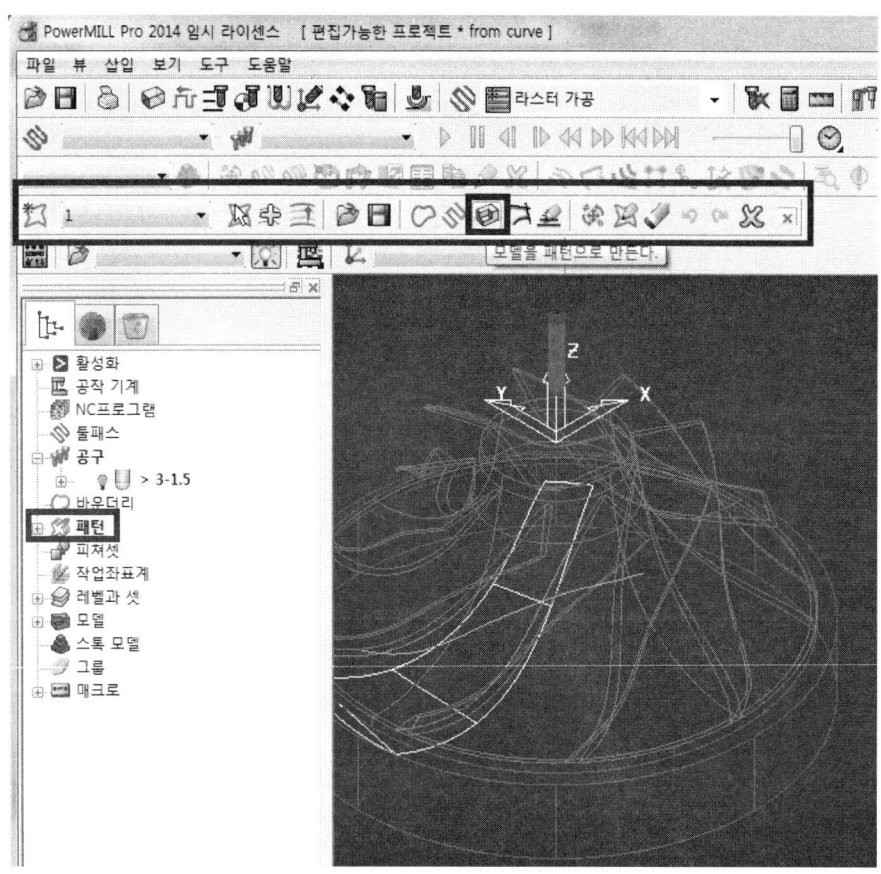

Step 07 서피스 프로젝선가공에서 투영면적을 설정하기 위해 명령어창에 다음 명령을 한다.

- 뷰 ⇒ 툴바 ⇒ 명령어창을 선택하여 명령어창을 활성화 한다.
- 명령어 창에 활성화 되면 아래의 3줄 명령어를 넣는다.

```
EDIT SURFPROJ AUTORANGE OFF
EDIT SURFPROJ RANGEMIN -1
EDIT SURFPROJ RANGEMAX 1
이 명령어는 선택된 면의 1 mm내에서 효과적인 프로젝션을 만들 수 있다. 즉
선택된 면에서 -1에서 1mm가지 투영
```

※ EDITT SURFPROJ AUTORANGE ON : 자동으로 투영

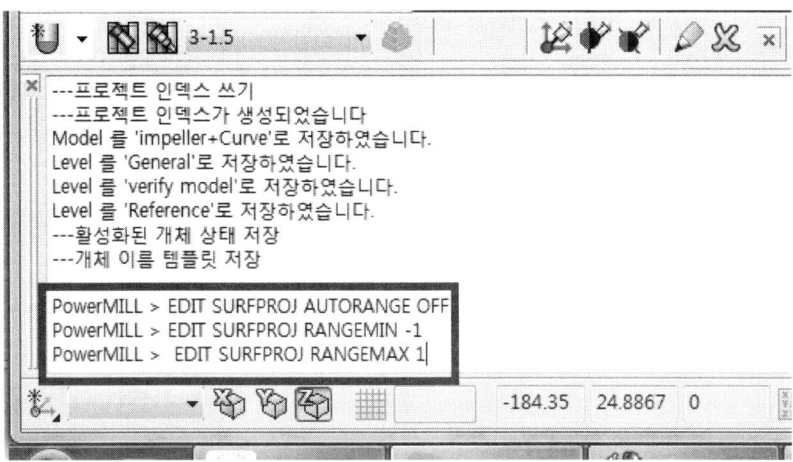

- 명령어 창을 닫는다.

Step 08 커브(패턴)에 가까이 있는 블레이드면 을 선택하고 툴패스 가공방법 (Toolpath Strategies) 아이콘 을 선택하고 정삭 탭을 선택한 후 서피스 프로젝션가공 선택하고 옵션을 설정한다.

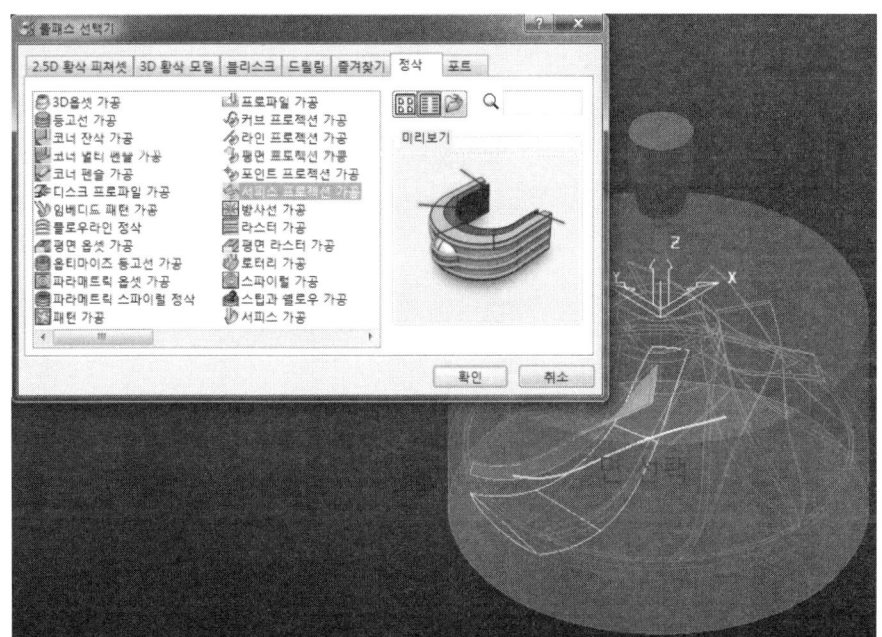

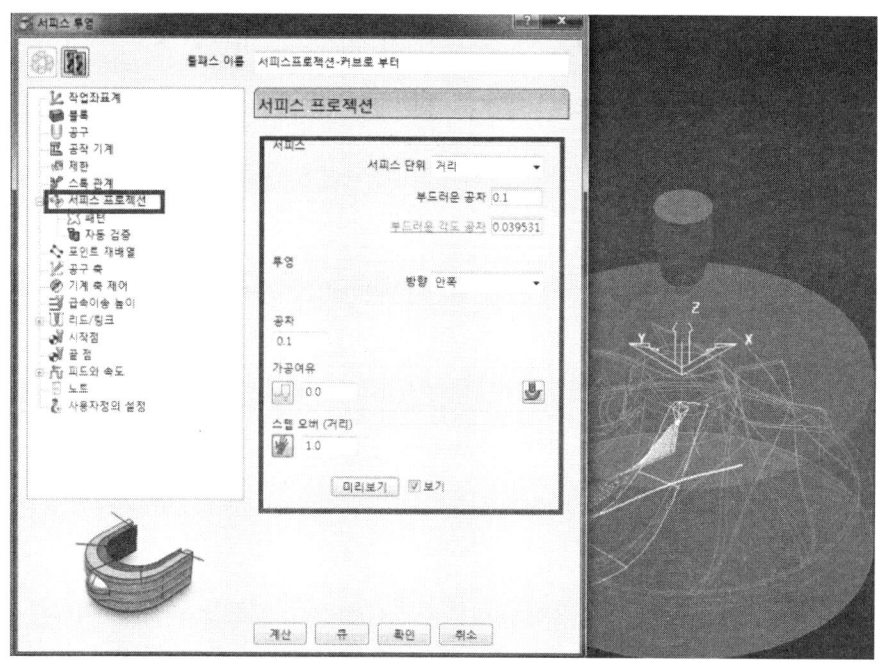
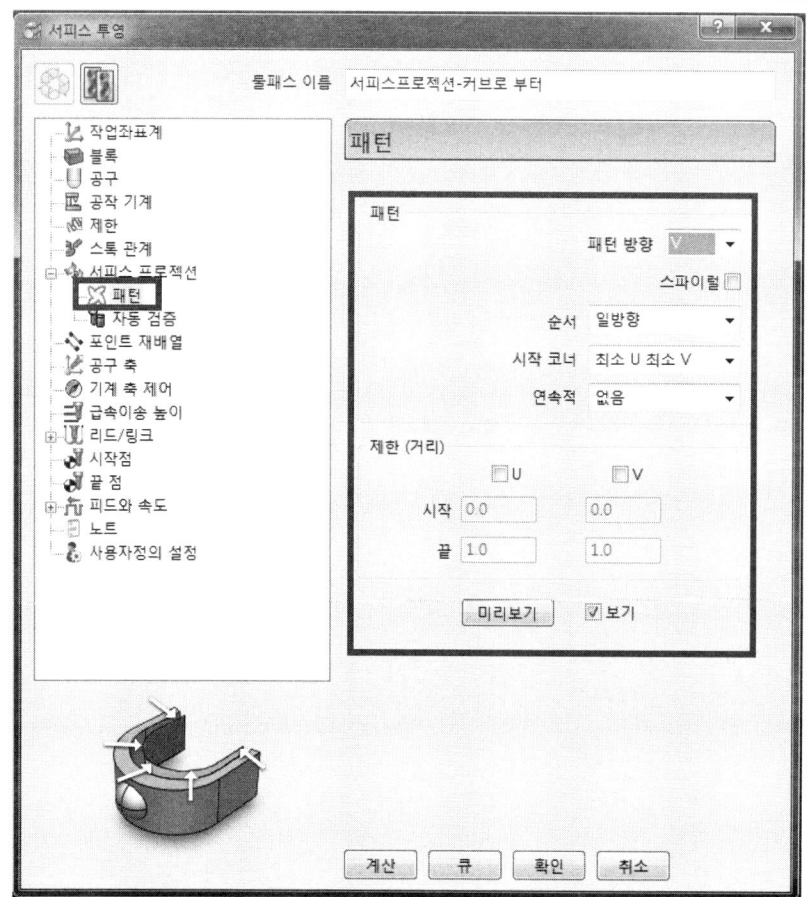

Chapter 04 CAM S/W(PowerMILL)를 이용한 프로그램

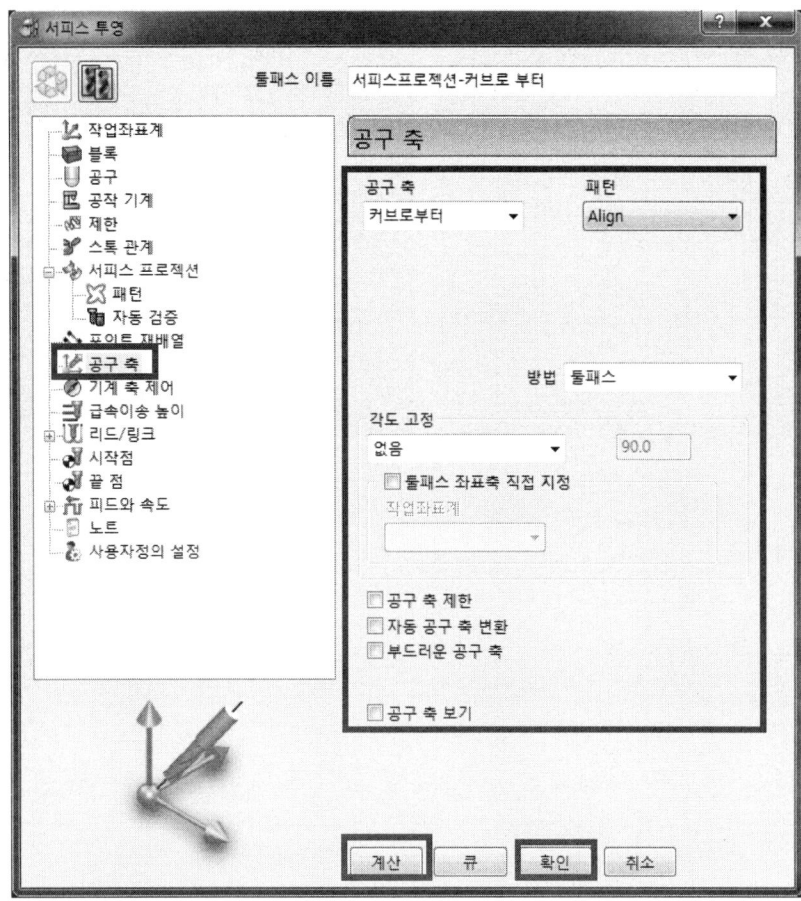

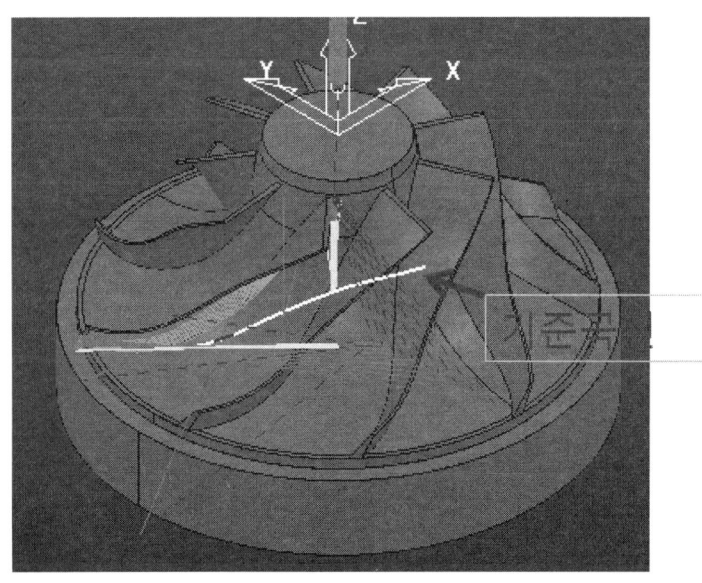

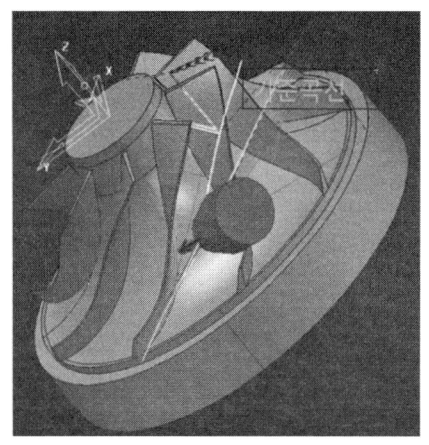 

※ 생성된 툴패스 모양이 패턴(커브)와 유사함을 확인할 수 있고 커브로 부터 공구축은 곡선을 모양과 유사한 오목형태의 면에 적합한 반면 커브로를 향하는 공구축은 곡선을 모양과 유사한 볼록형태의 면에 적합하다.

Step 09 투영을 초기상태로 하기 위해 명령어 창에 **EDIT SURFPROJ AUTORANGE ON** 입력한다.

Step 10 같은 방법으로 블레이드 바닥면과 우측면도 툴패스를 생성하여 Z축 기준으로 8개 40도를 각각 복사한다.

3.6 서피스 프로젝션 가공

현재까지는 일정한 기본도형 인 점, 선, 곡선을 기준으로 공구축이 정렬되었는데 서피스 프로젝션가공은 가공할 형상과 유사한 서피스를 참조로 하여 공구축이 정렬되므로 툴패스가 더 안정적으로 이동되면서 최적의 툴패스가 생성된다.

예제 1 서피스 프로젝션가공
Step by Step

Step 01 모두 삭제, 모든 폼 초기화를 한다.

Step 02 좌측 탐색기 모델/기본메뉴 파일 ⇒ 모델 불러오기에서 data 폴더에 있는 joint5axis.dgk 를 불러온다.

Step 03 좌측 탐색기 모델 ⇒ 레퍼런스 서피스 불러오기에서 data 폴더에 있는 경 joint_template1.dgk를 불러온다.

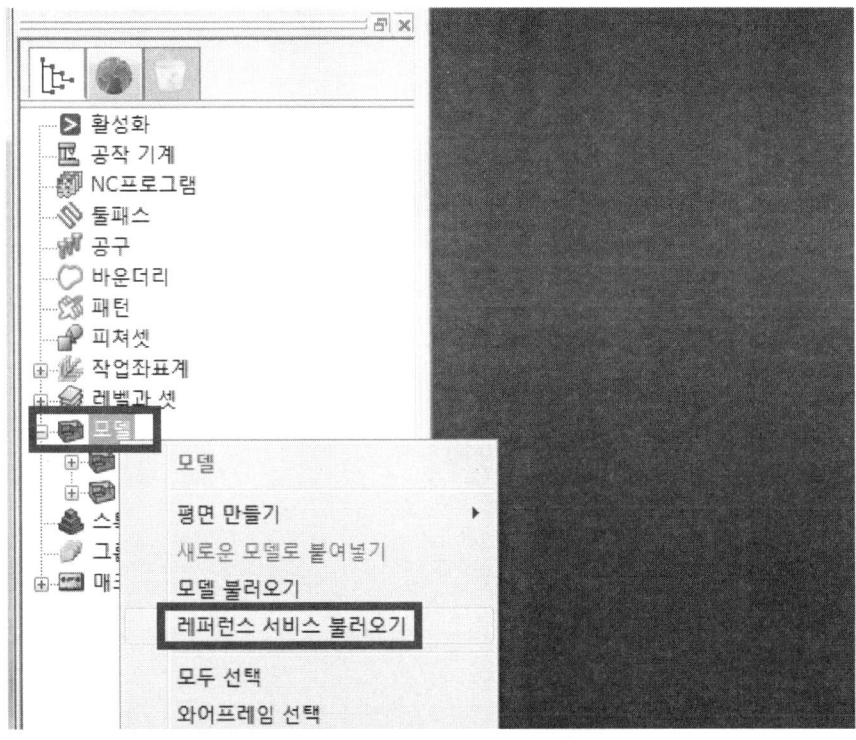

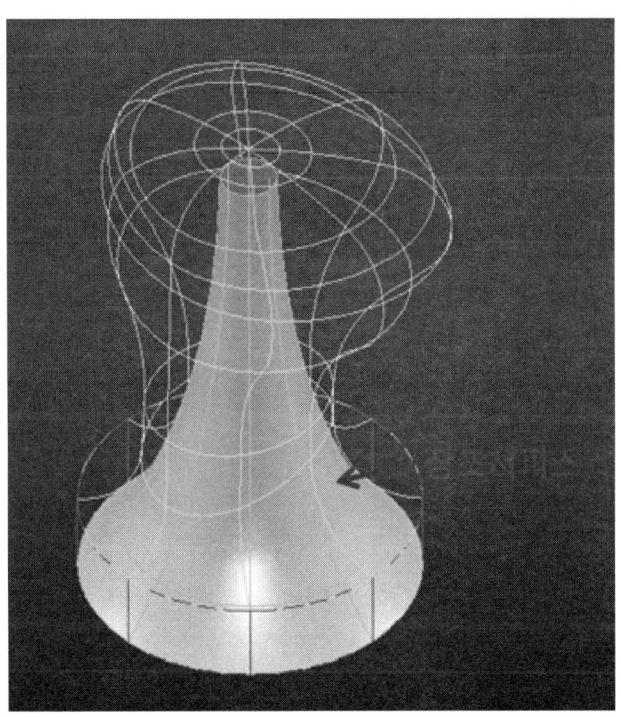

Step 04 블록을 박스로 정의하고 작업좌표계는 블록 중앙상단에 있는 월드 좌표계를 사용한다.

Step 05 공구 : ⌀16 길이 8인 볼 공구를 정의하고 급속이송높이 및 시작점 끝점을 블록 중심 안전높이로 설정한다.

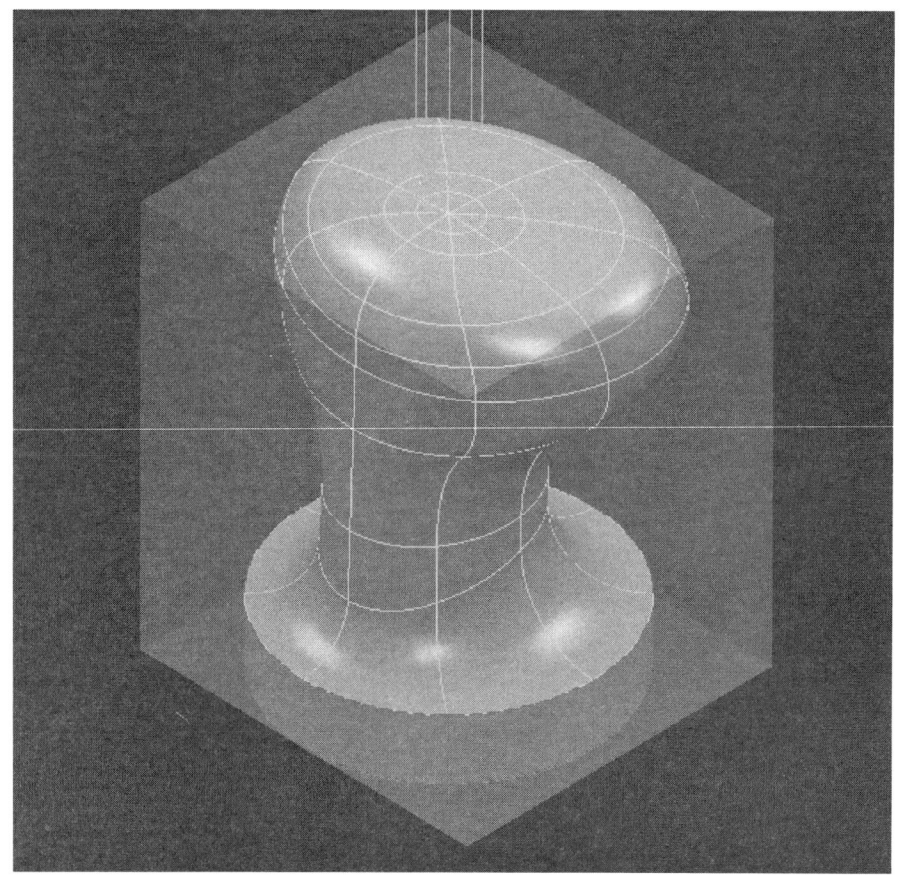

Step 06 리드/링크를 설정한다.

Z 높이	스킴거리 30	플런지 거리 5	
리드 인	없음		
리드아웃	없음		
연장	없음		
링크	짧은 링크 면위로	긴 링크 스킴	

Step 07 참조서피스를 선택하고 툴패스 가공방법 (Toolpath Strategies) 아이콘을 선택하고 정삭 탭을 선택한 후 서피스 프로젝션가공 선택하고 옵션을 설정한다.

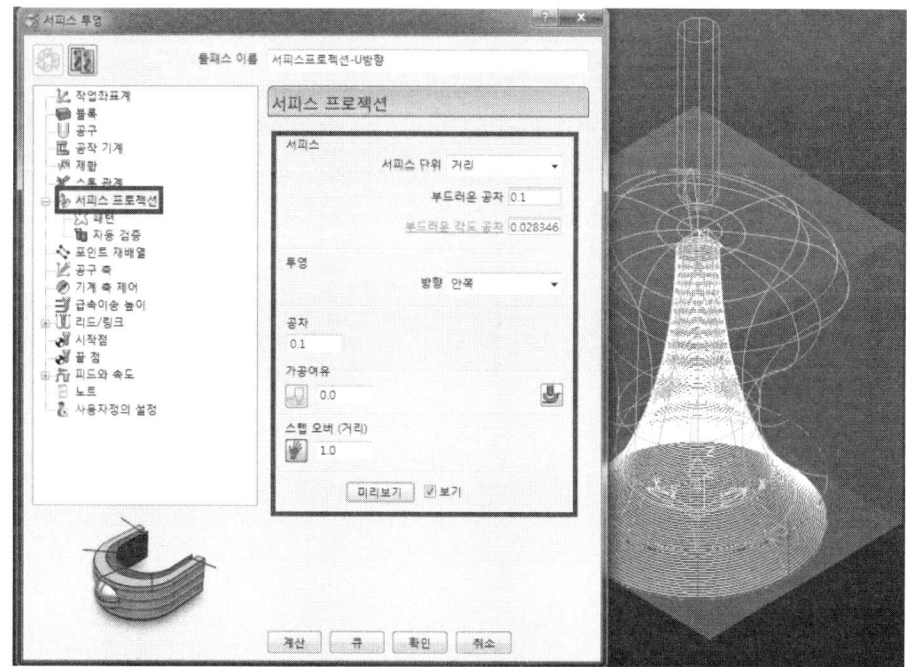

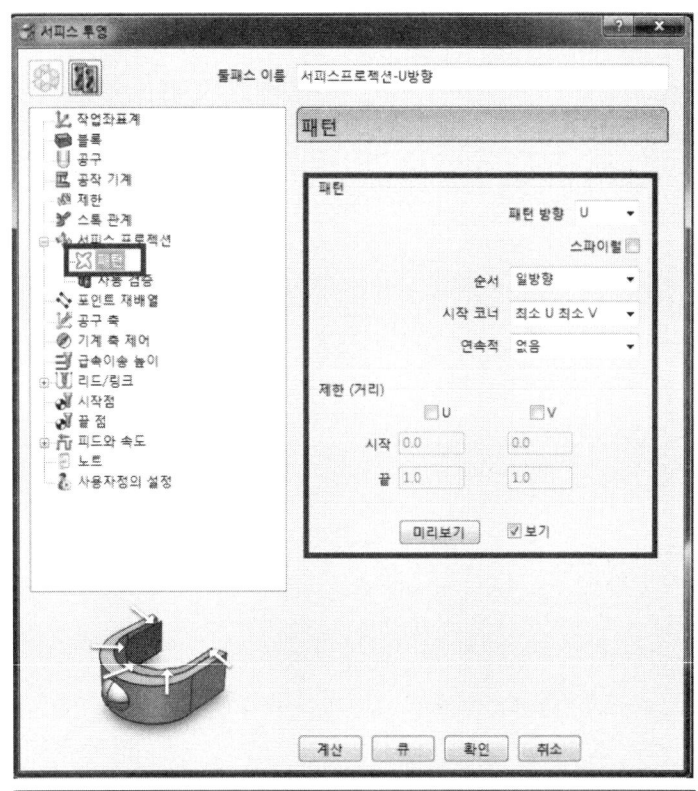

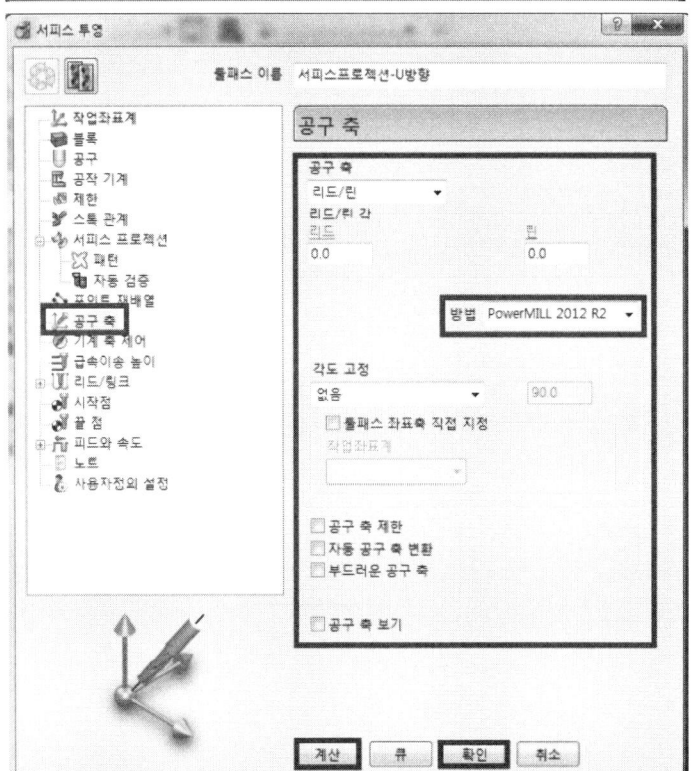

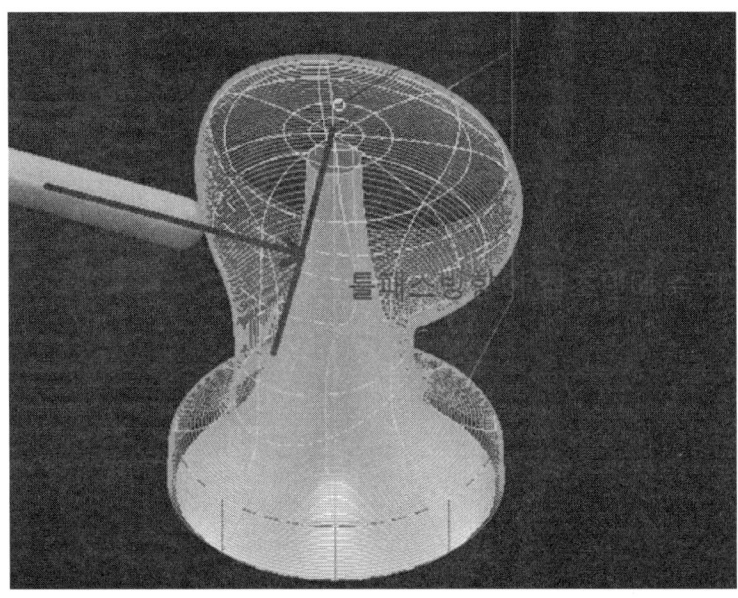

〈패턴 – U방향〉

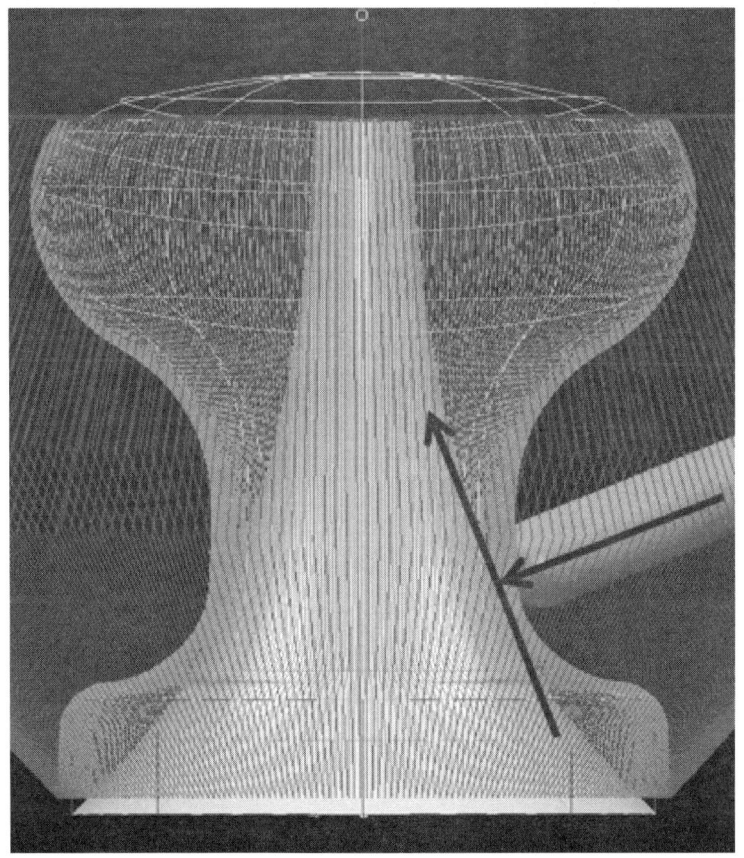

〈패턴 – V방향〉

Step 08. 형상의 밑 부분은 참조서피스로 선택한 형상으로 최적의 툴패스는 생성되나 윗 부분은 적합하지 않아 적절한 참조서피스로 하여 툴패스를 생성 후 두개의 툴패스를 합치면 저 좋은 결과를 가져올 수 있으므로 상단의 툴패스를 생성하겠다.

Step 09. 참조서피스를 선택하고 오른쪽마우스, 편집, 선택된 성분 삭제버튼을 누르고 삭제됨을 확인하다.

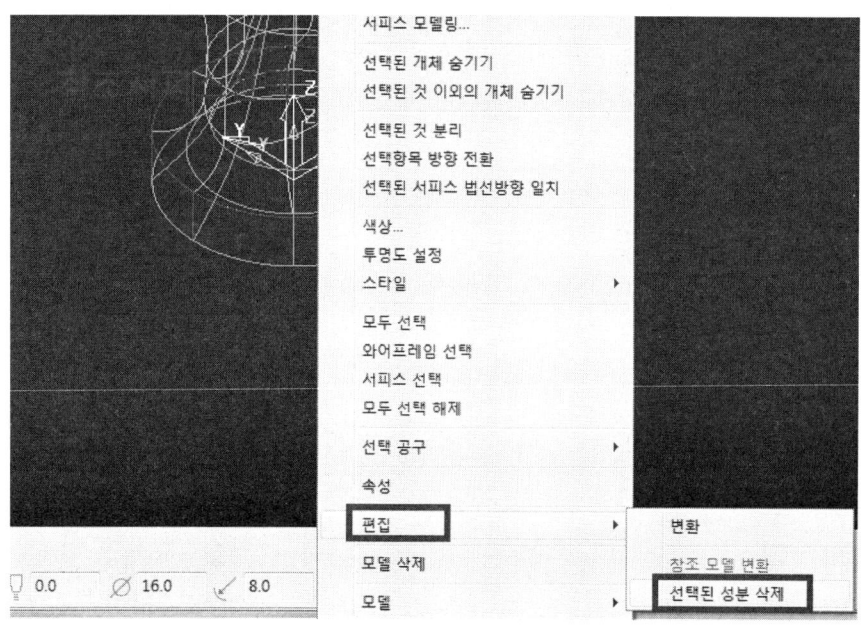

Step 10. 전과 같이 좌측 탐색기 모델, 레퍼런스 서피스 불러오기를 하든 모델을 선택후 오른쪽 마우스 창 하단에 있는 모델, 레퍼런스 서피스 불러오기를 해서 data폴더에 있는 joint_template4.dgk를 불러온다.

Step 11. 참조 서피스(reference surface)는 안쪽(쉐이딩 상태에서 진한 갈색으로 보이는)을 서피스 프로젝션(Projection Surface) 방법을 이용하여 프로젝션 방향을 바깥쪽(Outwards)으로 변경해야 한다.

Step 12. 참조서피스를 선택하고 툴패스 가공방법 (Toolpath Strategies) 아이콘 을 선택하고 정삭 탭을 선택한 후 서피스 프로젝션가공 선택하고 옵션을 설정한다.

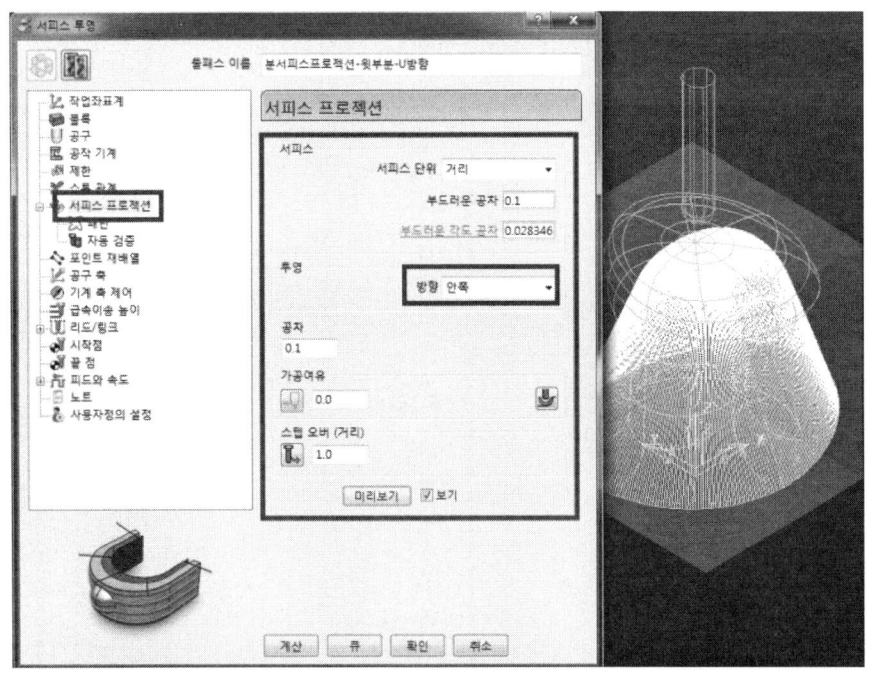

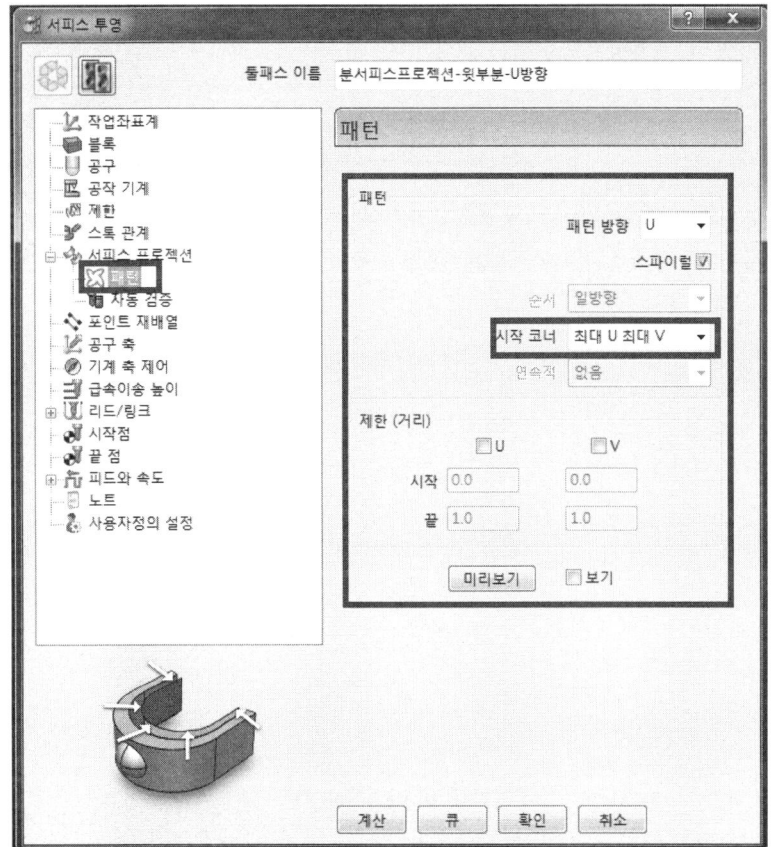

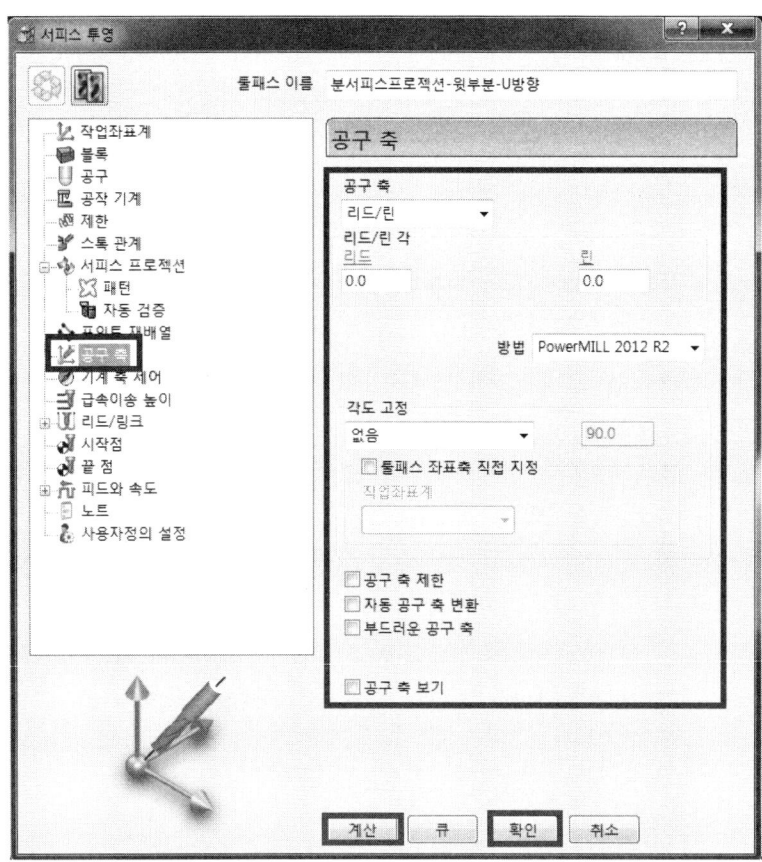

예제 2 서피스 프로젝션가공 *Step by Step*

형상에 따라 서피스 투영범위를 제한하여야 하는 경우가 생기므로 예제2에서는 범위를 설정하는 예제를 사용하겠다.

Step 01 모두 삭제, 모든 폼 초기화를 한다.

Step 02 좌측 탐색기 모델/기본메뉴 파일 ⇒ 모델 불러오기에서 data 폴더에 있는 Blade Insert.dgk 를 불러온다.

Step 03 블록을 박스로 정의하고 작업좌표계는 블록 상단에 있는 월드 좌표계를 사용한다.

Step 04 공구 : ∅6 길이 30인 볼 공구를 정의하고 생크는 지름이 6, 길이가 30, 홀더의 하단지름 16, 상단지름 20, 길이 30으로 하고 상, 하 지름 30, 길이 20, 가공 최적 길이 40인 홀더를 하나 더 추가해 공구를 생성하고 급속이송높이 및 시작점 끝점을 블록 중심 안전높이로 설정한다.

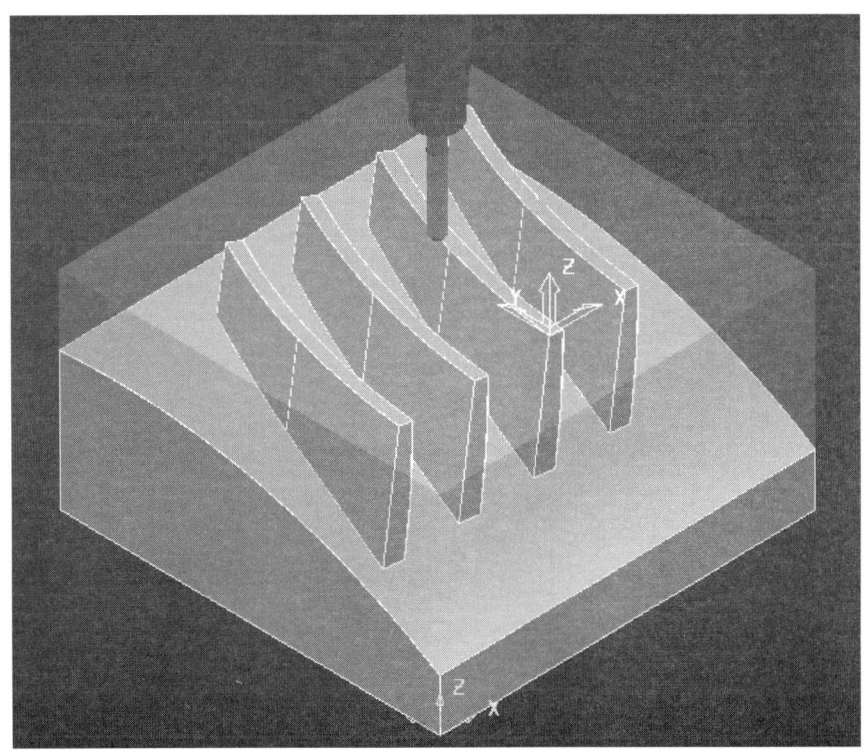

Step 05 리드/링크를 설정한다.

Z 높이	스킴거리 5	플런지 거리 5	
리드 인	수평원호	각도 90	반지름 3
리드아웃	수평원호	각도 90	반지름 3
연장	없음		
링크	짧은 링크 스킴	긴 링크 스킴	

Step 06 가공면을 선택하고 툴패스 가공방법 (Toolpath Strategies) 아이콘 을 선택하고 정삭 탭을 선택한 후 서피스 프로젝션가공 선택하고 옵션을 설정한다.

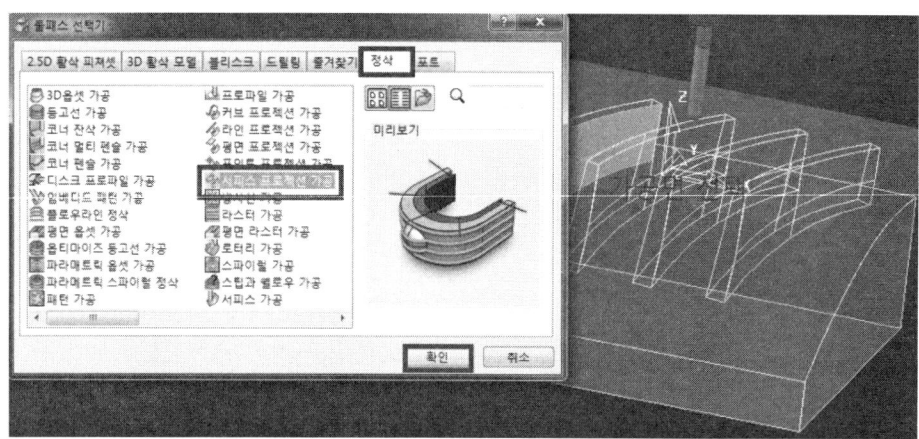

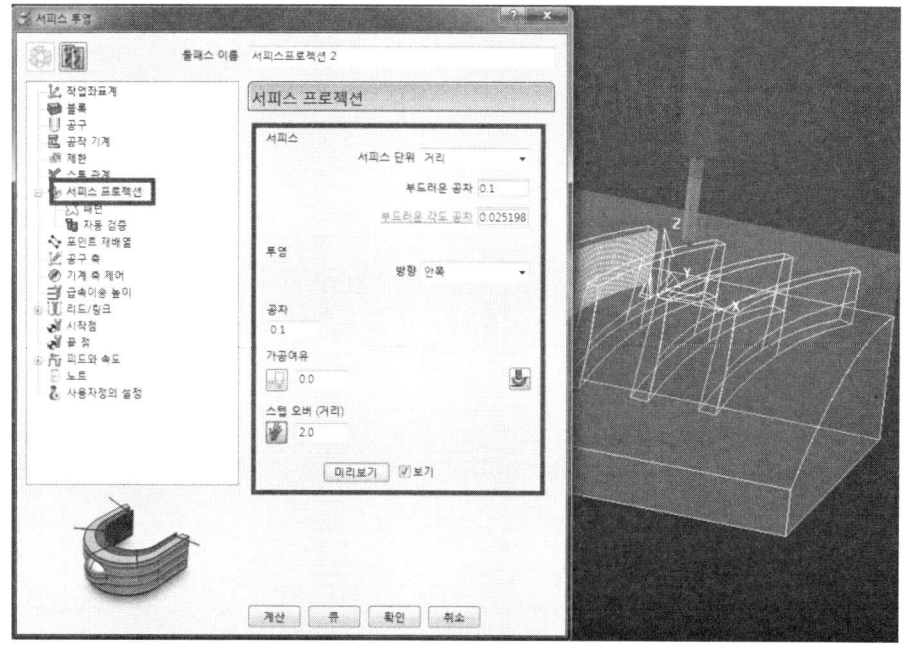

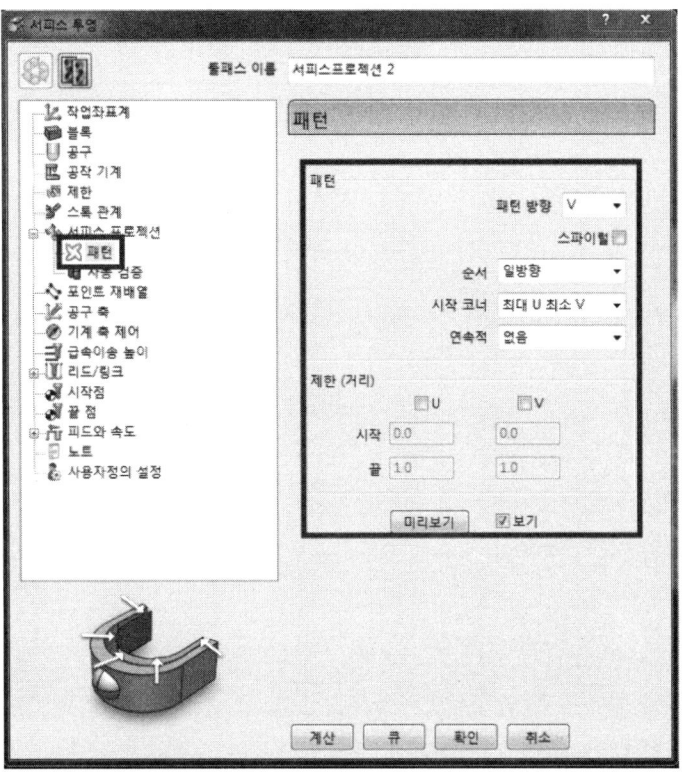

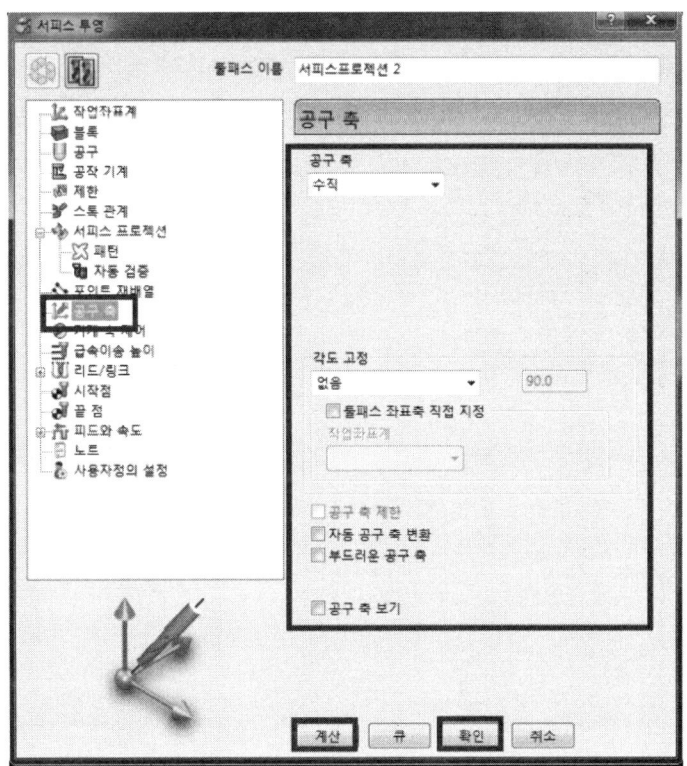

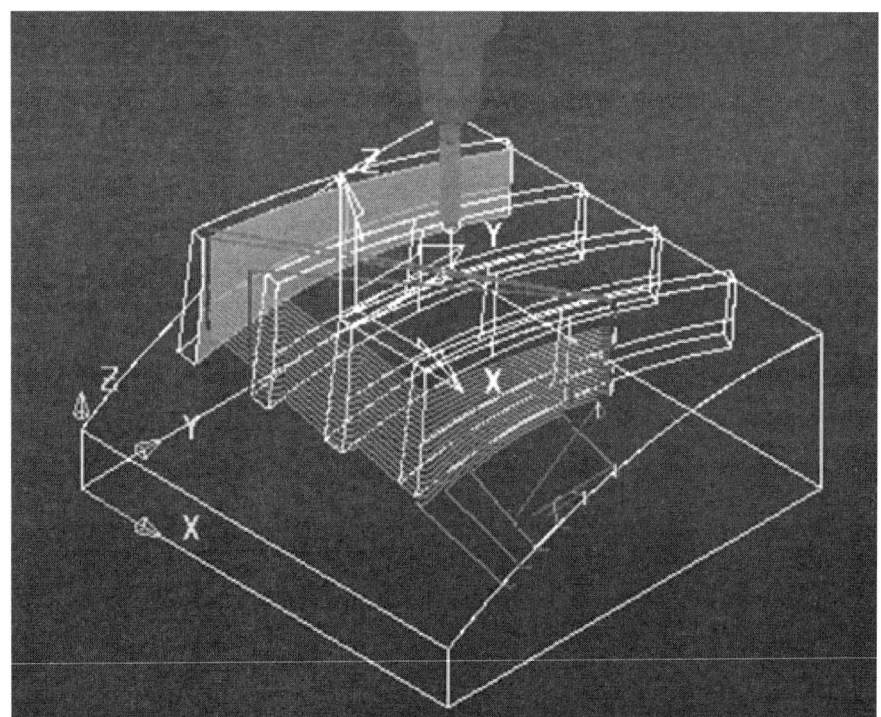

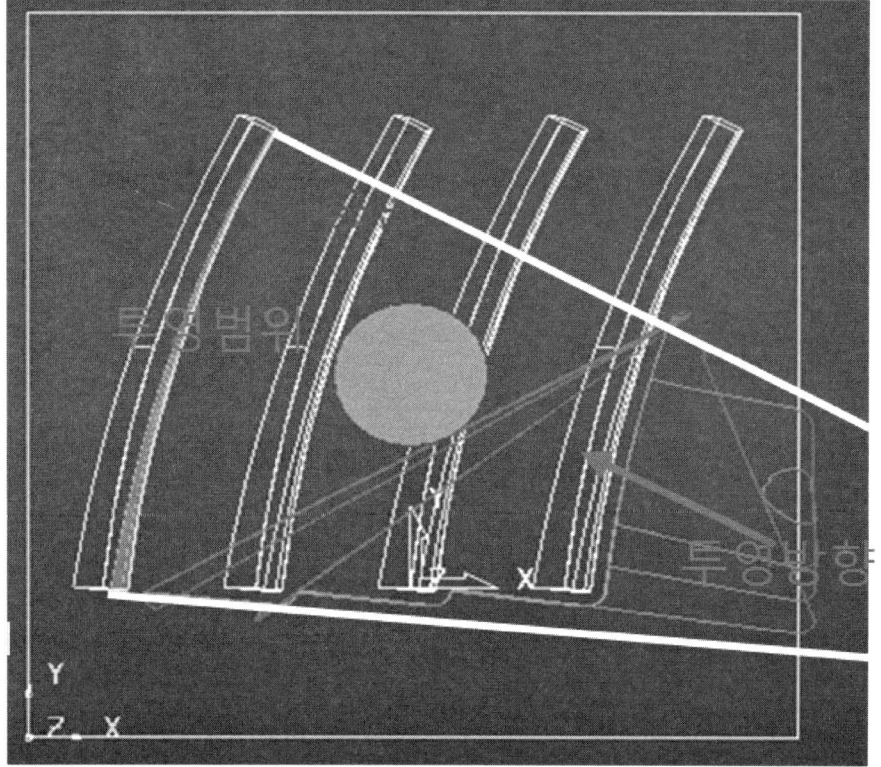

Step 07 확인 결과 투영범위를 제한하여야 한다. 툴패스를 복사하여 투영범위를 전과 같이 명령어 창에 입력한다.

```
EDIT SURFPROJ AUTORANGE OFF
EDIT SURFPROJ RANGEMIN -3
EDIT SURFPROJ RANGEMAX 3
※ 작업이 끝난 후 EDIT SURFPROJ AUTORANGE ON입력
```

Step 08 툴패스를 복사하여 다시 계산 후 확인 한 결과 원하는 면 만 툴패스가 생성됨을 알 수 있다.

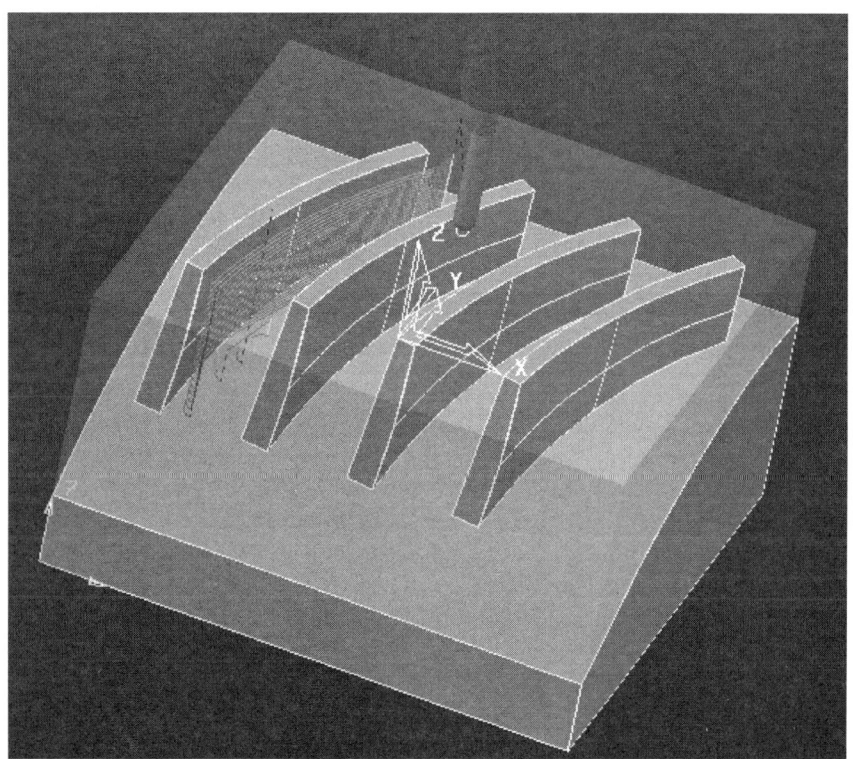

3.7 5축 패턴가공

3축 가공에서 사용한 등고선 가공, 옵티마이즈 등고선 가공, 펜슬 등으로 깊은 측면이나 깊은 코너부를 가공하게 되면 공구길이가 길어져서 떨림 등으로 가공성이 떨어지게 된다.

이를 해결하기 위해 3축에서 생성된 툴패스를 패턴으로 변경하고 공구 축에서 리드/린을 적용하면 공구길이가 짧아져 가공성이 좋아진다.

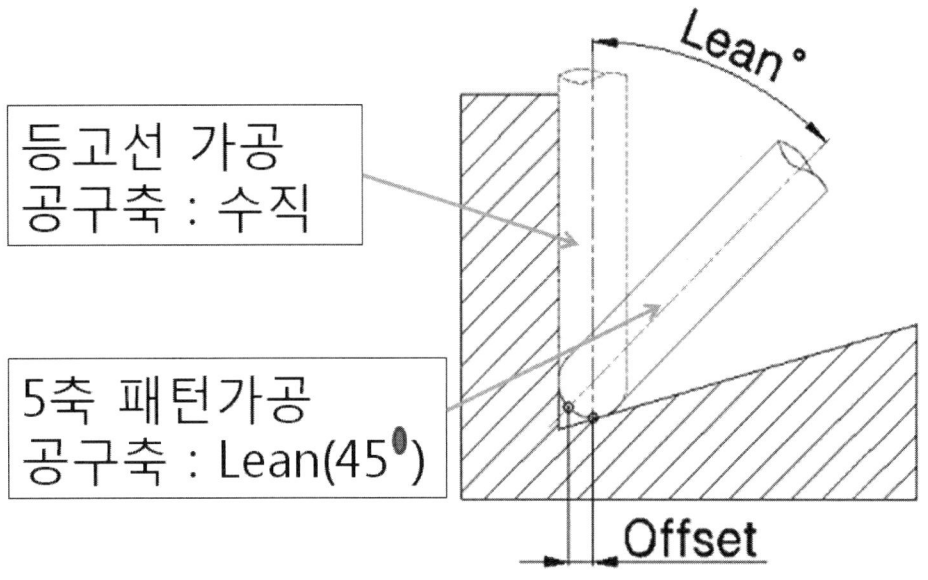

예제 1 5축 패턴가공 *Step by Step*

Step 01 모두 삭제, 모든 폼 초기화를 한다.

Step 02 좌측 탐색기 모델/기본메뉴 파일 ⇒ 모델 불러오기에서 data 폴더에 있는 **punch2_insert.dgk**를 불러온다.

Step 03 블록을 박스로 정의하고 작업좌표계는 블록 좌측하단에 있는 월드 좌표계를 사용한다.

Step 04 공구 : ∅20 코너 R 3, 길이 100인 팁 공구를 정의하고 섕크는 지름이 20, 길이가 35, 홀더의 하단지름 35, 상단지름 50, 길이 50으로 하고 상, 하 지름 50, 길이 50

를 추가하고, 가공 최적 길이 125인 홀더를 하나 더 추가해 공구를 생성하고 급속 이송높이 및 시작점 끝점을 블록 중심 안전높이로 설정한다.

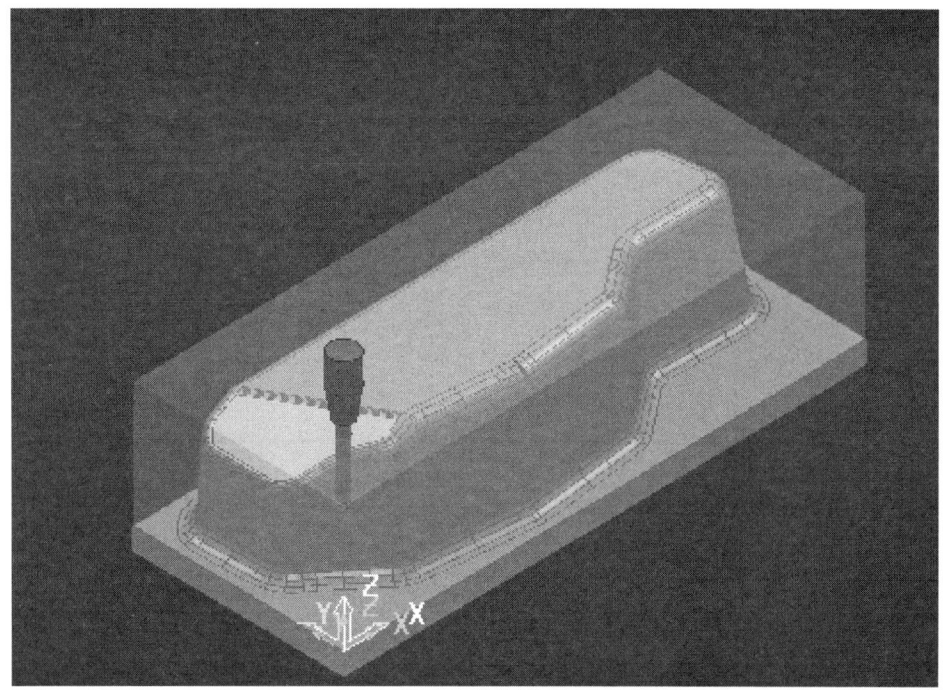

Step 05 측벽에 툴패스를 생성하기 위해 측벽을 선택하고 **선택면 바운더리(Selected Surface Boundary)** 를 만든 후 이름을 1로 입력한다.

- 측벽을 선택하고 좌측의 탐색기, 바운더리, 바운더리 만들기, 선택된 서피스를 선택한다.

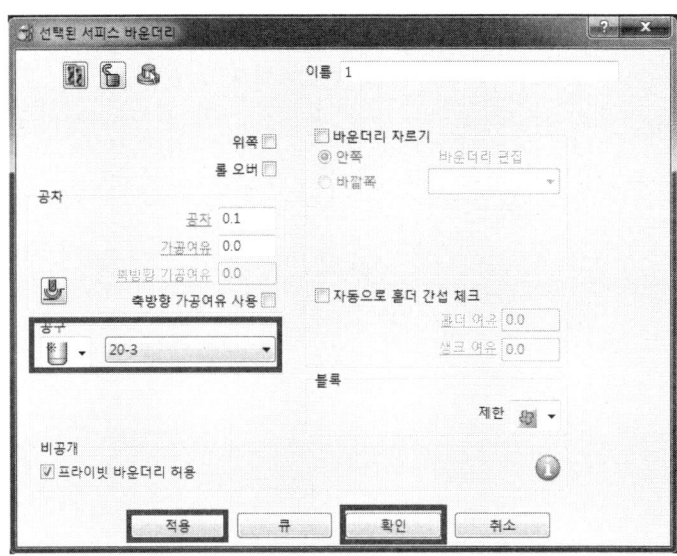

Step 06 가공면을 선택하고 툴패스 가공방법 (Toolpath Strategies) 아이콘을 선택하고 정삭 탭을 선택한 후 등고선가공 선택하고 옵션을 설정한다.

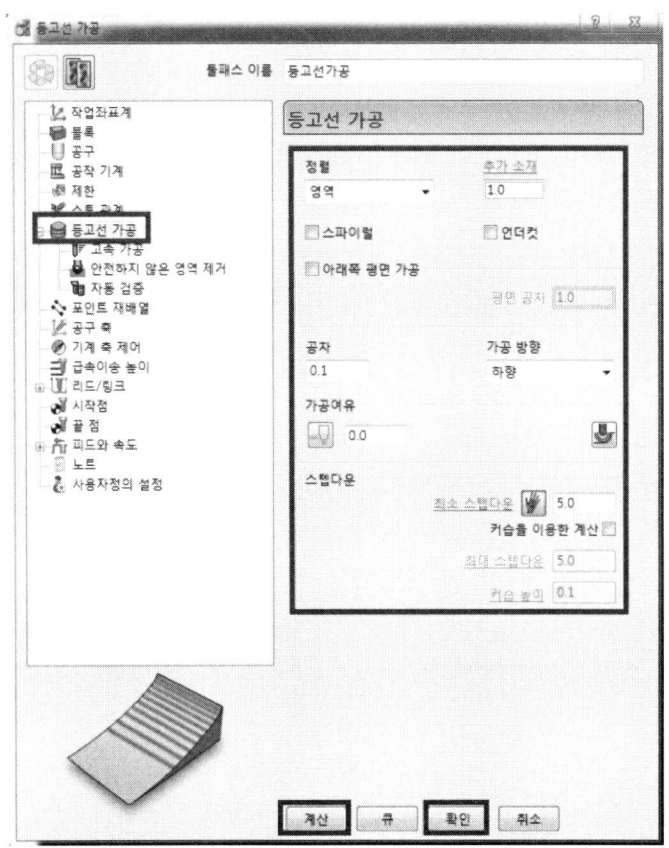

Step 07 홀더 충돌을 확인하기 위해 활성화 된 REM20 공구를 측벽 가장 깊은 툴패스를 선택 후 현지 지정한 곳부터 시뮬레이션을 선택하여 **공구를 위치 (Attach)** 시켜 충돌됨을 확인한다.

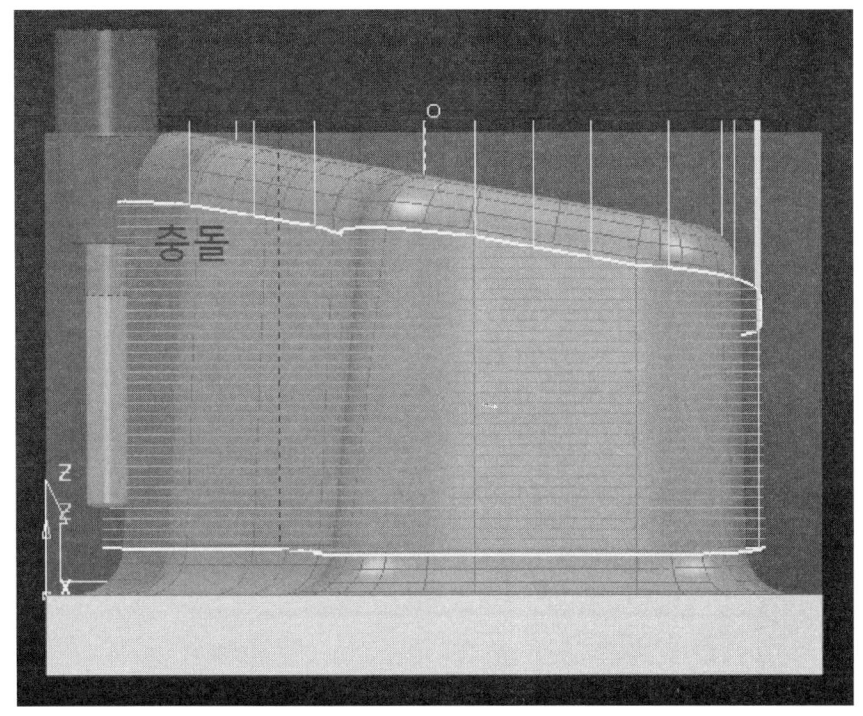

Step 08 충돌을 방지하기 위하여 생성된 툴패스 등고선을 선택 후 설정하여 복사를 한 후 툴패스 이름을 등고선 가공_패턴가공전환으로 한다.

Step 09 복사된 가공 공정창(등고선 가공_패턴가공전환)에서 공구축을 리드/린 (Lead/Lean)을 선택하고 린 각(Lean)을 -30도로 입력하고 계산하면 되는데 PowerMILL 2012버전에서는 툴패스가 생성되지 않는다.

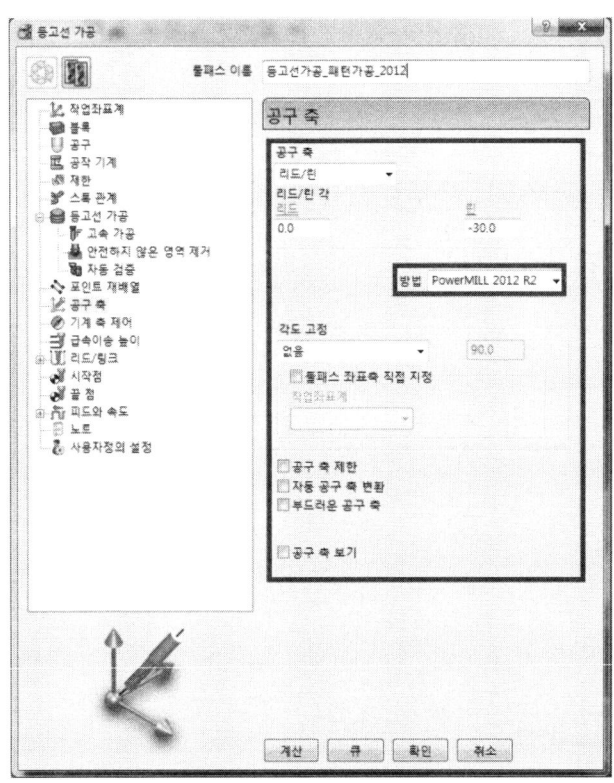

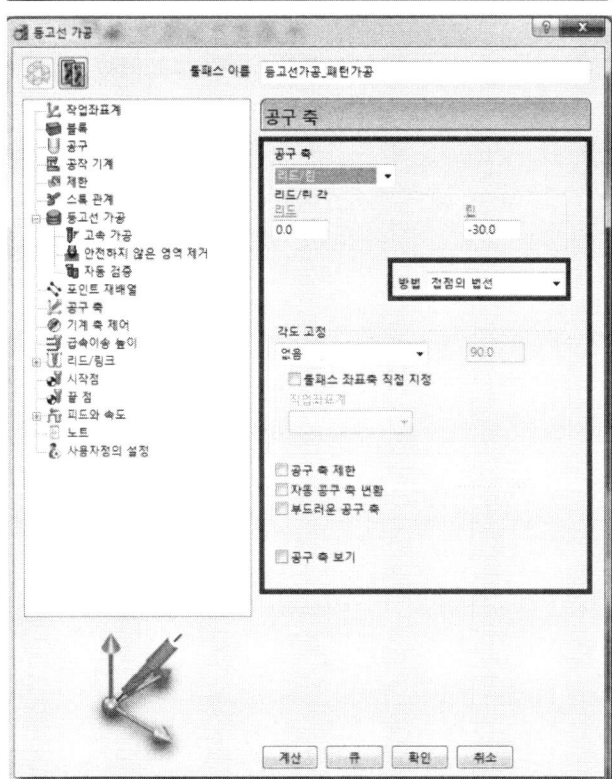

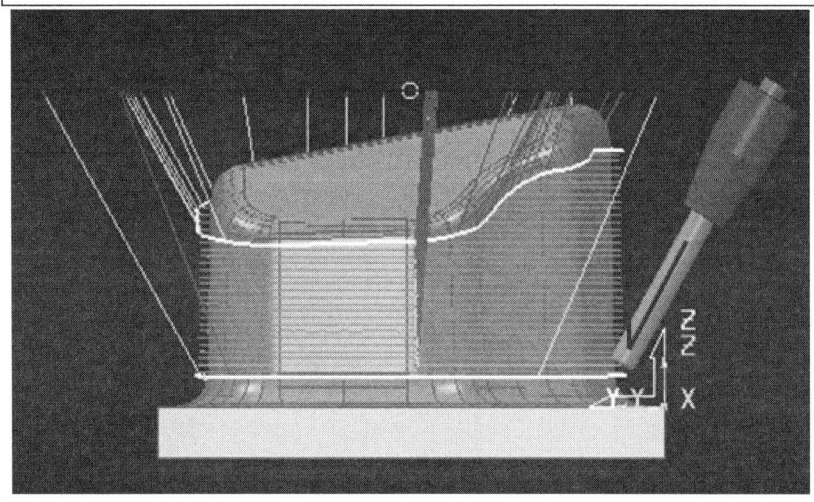

※ 툴패스 확인결과 측벽바닥부분을 가공시도 충돌없이 가공됨을 확인할 수 있어 5축 패턴가공은 깊은 코너부에 특이 R이 작은 부분에 짧은 공구를 사용할 수 있어 떨림을 방지할 수 있다.

Step 10 PowerMILL 2012버전에서는 계산 되지 않은 등고선 가공_패턴가공전환은 삭제하고 전삭가공에서 패턴가공을 선택하여야 한다.

삭제할 툴패스를 선택 후 오른쪽마우스, 툴패스 삭제 한다.

Step 11 가공면을 선택하고 툴패스 가공방법 (Toolpath Strategies) 아이콘 을 선택하고 정삭 탭을 선택한 후 패턴가공 선택하고 옵션을 설정한다.

※ PowerMILL 2012버전에서는 툴패스가 충돌 없이 패턴가공 됨을 확인할 수 있다.

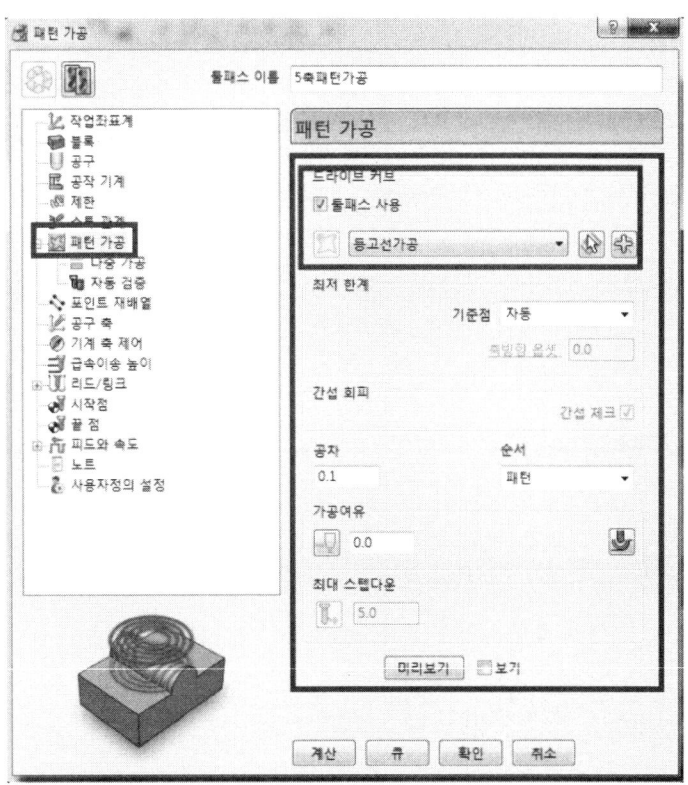
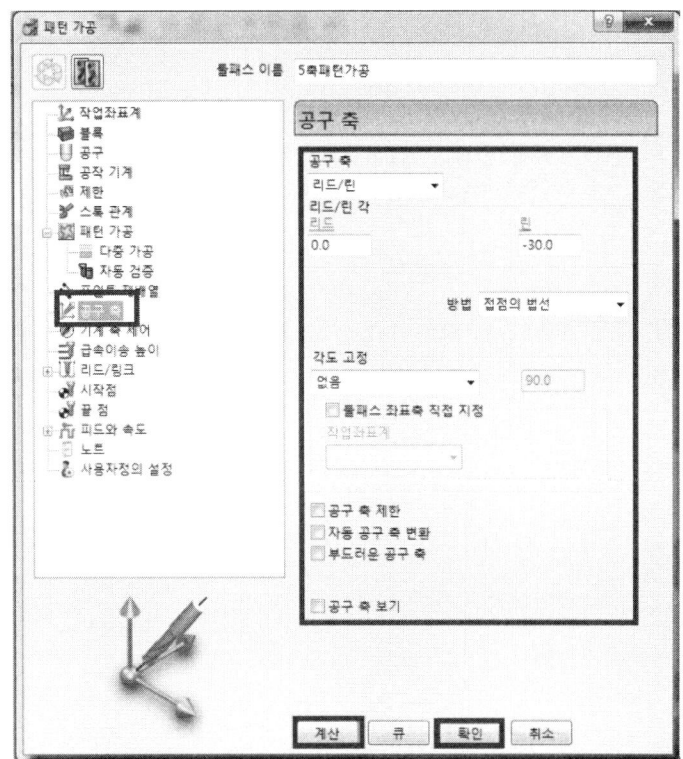

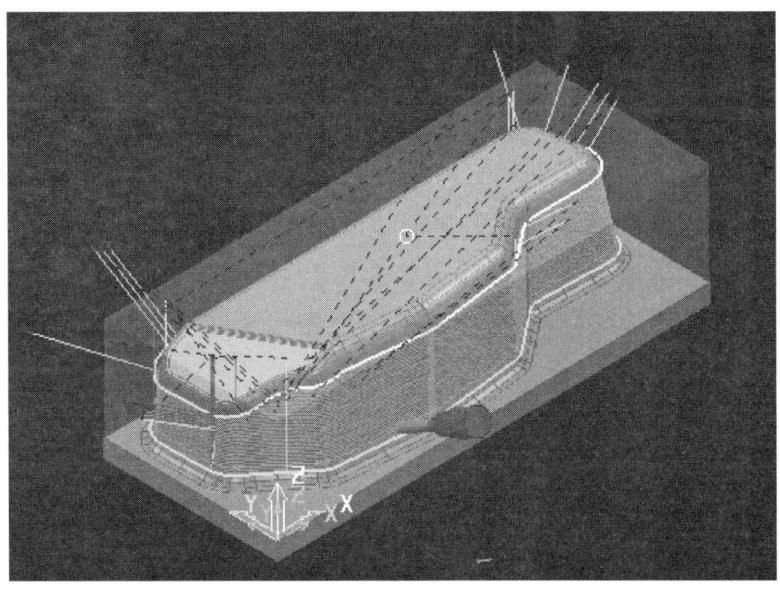

3.8 5축 프로파일 가공

가공바닥면이 바닥 코너부에 프로파일 형상으로 되어 있어 그 형상을 따라 공구축이 정렬되는 툴패스를 말하며, 바닥인 포켓형상의 측벽가공 및 리브의 측벽가공에 적합하다.

이는 바닥이 없는 형상에도 적용 할 수 있고, 작은 파이프의 플랫공구로 바닥 형상이 있는 리브 가공 중 바닥 각 처리도 가능하다.

예제 1 5축 프로파일 가공

Step 01 모두 삭제, 모든 폼 초기화를 한다.

Step 02 좌측 탐색기 모델/기본메뉴 파일 ⇒ 모델 불러오기에서 data 폴더에 있는 **pocket.dgk와 locnpad.dgk**를 불러온다.

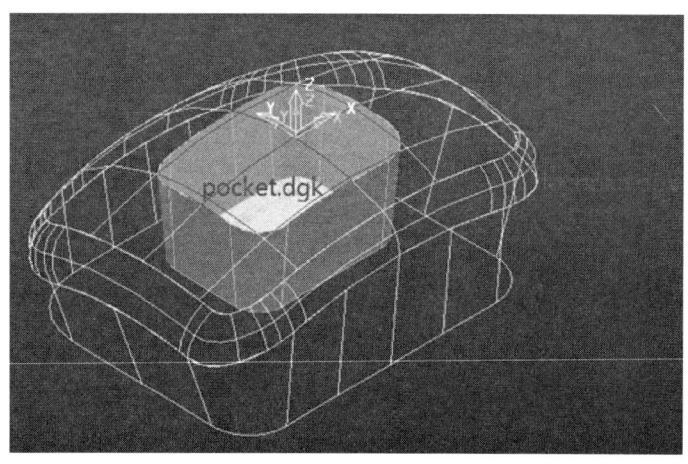

Step 03 locnpad.dgk모델에서 포켓을 덮고 있는 윗면을 선택한 오른쪽 마우스, 편집, 선택된 성분 삭제버튼을 눌러 **삭제**한다.

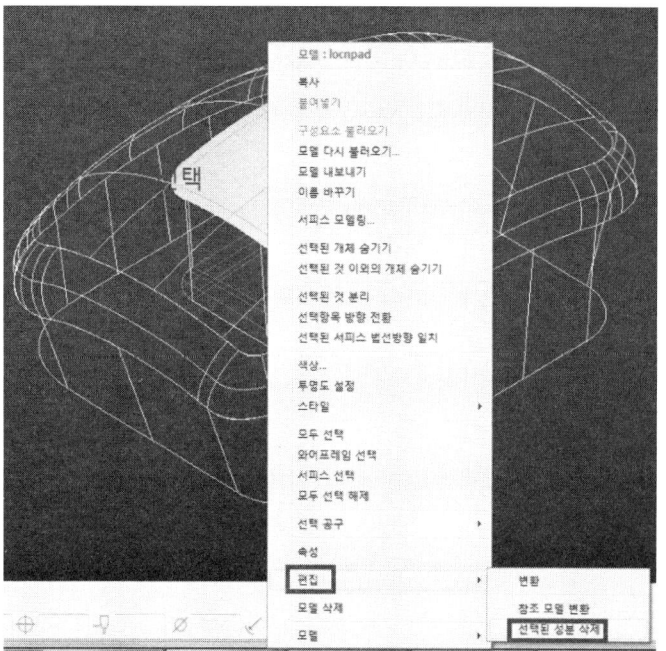

Step 04 블록을 박스로 정의하고 작업좌표계는 블록 중앙상단에 있는 월드 좌표계를 사용한다.

Step 05 공구 : ∅16, 길이 80인 팁 공구를 정의하고, 급속이송높이 및 시작점 끝점을 블록 중심 안전높이로 설정한다.

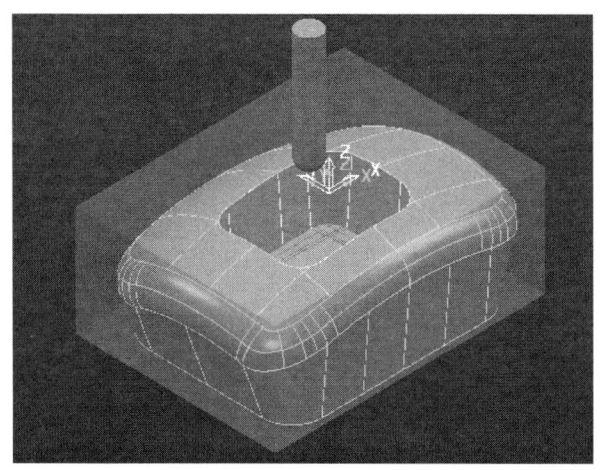

Step 06 가공방법 (Toolpath Strategies) 아이콘 을 선택하고 정삭 탭을 선택한 후 프로파일(Profile Finishing)가공 선택하고 옵션을 설정한다.

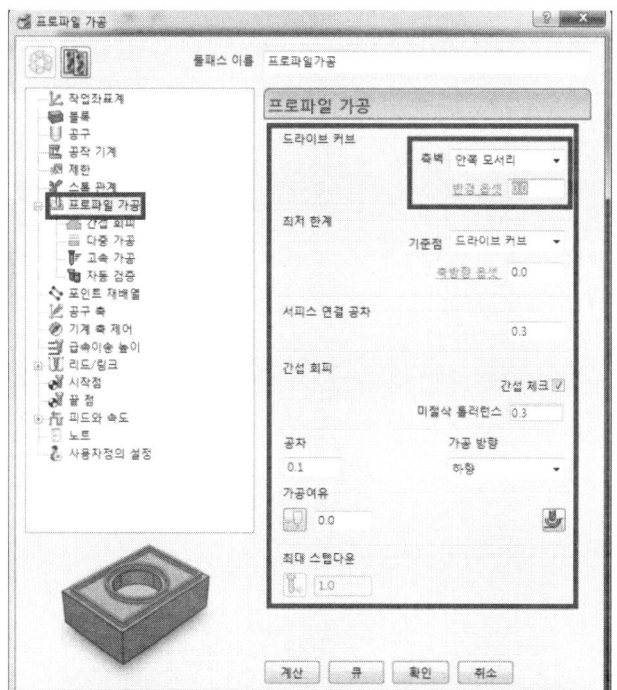

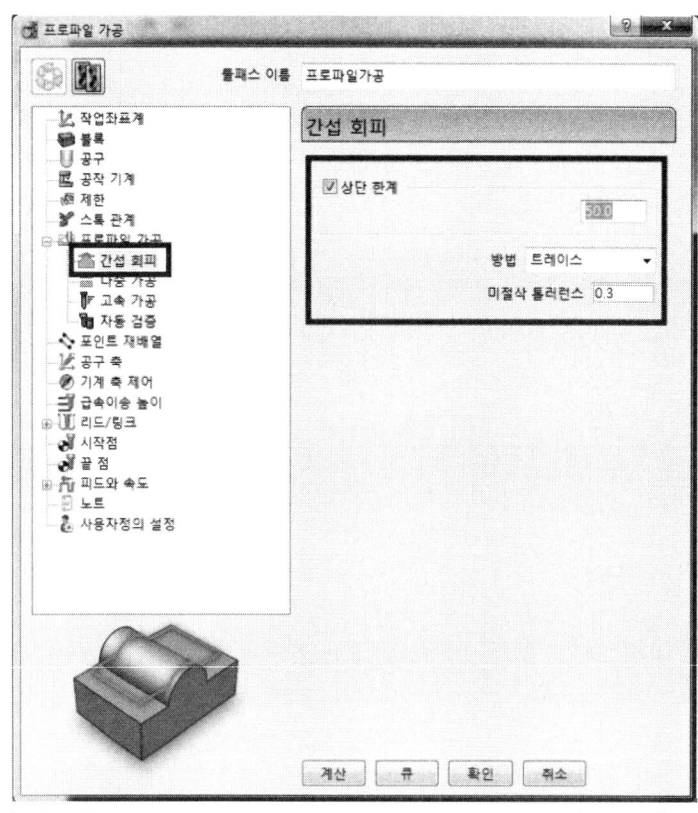

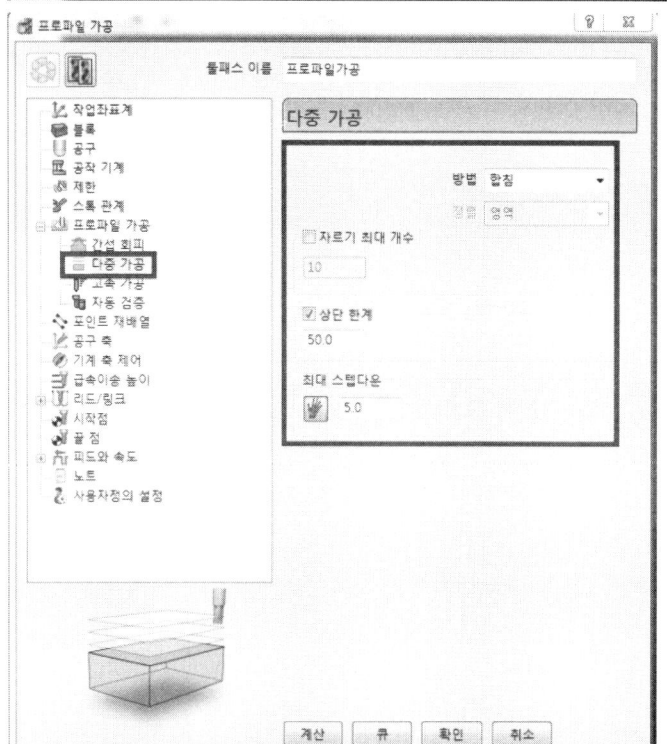

Step 07 프로파일 가공 공정 창에서 공구축 옵션을 아래와 같이 정확하게 선정하고 **포켓에 바닥면을** 선택하고 공구축을 리드/린은 0으로 하고 계산, 확인 후 툴패스를 확인한다.

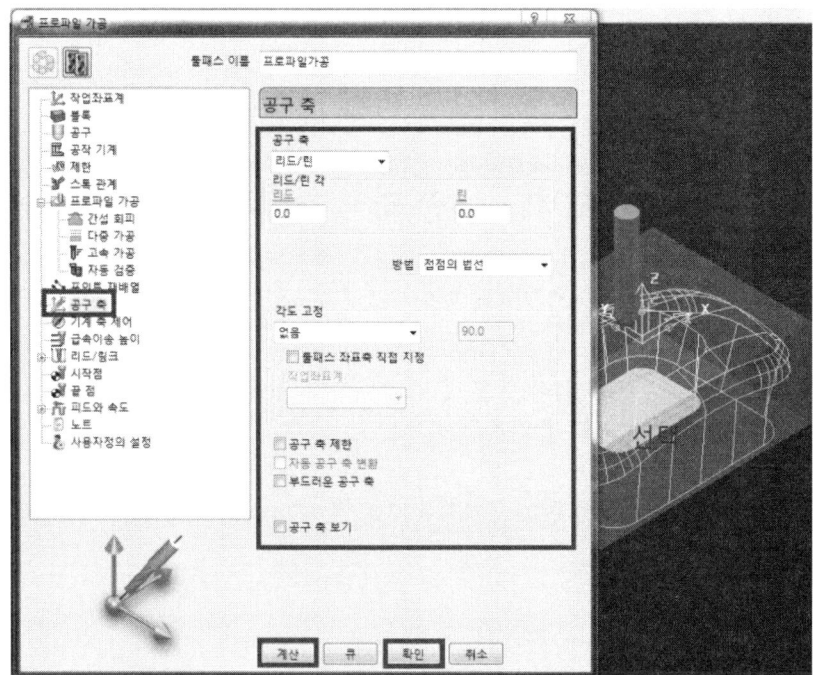

Step 08 확인한 결과 툴패스가 바닥면 형태로 생성됨을 알 수 있고 바닥면에서는 같음을 확인되었고, 그래서 프로파일 가공(Profile Finishing) 가공은 바닥면이 굴곡이 되어있는 측벽가공에 적합한 공정이다

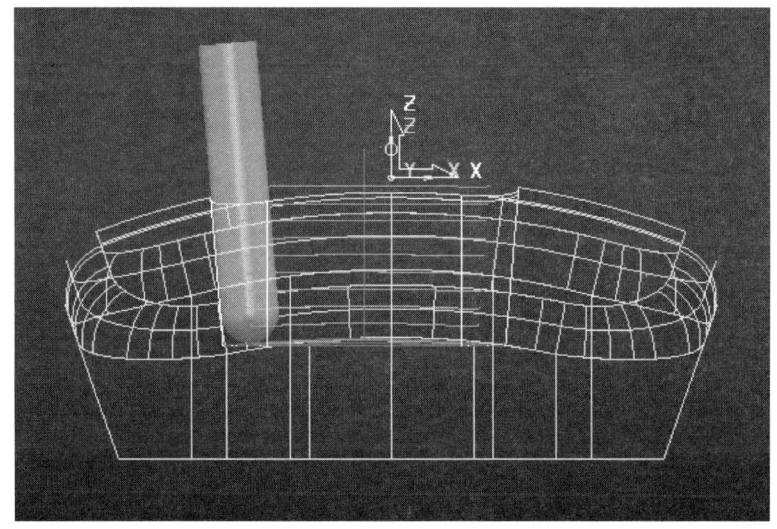

3.9 5축 임베디드 패턴가공

기준에 공구축 수직으로 TEXT(문자)를 조각하려고 3D 형상면의 법선방향으로 공구축 정렬이 안 되어 문자형태가 좋지 않게 조각되므로 이를 해결하기 위하여 임베디드 패턴가공을 하게 된다.

예제 1 5축 임베디드 패턴가공 가공   *Step by Step*

Step 01 모두 삭제, 모든 폼 초기화를 한다.

Step 02 좌측 탐색기 모델/기본메뉴 파일 ⇒ 모델 불러오기에서 data 폴더에 있는 **Embedded.dgk**를 불러온다.

Step 03 블록을 박스로 정의하고 작업좌표계는 블록 좌측하단에 있는 월드 좌표계를 사용한다.

Step 04 공구 : ∅6, 코너 R 0.3, 길이 30, 테이퍼 7인 테이퍼 스페리얼 공구를 정의하고, 급속이송높이 및 시작점 끝점을 블록 중심 안전높이로 설정한다.

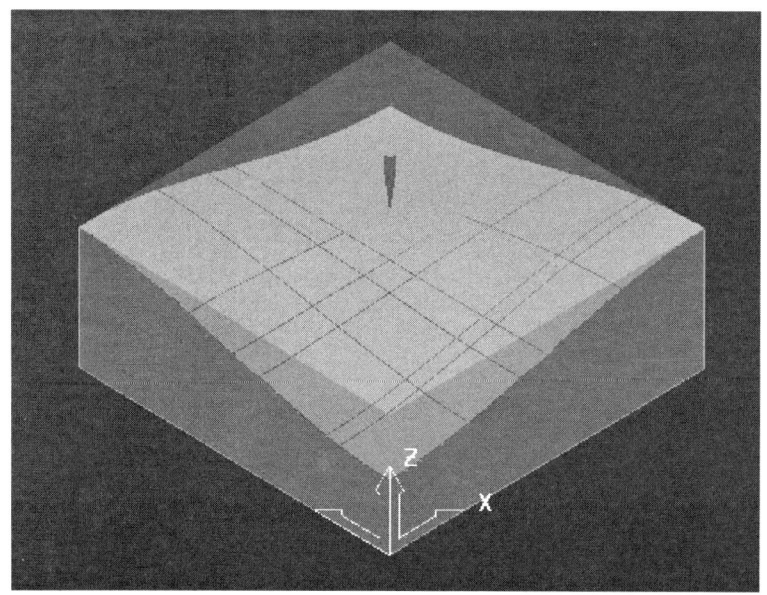

Step 05
공작물 표면에 조각할 텍스트을 좌측 탐색기에 패턴을 이용하여 만든다.
좌측탐색기 패턴, 툴바를 선택하면 패턴을 생성할 수 있는 창이 활성화시킨다. 기본메뉴, 뷰, 툴바, 패턴를 체크하면 된다.

Step 06
공작물 표면에 조각할 텍스트을 좌측 탐색기에 패턴을 이용하여 만든다.

- 좌측 탐색기, 패턴, 패턴만들기, 또는 패턴 툴바에서 선택하면 패턴창이 1이 표시되면 활성화 된다.
- 우측의 아이콘을 이용 만들면 되는데 외부에서 만들 패턴을 불러오면 된다.
- 열기 아이콘 을 선택하여 data폴더에서 Delcam_Pattern.dgk를 불러온다.

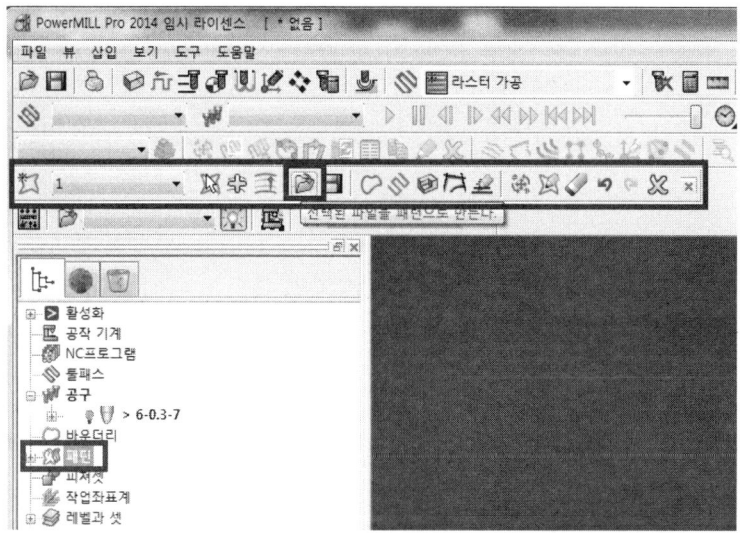

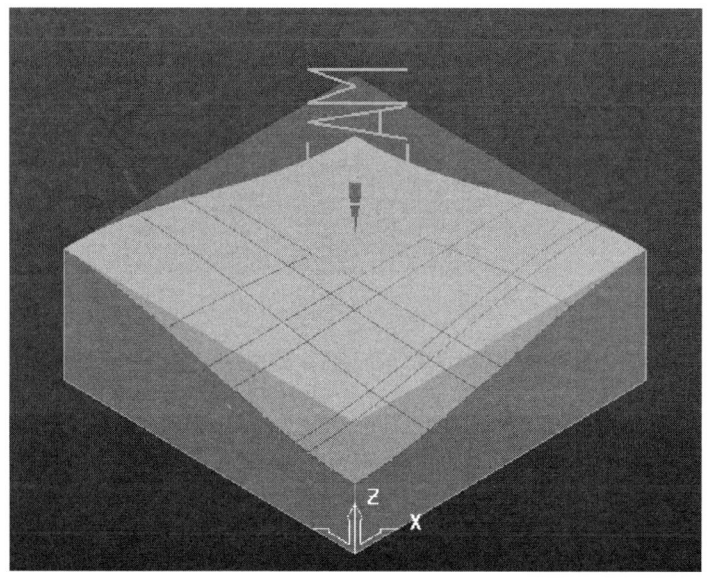

Step 07 툴 패스를 생성하기 전에 임베디드(embedded) 패턴으로의 변환이 필요하다.

- 2D 패턴을 5축가공 패턴으로 만들기 위해 패턴이름 1선택, 오른쪽 마우스, 편집(Edit), 임베디드(Embed)를 선택하면 아래와 같은 임베디드 패턴창이 활성화 된다.

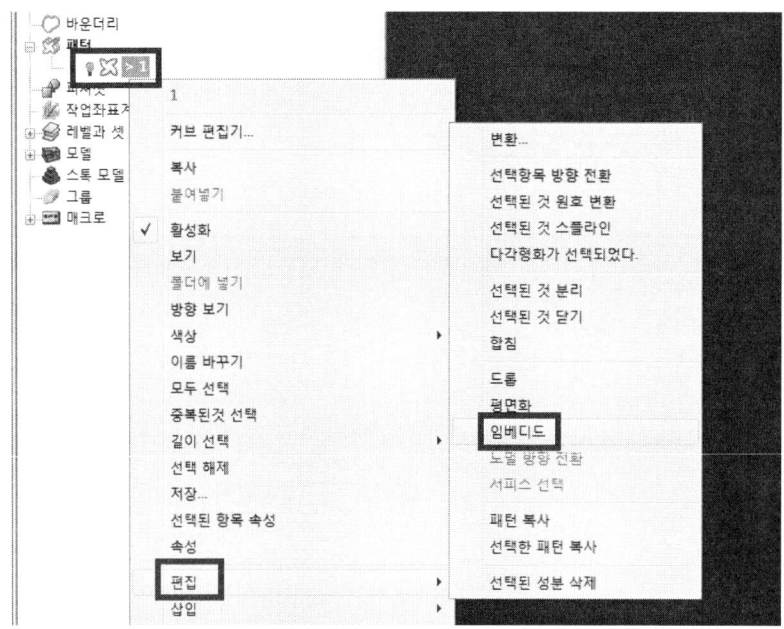

Step 08 툴 패스를 생성하기 전에 임베디드(embedded) 패턴으로의 변환이 필요하다.

- 드롭을 선택하고 적용을 누르면, TEXT가 아래로 투영됨을 확인할 수 있다.

Step 09 가공방법 (Toolpath Strategies) 아이콘을 선택하고 정삭 탭을 선택한 후 임베디드 패턴가공 선택하고 옵션을 설정한다.

● ● ● Chapter 04 CAM S/W(PowerMILL)를 이용한 프로그램

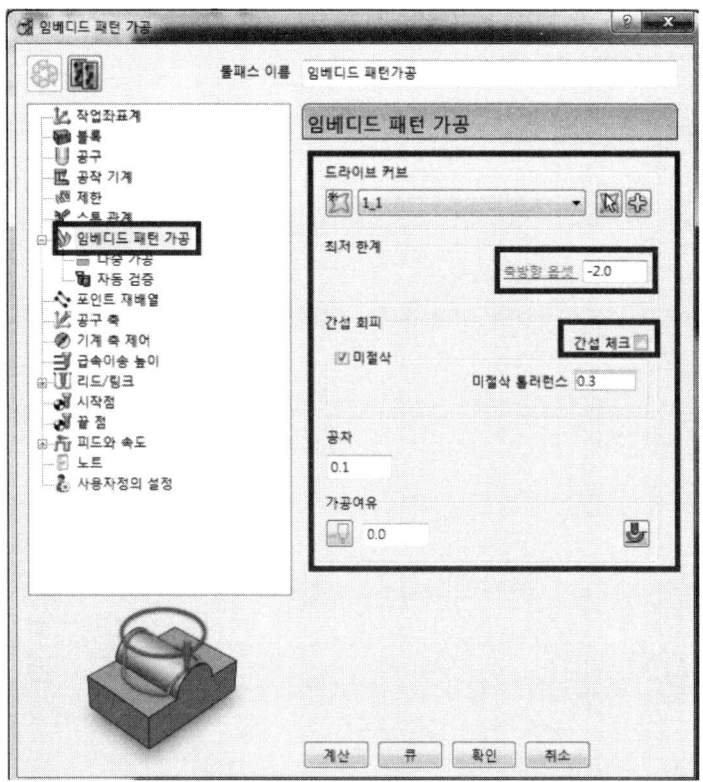

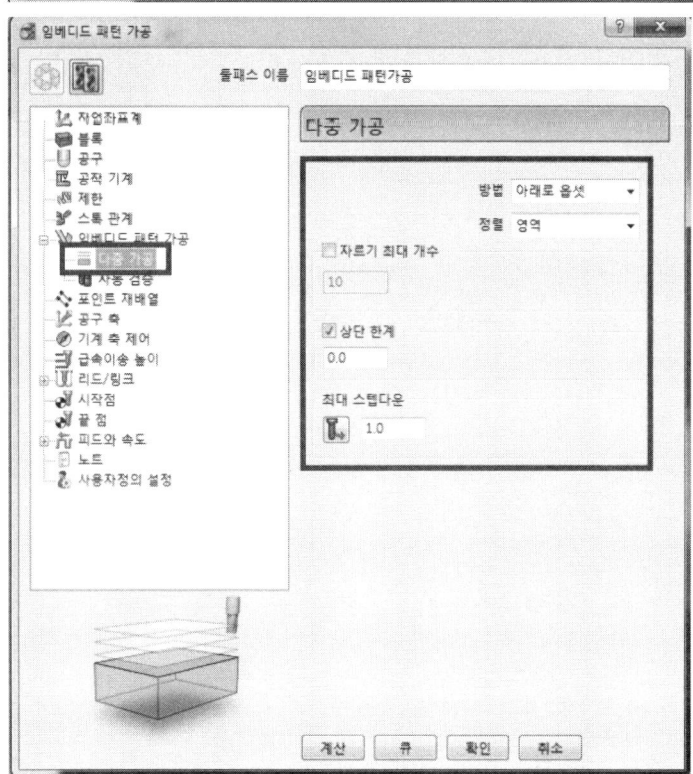

Step 10 임베디드 패턴 가공 가공 공정창에서 공구축 옵션을 아래와 같이 정확하게 선정하고 **포켓에 바닥면을** 선택하고 계산, 확인 후 툴패스를 확인한다.

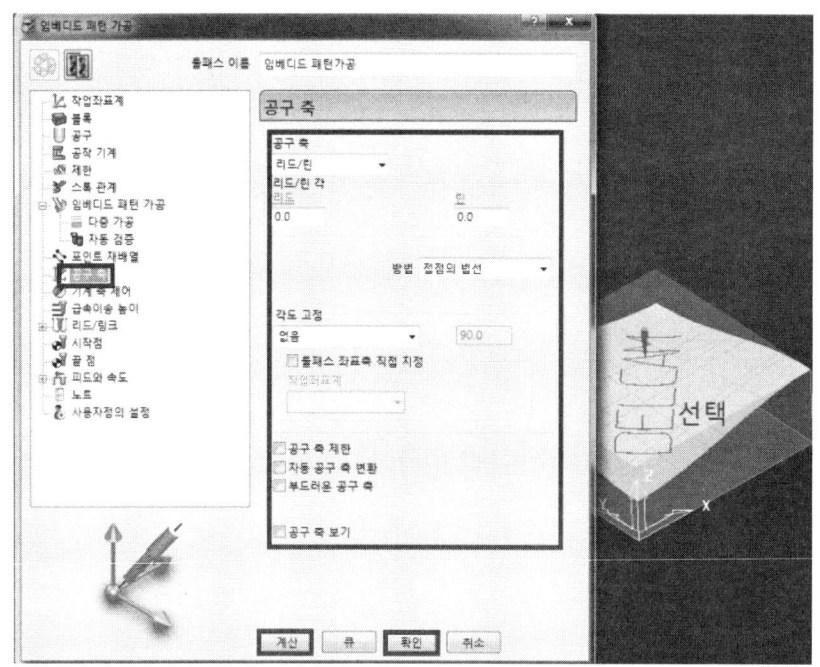

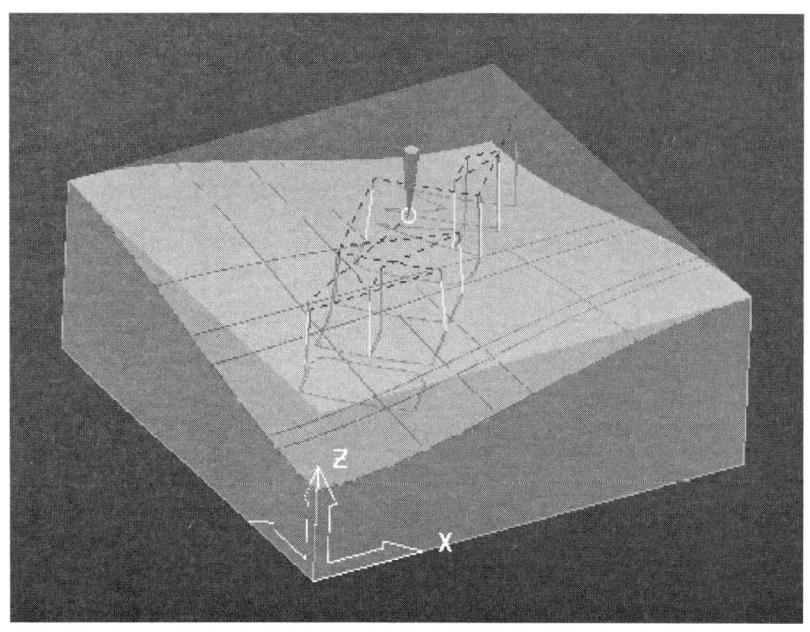

Step 11 임베디드 패턴가공은 5축에서 면에 TEXT를 조각하기에 간편한 가공방법임을 알 수 있었다.

3.10 면 스왑가공

다운스탭 없이 앤드밀의 측면이 형상면 전부에 접촉되어 가공되는 것으로 면조도를 향상시킬 수 있으나 접촉 면적이 큰 경우에는 저항으로 떨림 현상이 발생할 수 있고, 면 자체가 직선으로 되어 있는 경우가 드물다. 그래서 면 스왑가공은 제품의 가장자리부분 즉 접촉 깊이가 작은 형상에 적합하다.

예제 1 면 스왑가공 Step by Step

Step 01 모두 삭제, 모든 폼 초기화를 한다.

Step 02 좌측 탐색기 모델/기본메뉴 파일 ⇒ 모델 불러오기에서 data 폴더에 있는 **swarf_model.dgk**를 불러온다.

Step 03 블록을 박스로 정의하고 작업좌표계는 블록이용 좌측상단에 작업 좌표계를 설정한다.

Step 04 공구 : Ø10, 코너 R 0.5, 길이 50 공구를 정의하고, 급속이송높이 및 시작점 끝점을 블록 중심 안전높이로 설정한다.

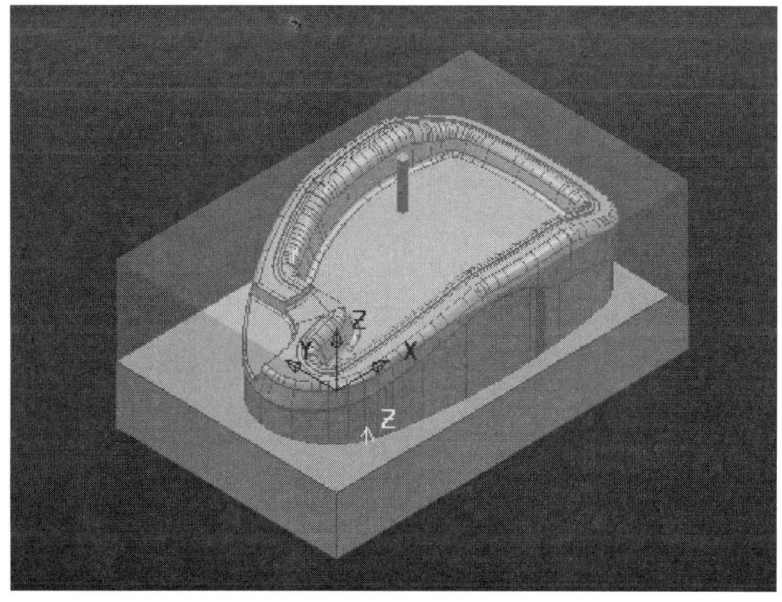

Step 05 리드/링크를 설정한다.

Z 높이	스킴거리 25	플런지 거리 5	
리드 인	수평원호	각도 90	반지름 5
리드아웃	수평원호	각도 90	반지름 5
연장	없음		
링크	짧은 링크 스킴	긴 링크 스킴	

Step 06 면 스왑가공 할 가공면을 선택하고 가공방법 (Toolpath Strategies) 아이콘 을 선택하고 정삭 탭을 선택한 후 스왑가공 선택하고 옵션을 설정한다.

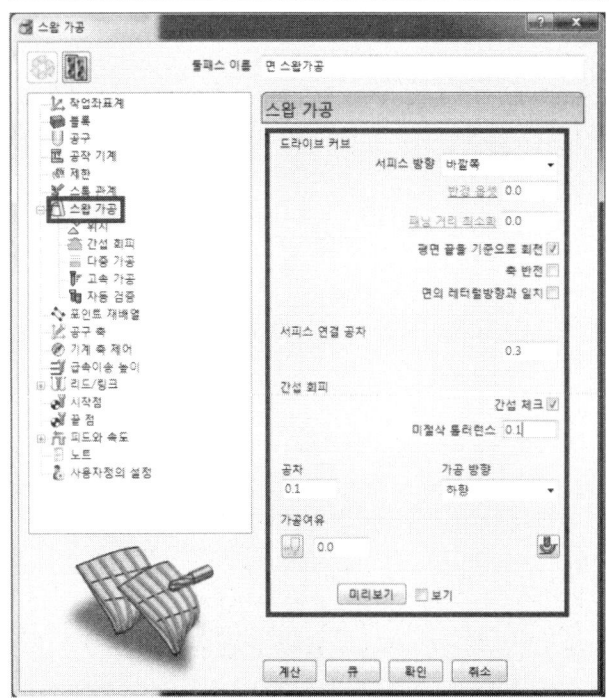

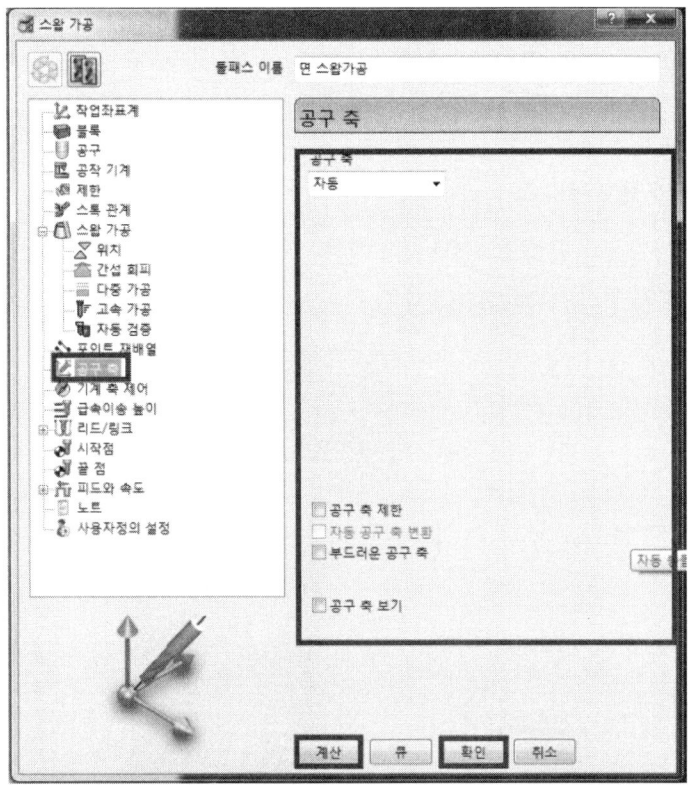

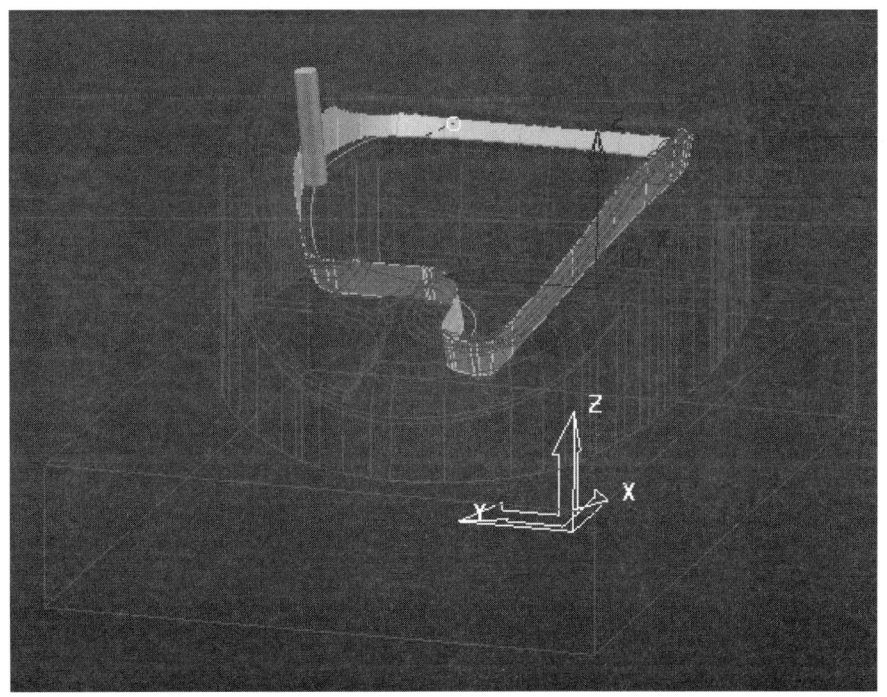

Step 07 공구축이 자동으로 정렬하고, 계산 후 확인해 보면 공구가 면과 일치됨을 확인하고, 한 개의 툴패스를 확인할 수 있다

Step 08 스왑가공 공정창에서 다른 옵션들을 확인하기 위하여 서피스를 선택하고 스왑가공 툴패스를 복사한다.

- 좌측 탐색기에서 툴패스 선택, 오른쪽마우스, 서피스 선택을 하면 가공전에 선택된 서피스가 선택되면서 활성화 된다.

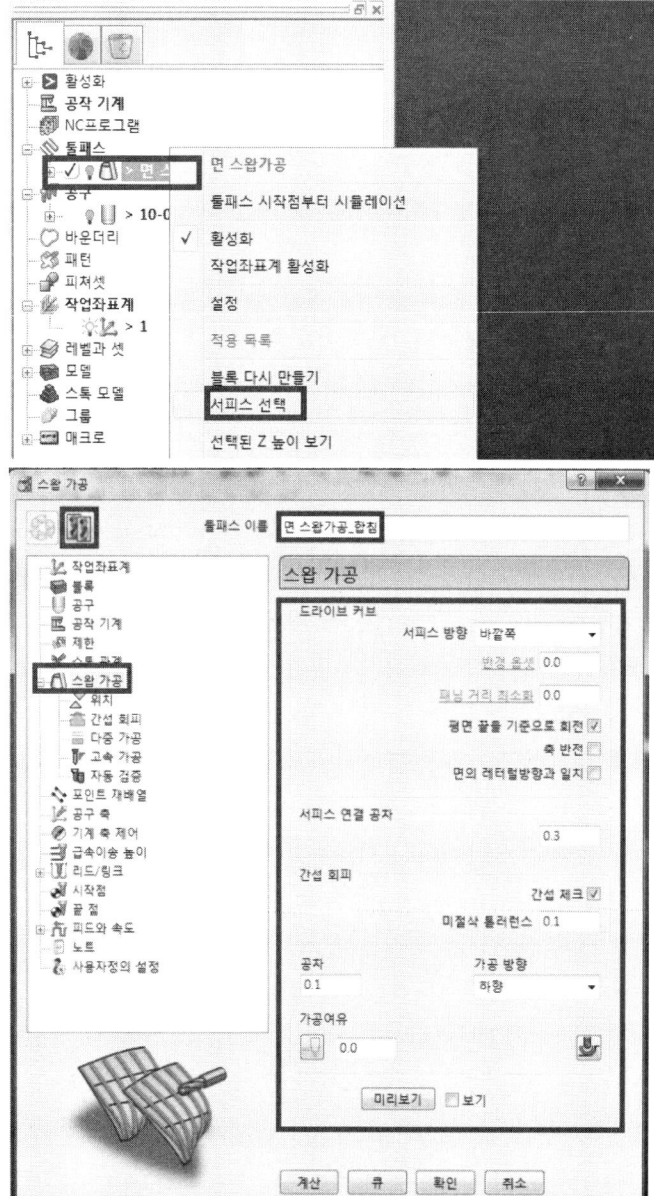

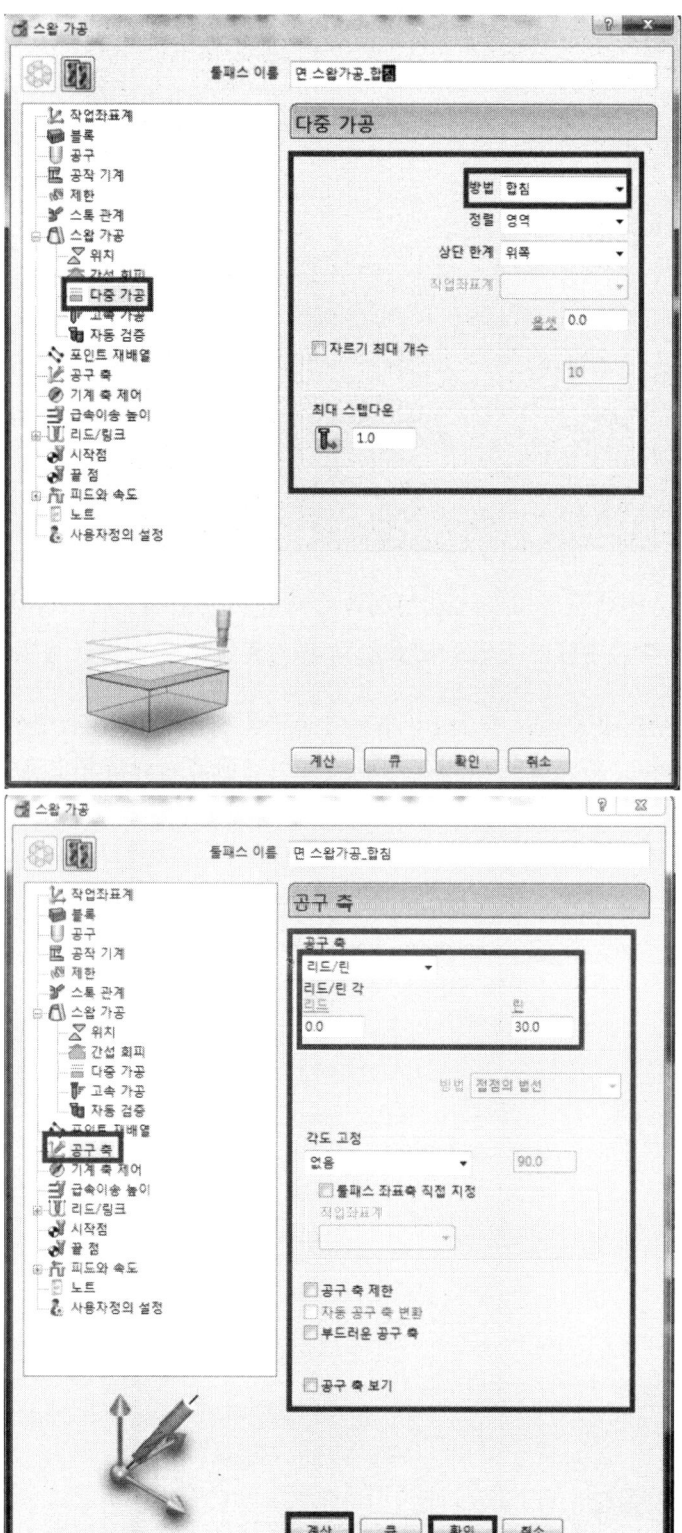

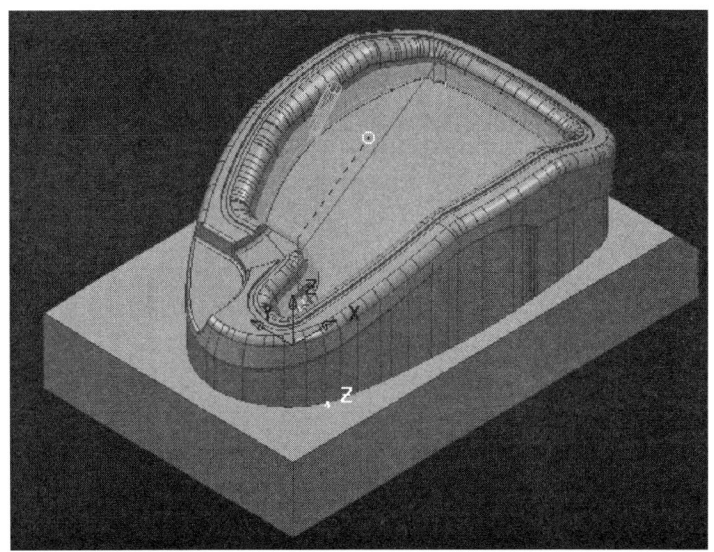

Step 09 합침 옵션은 선택된 면의 위쪽과 아래쪽 윤곽 사이에 스텝오버가 합쳐져서 아래로 한 단계씩 가공하는 방법으로 깊은 측면 가공에 적합한 가공 방법이다.

Step 10 모델 외곽 언더컷 측벽을 가공하기 위하여 공구를 지름이 8mm 로 생성하고 툴패스를 복사하고, 툴패스 계산 전에는 반드시 가공면이 선택되어야 한다.

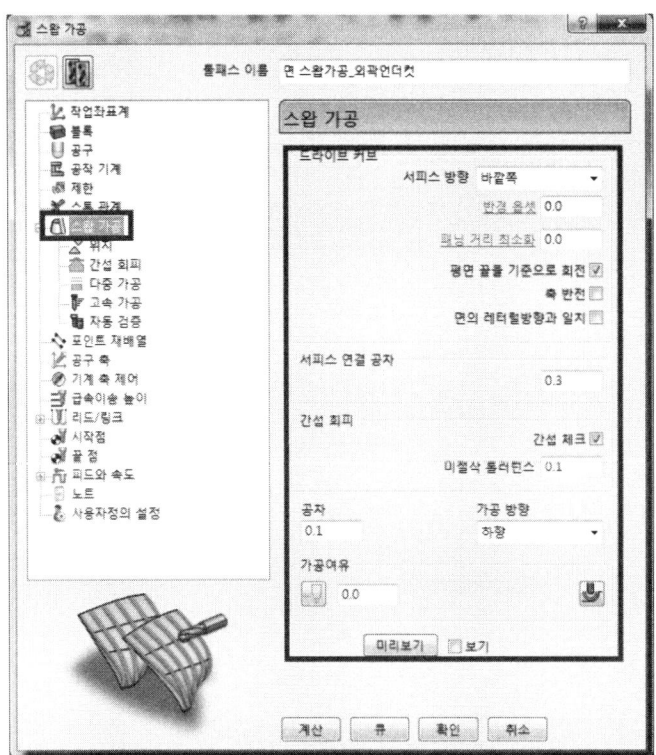

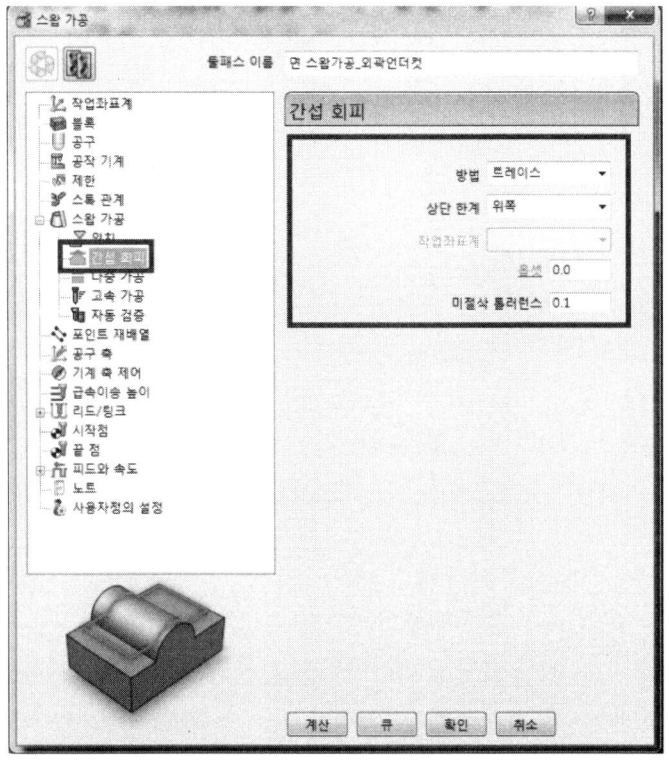

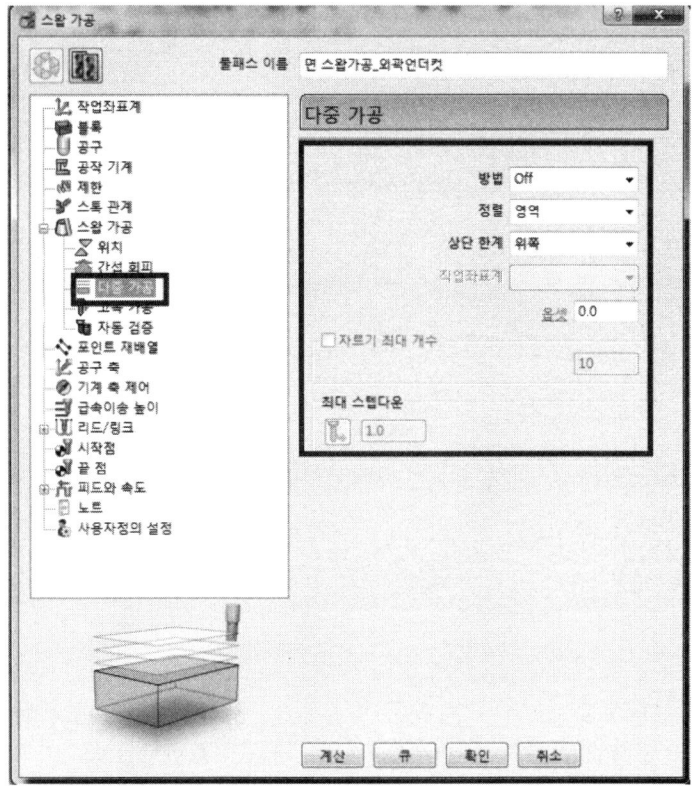

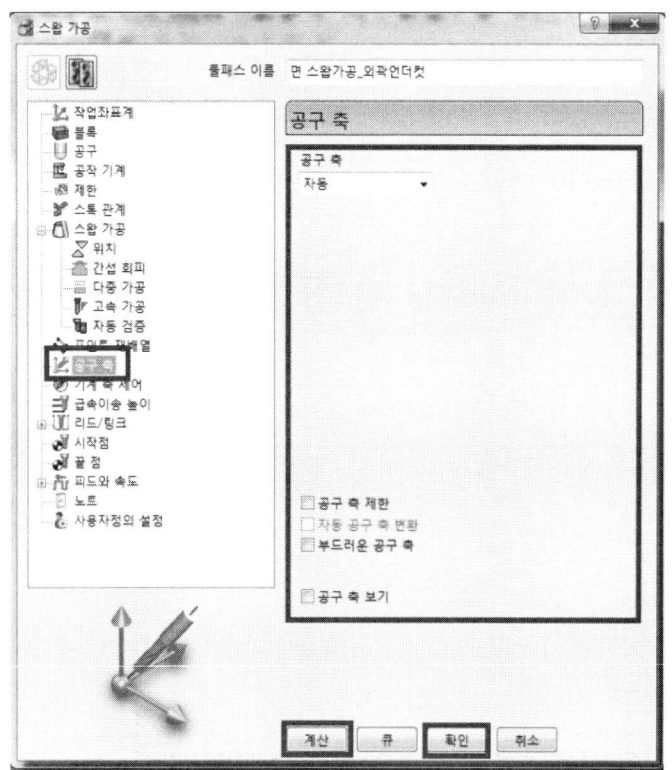

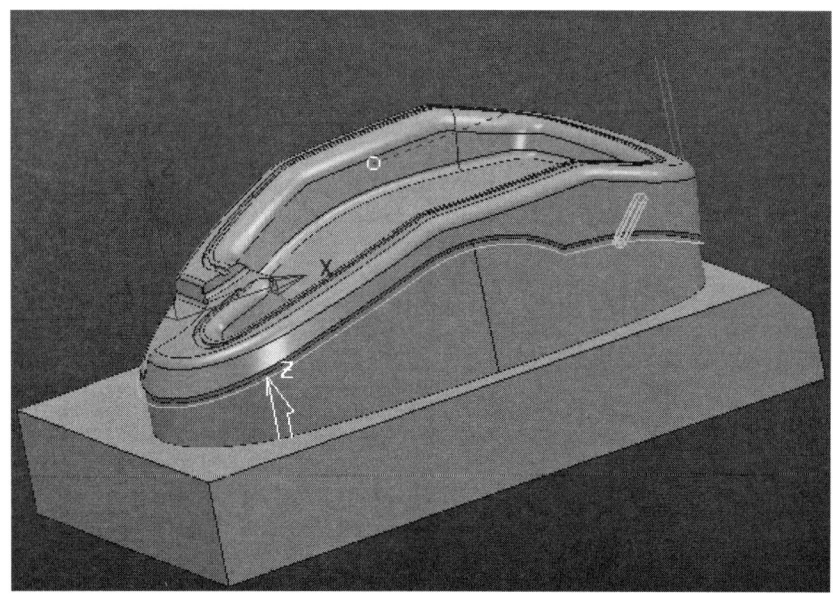

Step 11 내부 측벽가공에서 다중가공 옵션에서 off로 한 것처럼 한 개의 툴패스를 확인할 수 있고, 다중가공 옵션을 변경하면서 각자 해보기로 한다.

3.11 와이어프레임 스왑가공

면 스왑가공은 앤드밀 접촉면이 일직선인 경우에 적용하나 볼록한 측벽은 가공이 어렵다. 이를 해결하기 위해 적합한 것이 와이어 프레임(Wire-frame)가공 방법이다.

예제 1 와이어 프레임 스왑가공 *Step by Step*

Step 01 모두 삭제, 모든 폼 초기화를 한다.

Step 02 좌측 탐색기 모델/기본메뉴 파일 ⇒ 모델 불러오기에서 data 폴더에 있는 **Wfrm-Swarf.dgk**를 불러온다.

Step 03 모델 중앙 하단에 있는 작업좌표계를 활성화하고, 블록을 박스로 정의한다.

Step 04 공구 : ∅5, 길이 35인 평 앤드밀 공구를 정의하고 생크는 지름이 5, 길이가 20, 홀더의 하단지름 15, 상단지름 25, 길이 15으로 하고 상, 하 지름 25, 길이 15를 추가하고, 가공 최적 길이 50, 홀더를 하나 더 추가해 공구를 생성하고 급속이송 높이 및 시작점 끝점을 블록 중심 안전높이로 설정한다.

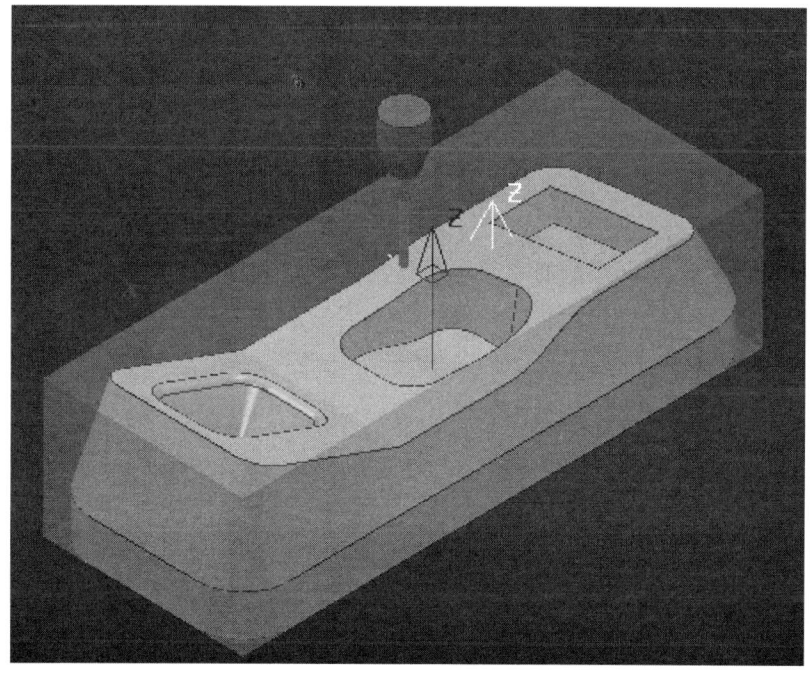

Step 05 가공할 내부 포켓 형상을 Shift 이용하여, 3개를 선택하고, 면 스왑가공 할 가공면을 선택하고 가공방법 (Toolpath Strategies) 아이콘 을 선택하고 정삭 탭을 선택한 후 스왑가공 선택하고 전의 면 스왑가공과 같이 옵션을 설정하고 계산 후 확인 한다.

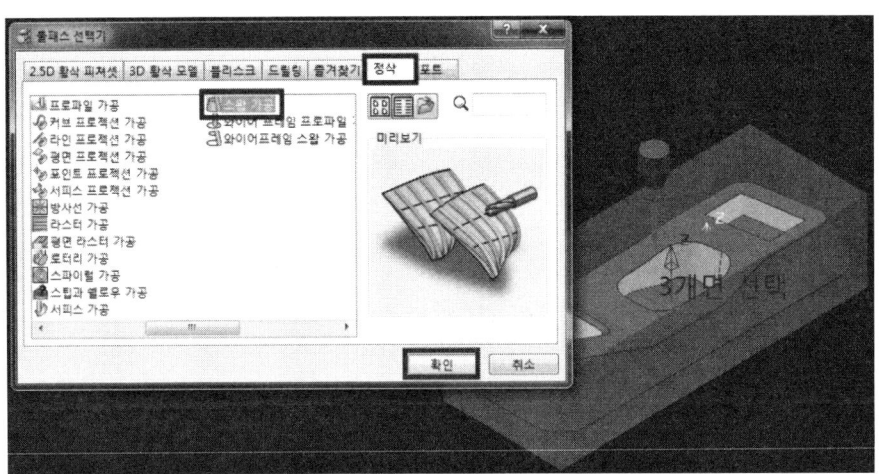

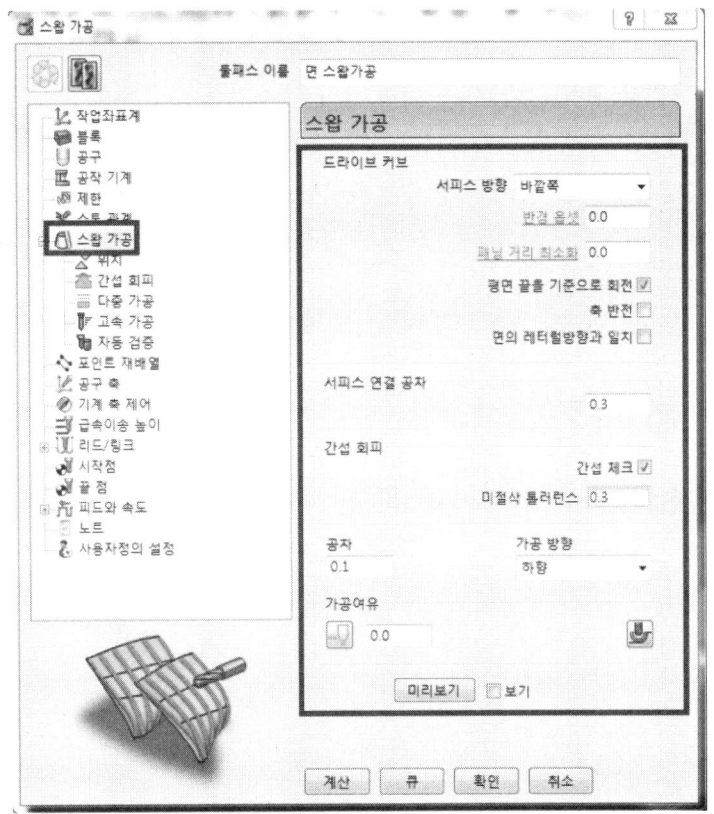

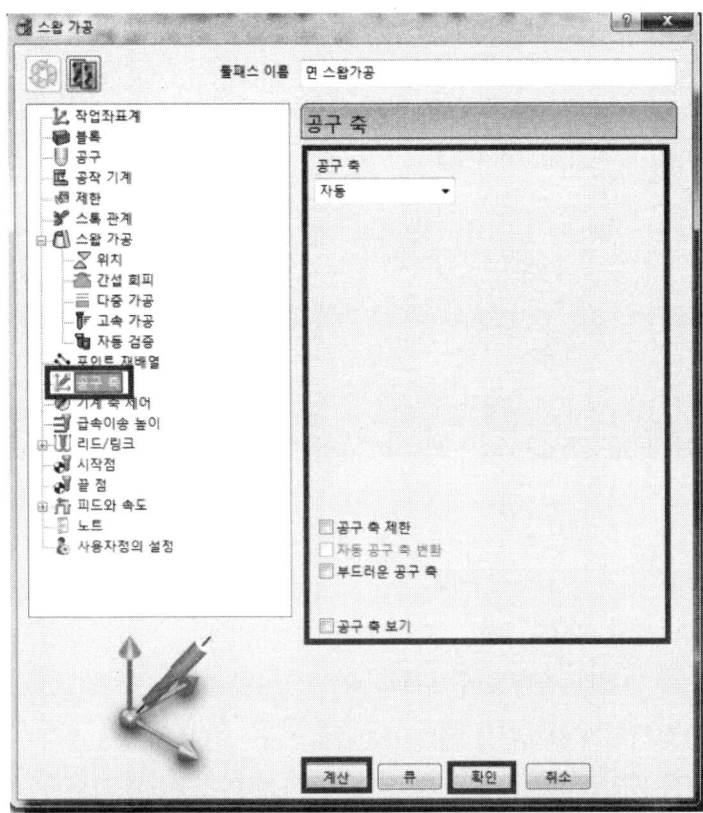

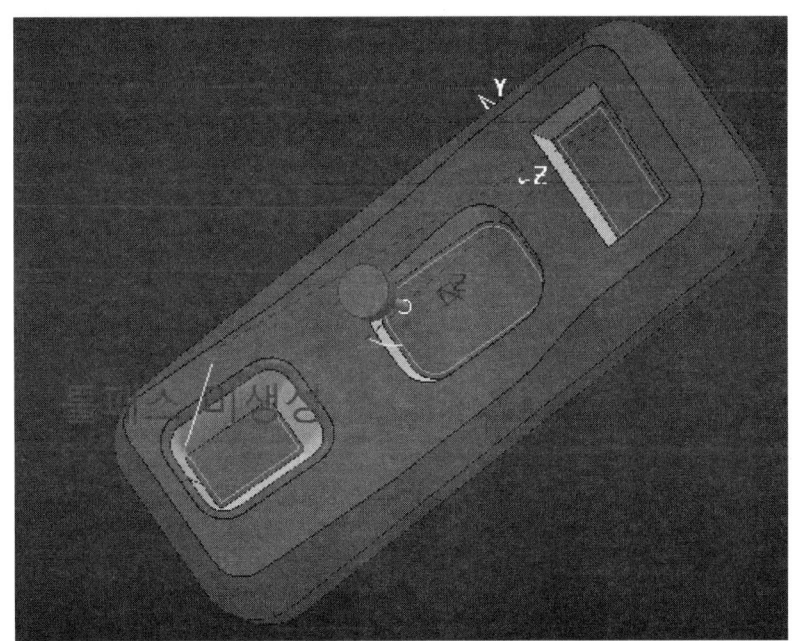

※ 가공면이 일직선이 아니고 볼록한 면을 툴패스를 생성하지 못함을 알 수 있다.
바로 이런 형상을 해결하기 위해 와이어프레임 스왑가공이 있는 것이다.

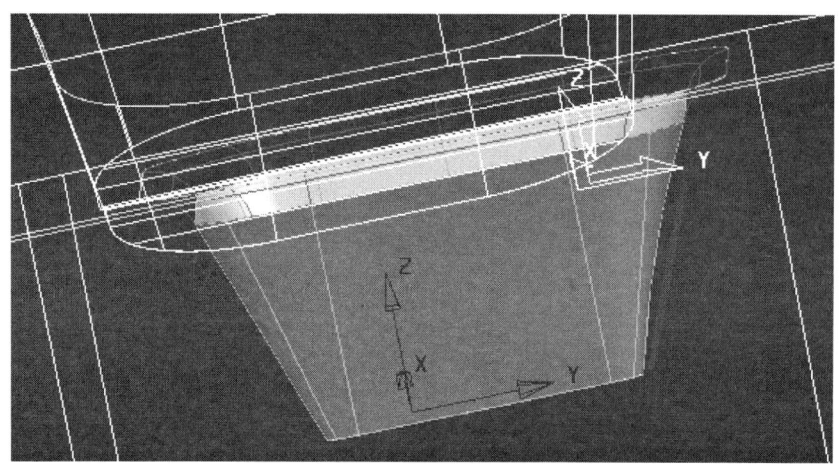

Step 06 와이어 프레임 스왑가공을 하기 위하여 툴패스가 생성되지 않는 면을 선택하여 와이어 프레임 패턴을 생성한다.

좌측 탐색기에서 패턴 ⇒ 패턴 만들기를 한 후 가공면을 선택 후 패턴창에서 모델을 패턴으로 만들다 선택하여 패턴을 만들어 이름을 Top로 한다.

- 하단에 와이어를 선택하고 패턴(Pattern) Top에서 마우스 오른쪽을 클릭하고 메뉴에서 편집(Edit)-선택한 패턴 복사(Copy Pattern)를 선택한다.

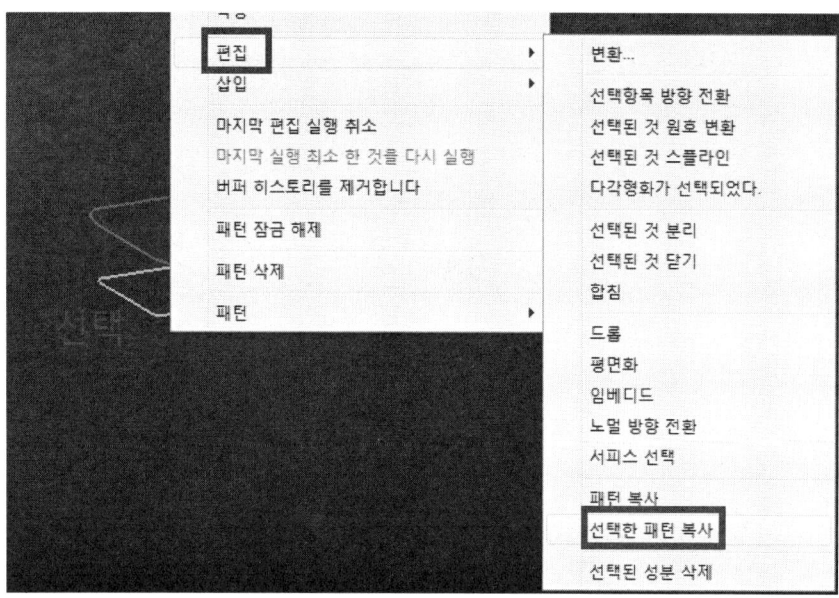

- 복사된 패턴(Pattern)의 이름을 Bottom으로 변경한다.
- 패턴(Pattern) Top을 활성화 시키고, 하단 패턴을 선택하여 편집 ⇒ 선택한 성분 삭제(Delete)한다.

Step 07 두 패턴이 방향을 일치시키기 위해 상 하단 패턴을 선택 후 방향보기를 하여 시작 위치와 방향을 확인한다.

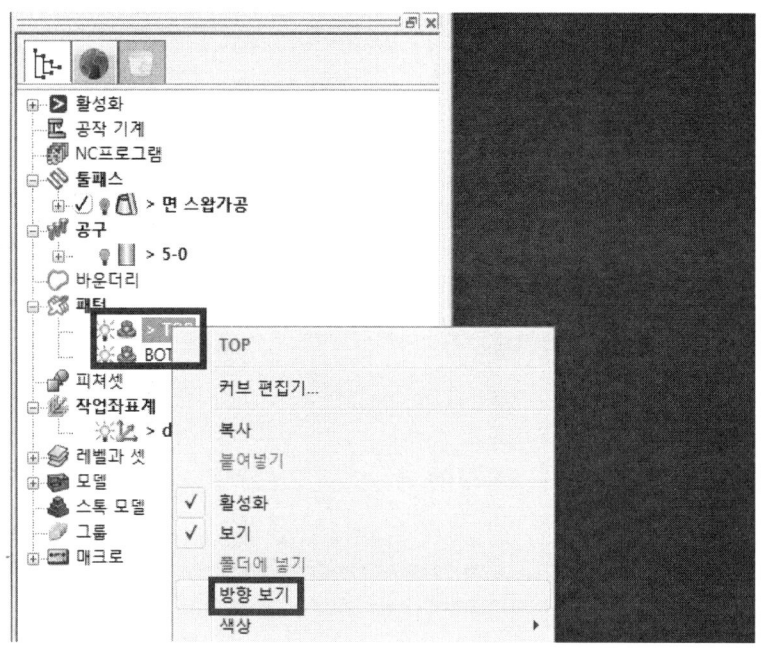

방향이 서로 맞지 않으면, 하단 패턴을 선택하고 마우스 오른쪽 버튼을 이용하여 **Edit(편집) - 선택항목 방향전환**을 선택하여 일치시킨다.

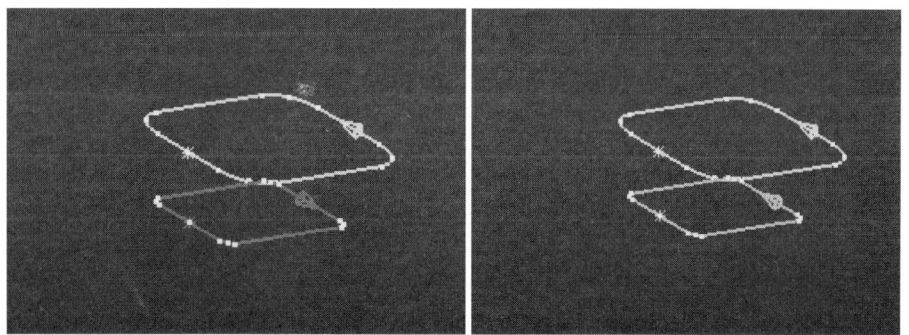

Step 08 와이어 프레임 스왑가공할 면을 가공방법 (Toolpath Strategies) 아이콘 을 선택하고 정삭 탭을 선택한 후 와이어 프레임 스왑가공 선택하고 옵션을 설정한다.

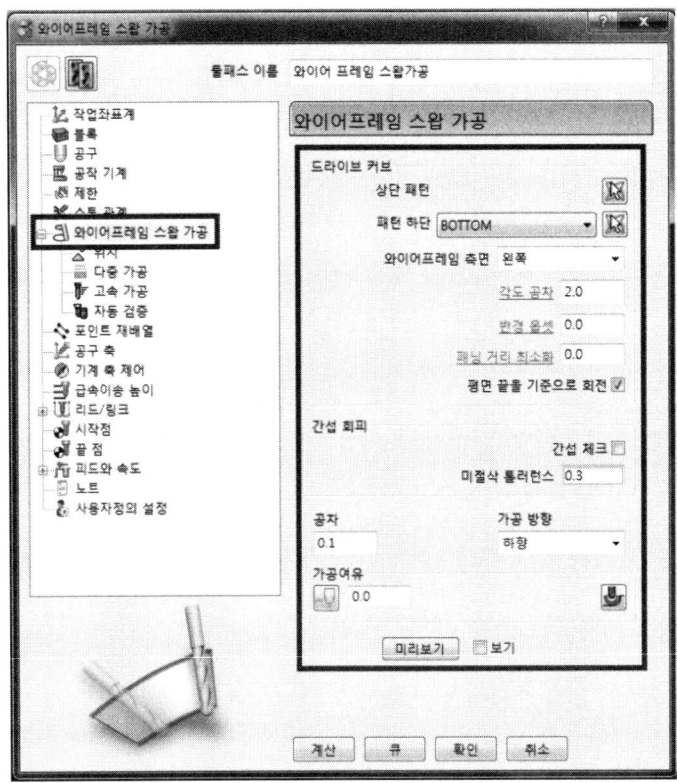

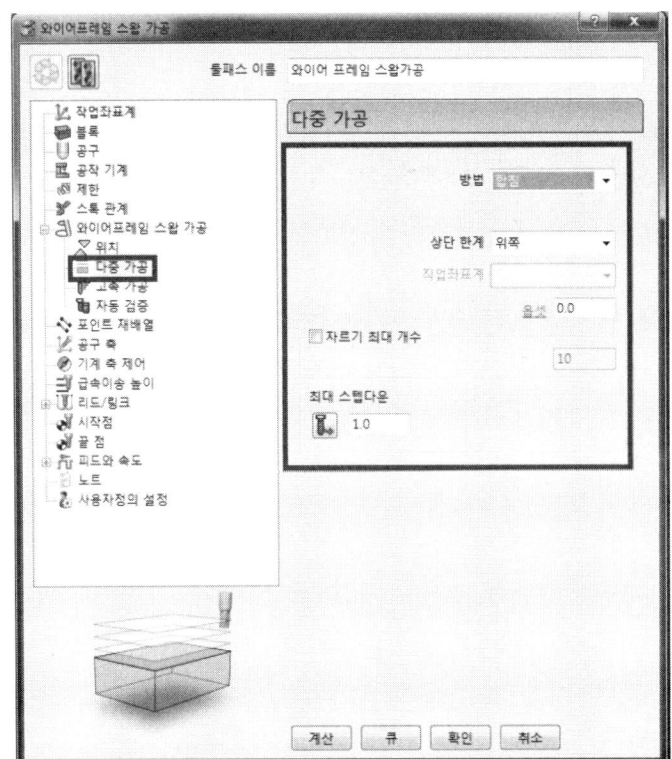

Chapter 04 CAM S/W(PowerMILL)를 이용한 프로그램

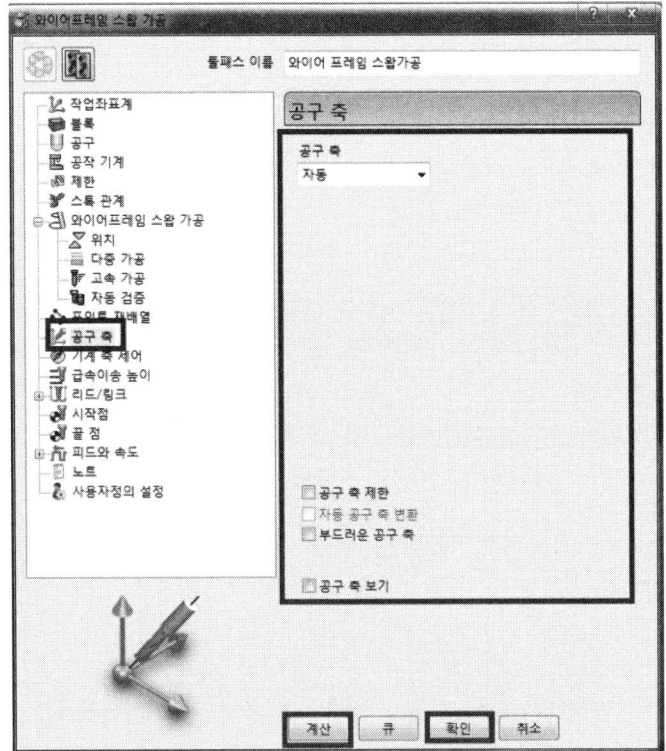

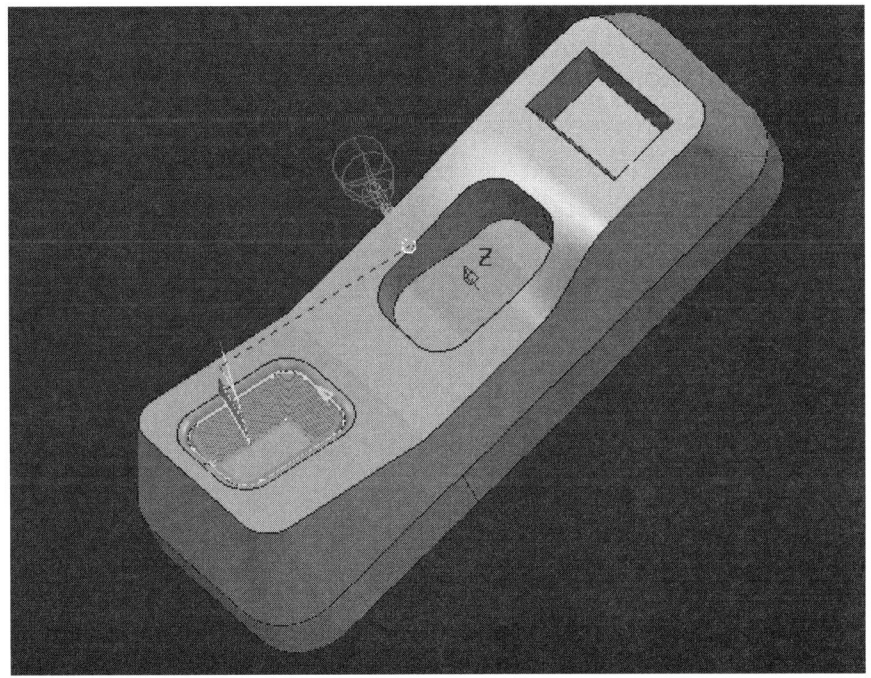

3.12 로터리 가공

한 개의 축을 기준으로 회전하면서 선반가공처럼 툴패스를 생성하는 방법이다. 여기서는 월드컵트로피를 예제로 하여 설명 하겠다.

예제 1 로터리 가공 — Step by Step

Step 01 모두 삭제, 모든 폼 초기화를 한다.

Step 02 좌측 탐색기 모델/기본메뉴 파일 ⇒ 모델 불러오기에서 data 폴더에 있는 **WORLDCUP.dgk** 를 불러온다.

Step 03 블록을 박스로 정의하고 블록 중앙상단에 Post좌표계를 생성한다.

Step 04 황삭, 중삭, 정삭공구 및 절삭조건을 정의한다.

황삭	팁 공구	∅12	R1
회전수 : 10000		스텝오버 : 7	가공여유 : 0.5
이송속도 : 3000		스텝다운 : 1	
중삭	볼 앤드밀	∅6	
회전수 : 12000rpm		스텝오버 : 2	가공여유 : 0.1
이송속도 : 3000		스텝다운 : 0.3	
정삭	볼 앤드밀	∅3	
회전수 : 13000rpm		스텝오버 : 0.3	
이송속도 : 2500			

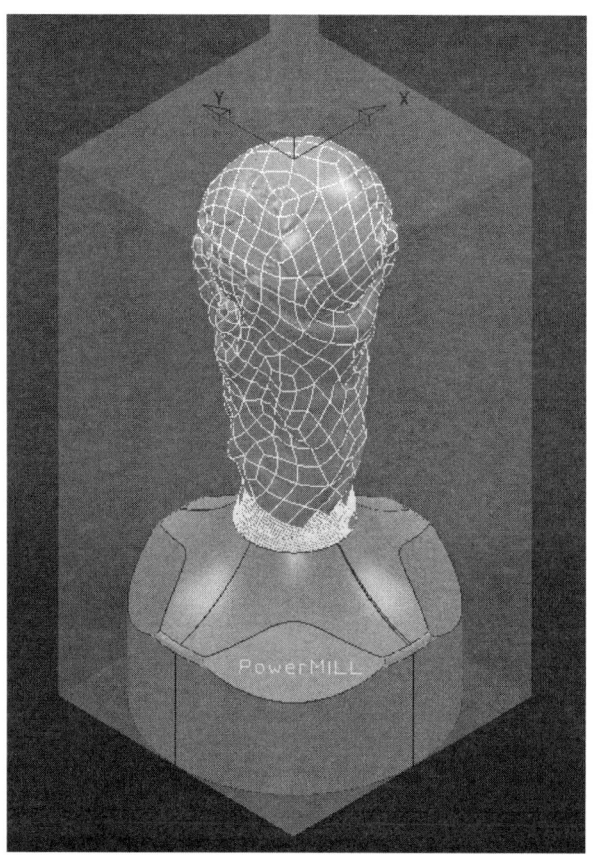

Step 05 상하 황삭 툴패스를 생성하기 위해 Post 좌표계를 편집하여 작업좌표계를 생성한다.

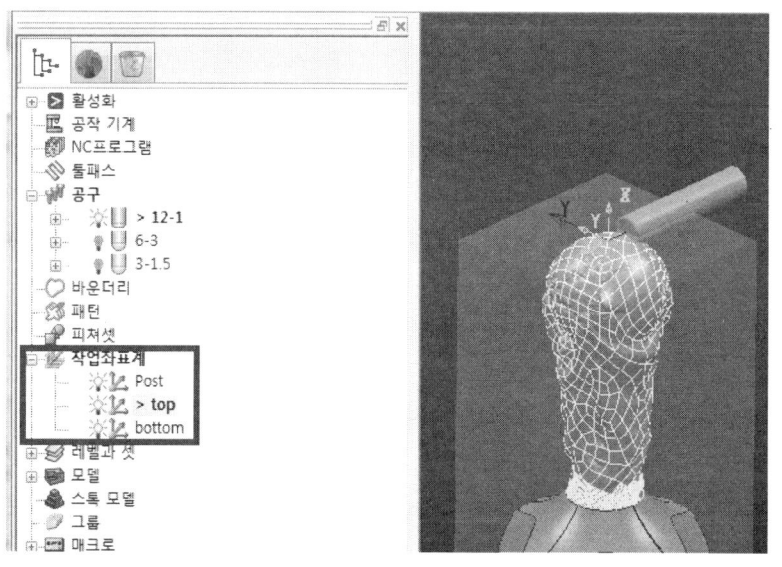

Step 06 상부를 가공하기 위해 작업좌표계를 top활성화 한 후 급송이송높이, 시작점 끝점을 정의한다.

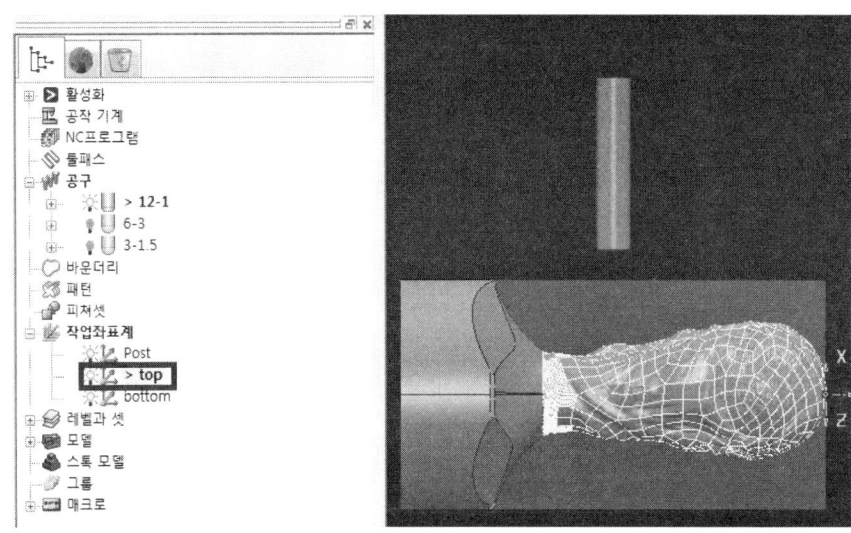

Step 07 리드/링크를 설정한다.

Z 높이	스킴거리 25	플런지 거리 5	
리드 인	없음		
리드아웃	없음		
연장	없음		
링크	모두 증분		

Step 08 가공방법 (Toolpath Strategies) 아이콘 을 선택, 3D황삭모델 탭을 선택한 후 황삭 선택하고, 옵션을 설정하고 계산 후 확인 한다.

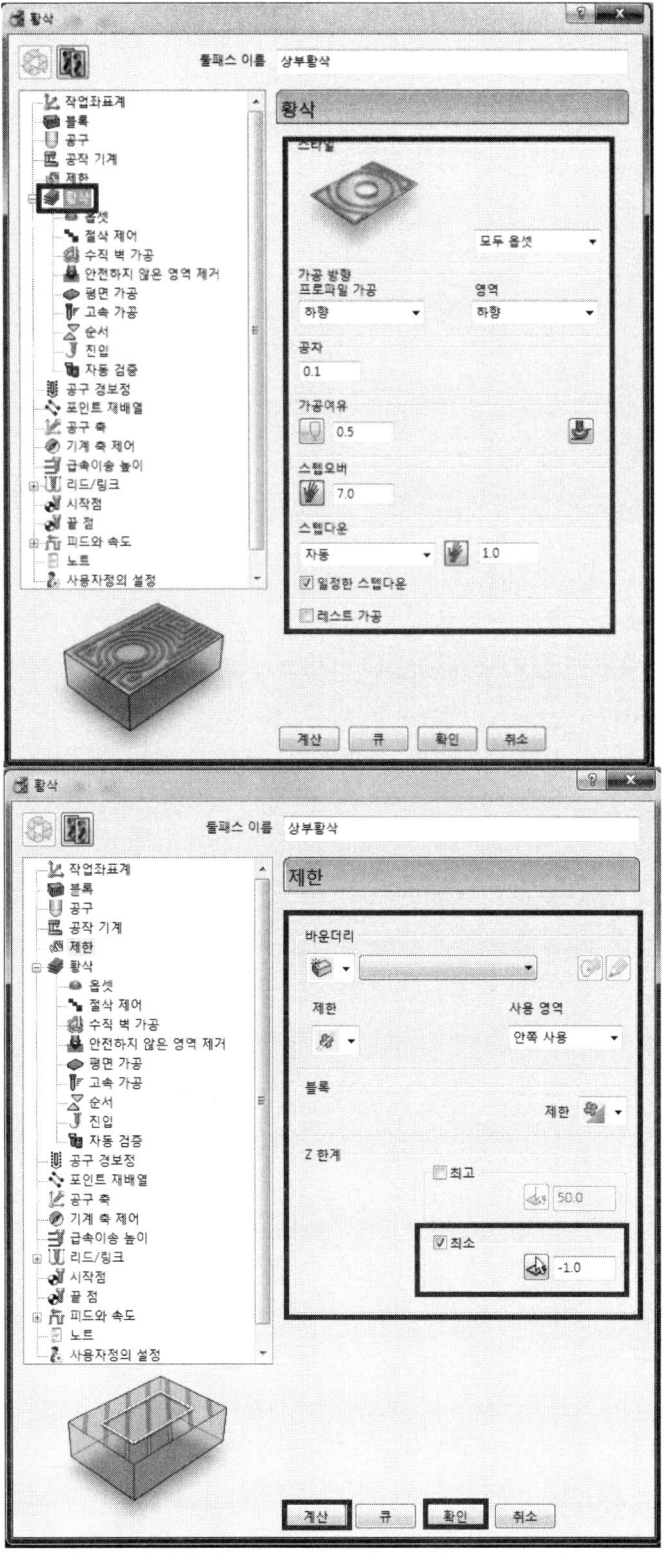

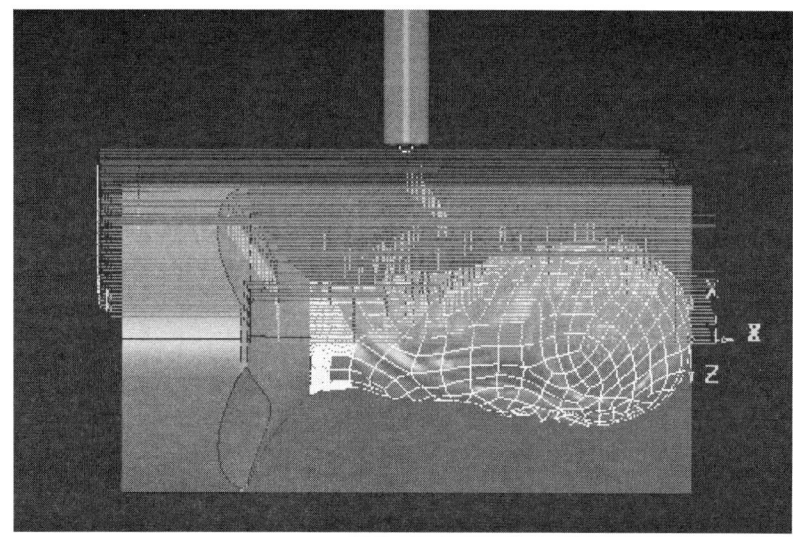

Step 09 상부황삭 툴패스를 활성화 하고 선택 ⇒ 설 정 ⇒ 복사하고 툴패스 이름을 하부황삭으로 하고 작업좌표계를 Bottom으로 설정, 급송이송높이 계산 후 툴패스를 계산하여 확인한다.

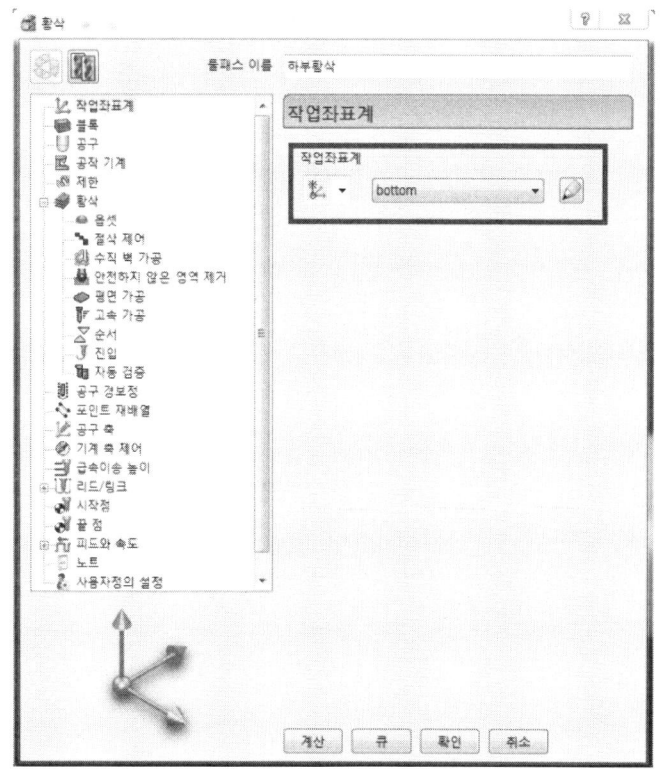

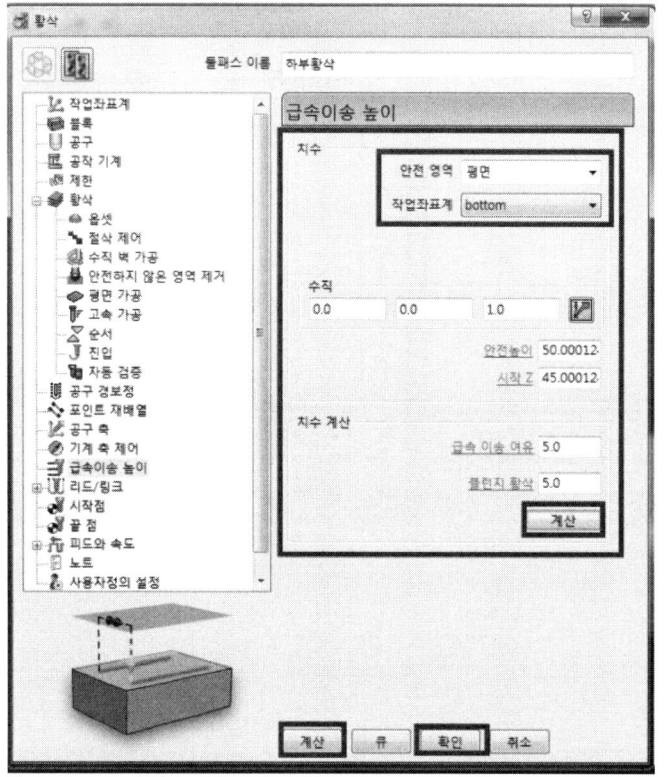

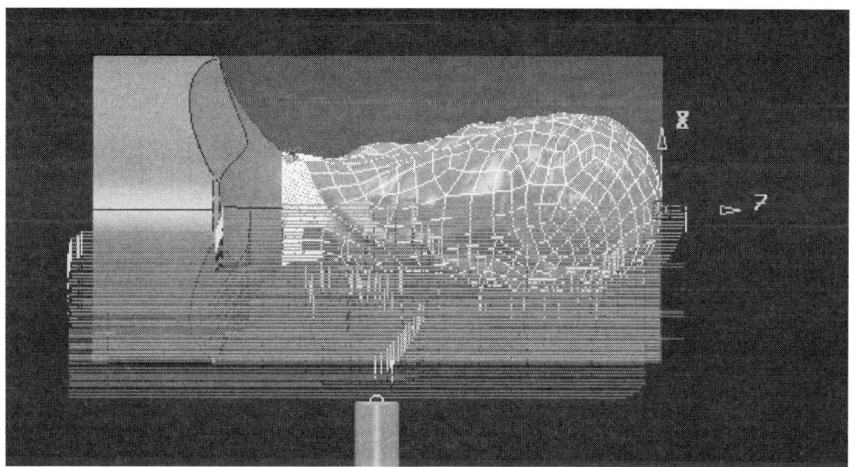

Step 10 로터리 중삭가공을 위하여 작업좌표계 top을 활성화 하고, 급속속 이송높이를 계산하고 중삭용 공구 ∅6를 활성화 한다.

Step 11 시작점, 끝점, 리드/링크를 아래와 같이 설정한다.

Z 높이	스킴거리 25	플런지 거리 5
리드 인	없음	
리드아웃	없음	
연장	없음	
링크	모두 증분	

Step 12 가공방법 (Toolpath Strategies) 아이콘 을 선택, 정삭 탭을 선택한 후 로터리가공 선택하고, 옵션을 설정하고 계산 후 확인 한다.

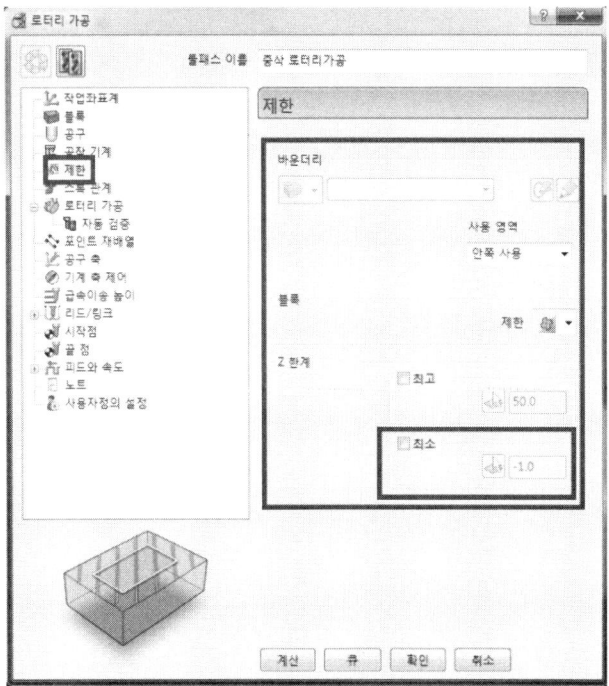

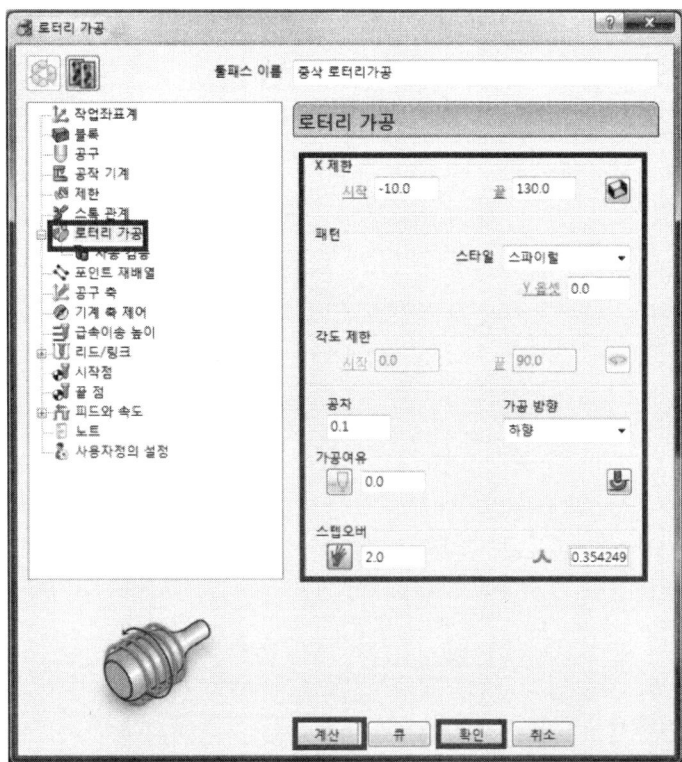

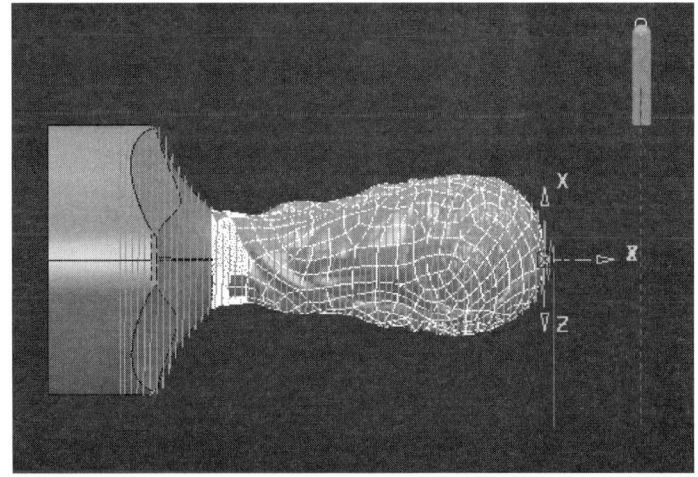

Step 13 툴패스 중삭 로터리가공을 복사후 공구를 Ø3 볼 앤드밀을 선정하고 스텝오버를 0.3, 가공여유를 0으로 하여 정삭 로터이가공을 한 후 툴패스를 확인한다.

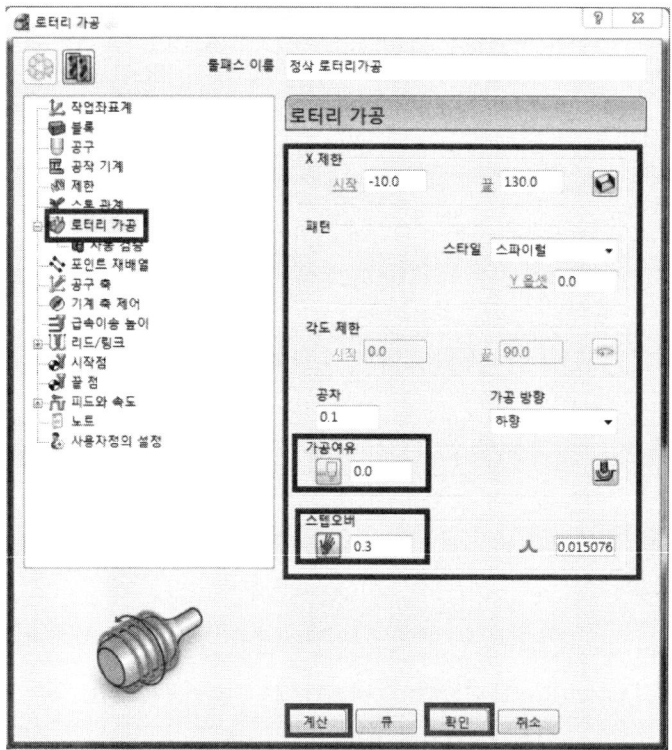

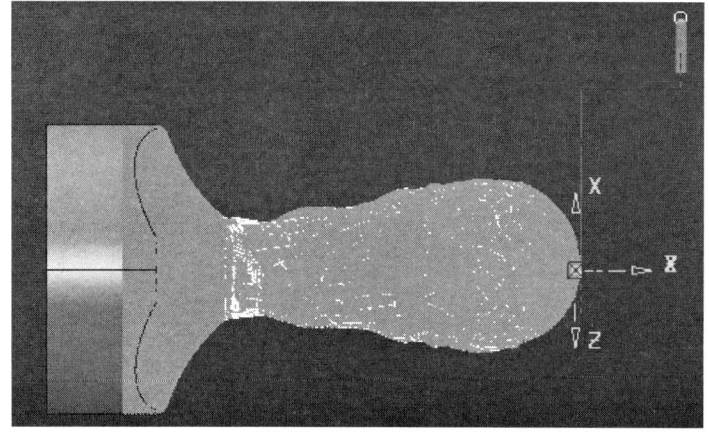

Step 14 모의가공을 이용 황삭 부터 정삭까지 시뮬레이션을 하여 확인한다.

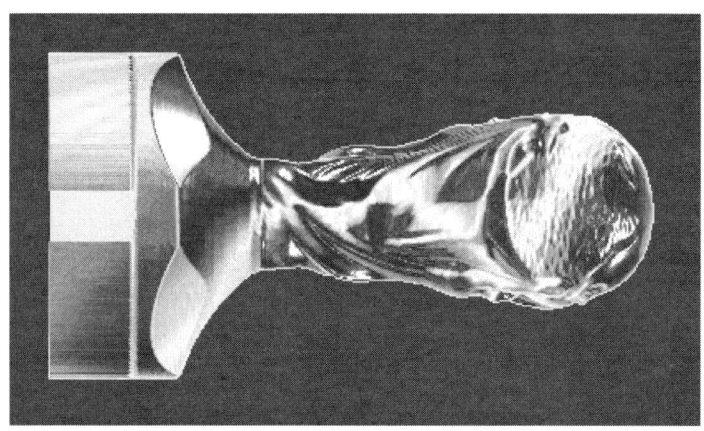

Step 15 확인된 툴패스 모두를 NC 프로그램에 등록 한 후 해당 NC프로그램을 오른쪽 마우스 설정 탭을 누른 후 출력좌표계를 post, post 파일을 해당 5축기계로 선정 후 NC프로그램을 생성한다.

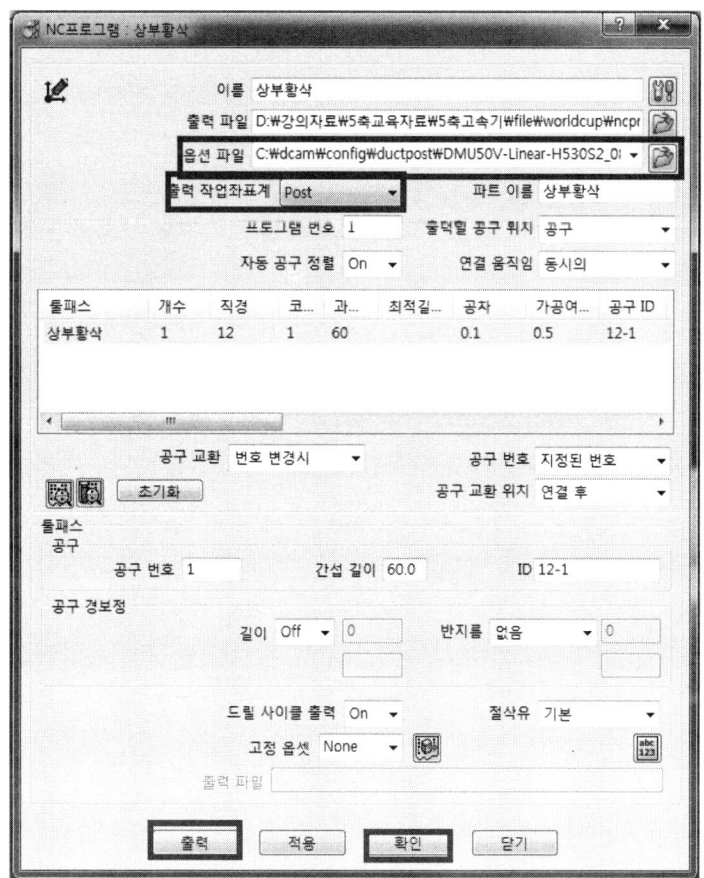

3.13 공구축 편집

제품형상에 따라 공구경로가 이동하는 동안 과도한 회전 및 불규칙한 이동을 하게 되어 기계에 무리를 가할 수 있어 제품정밀도가 허락하는 한도 내에서 공구축을 편집하여 기계의 내구성을 좋게 하기 위해 불규칙하게 움직이는 구간을 선택하여 공구축을 편집하여 원활하게 움직이게 할 수 있다.

예제 1 공구축 편집 — Step by Step

Step 01 모두삭제, 모든 폼 초기화를 한다.

Step 02 좌측 탐색기 모델/기본메뉴 파일 ⇒ 모델 불러오기에서 data 폴더에 있는 **EditToolAxis-Start**(공구축 편집) 프로젝트 파일을 불러온다.

Step 03 기존 작업한 프로젝트 파일을 수정하려면 다른 이름으로 저장을 하고 해야 하므로 **toolaxisedit**으로 저장한다.

Chapter 04 CAM S/W(PowerMILL)를 이용한 프로그램

Step 04 툴패스를 시뮬레이션으로 확인하면 하단코너 라운드 형상부분에서 공구축의 움직임이 불규칙함을 확인할 수 있다.

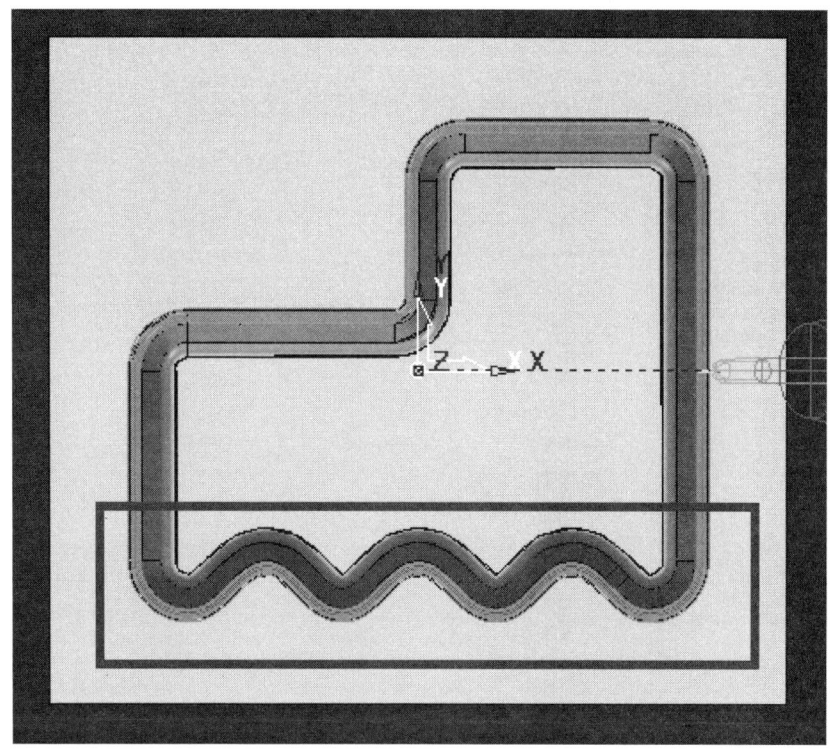

Step 05 공구 축 정렬이 수정되어야 하는 영역을 정의하기 위하여 위의 그림과 같이 폴리곤을 이용한다.

- 툴패스 **BN5-Rest-Lean45** 위에서 오른쪽 버튼을 이용하여 **편집(Edit)-공구축(Tool Axis)**을 선택하면 아래와 같은 폼이 나타난다.

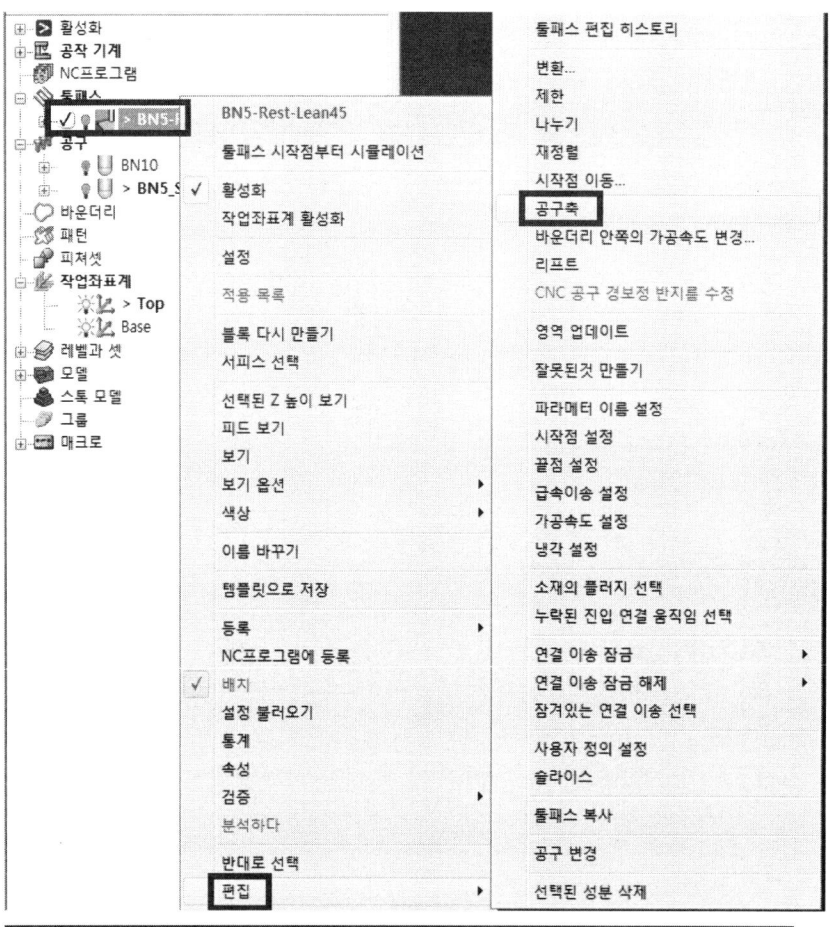

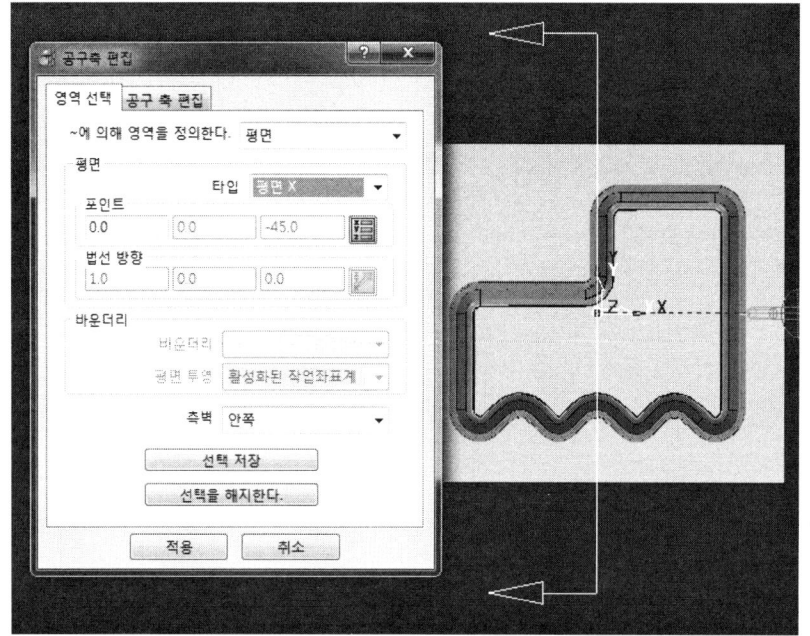

Step 06 영역 선택창의 영역에 의한 정의는 폴리곤으로 놓고 마우스로 사각형은 작도 후 측벽 는 안쪽으로 설정 후 적용을 한다.

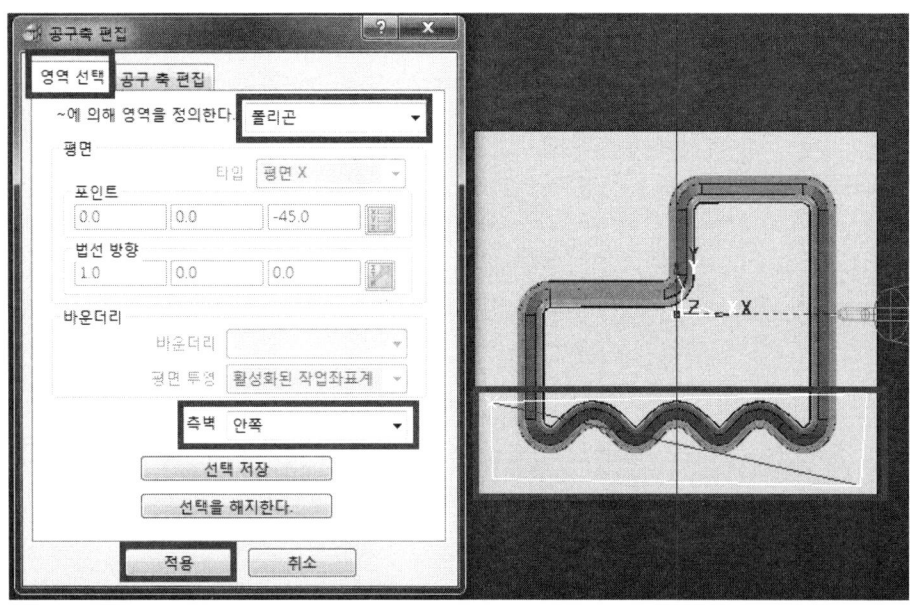

Step 07 공구축 편집 탭을 선택하고 공구 축 아이콘 을 클릭하여 공구 축을 고정된 방향으로 설정하고, 공구 축 폼에서 방향에

I0.0, J-1.0, K1.0를 입력하고 확인 후 적용을 한다.

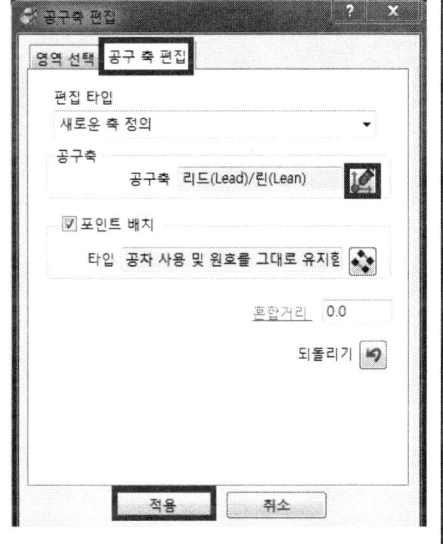
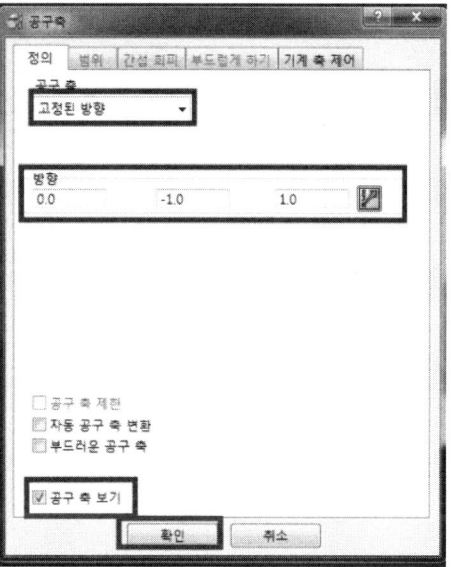

Step 08 취소 버튼 누른 후 툴패스 경로를 확인하면 불규칙한 없이 지정한 공구축 방향대로 이동됨을 확인할 수 있다.

Step 09 상단 코너부는 전과 같은 방법으로 하되 공구축을 포인트로부터 선정 후 포인트 지점을 코너 라운드의 중심부분으로 해서 툴패스를 각자 해보기로 한다.

5축 가공기 프로그램 및 가공

초판 인쇄	2018년 3월 15일
초판 발행	2018년 3월 20일

지은이 ▪ 김동직 · 한국델켐(주)
펴낸이 ▪ 홍세진
펴낸곳 ▪ 세진북스

주소 ▪ (우)10207 경기도 고양시 일산서구 산율길 56(구산동 145-1)
전화 ▪ 031-924-3092
팩스 ▪ 031-924-3093
홈페이지 ▪ http://www.sejinbooks.kr
웹하드 ▪ http://www.webhard.co.kr   ID : sjb114   SN : sjb1234

출판등록 ▪ 제 315-2008-042호(2008.12.9)
ISBN ▪ 979-11-5745-309-2 13560

값 ▪ 18,000원

▪ 이 책의 출판권은 도서출판 세진북스가 가지고 있습니다.
▪ 이 책의 일부 또는 전체에 대한 무단 복제와 전재를 금합니다.

 세진북스에는 당신과 나
그리고 우리의 미래가 있습니다.